Dieter Wecker
Prozessorentwurf mit Verilog HDL
De Gruyter Studium

Weitere empfehlenswerte Titel

Elektronik für Informatiker
Von den Grundlagen bis zur Mikrocontroller-Applikation
Manfred Rost und Sandro Wefel, 2021
ISBN 978-3-11-060882-3, e-ISBN 978-3-11-060924-0

Digitaltechnik und digitale Systeme
Eine Einführung mit VHDL
Jürgen Reichardt, 2021
ISBN 978-3-11-070696-3, e-ISBN 978-3-11-070697-0

VHDL-Simulation und -Synthese
Entwurf digitaler Schaltungen und Systeme
Jürgen Reichardt, Bernd Schwarz, 2020
ISBN 978-3-11-067345-6, e-ISBN 978-3-11-067346-3

Analog and Hybrid Computer Programming
Bernd Ulmann, 2020
ISBN 978-3-11-066207-8, e-ISBN 978-3-11-066220-7

Dieter Wecker

Prozessorentwurf mit Verilog HDL

Modellierung und Synthese von Prozessormodellen

Autor
Prof. Dr. Dieter Wecker
82008 Unterhaching
dweck@online.de

Alle in diesem Buch enthaltenen Programme und Schaltungen wurden nach bestem Wissen erstellt und sorgfältig getestet. Dennoch sind Fehler nicht ganz auszuschließen. Aus diesem Grund ist das in diesem Buch verwendete Programm-Material mit keiner Garantie oder Verpflichtung verbunden. Verlag und Autor übernehmen deshalb keine Verantwortung und werden keine Haftungsansprüche übernehmen, die aus der Benutzung dieses Programm-Materials entstehen können.

Die Wiedergabe von Handelsnamen, Gebrauchsnamen, Firmen- und Warenbezeichnungen in diesem Buch berechtigt auch ohne besondere Kennzeichnung nicht zu der Annahme, dass diese Namen als frei zu betrachten wären im Sinne der Markenschutz-Gesetzgebung und deshalb von jedermann benutzt werden dürfen.

ISBN 978-3-11-071782-2
e-ISBN (PDF) 978-3-11-071784-6
e-ISBN (EPUB) 978-3-11-071789-1

Library of Congress Control Number: 2021938686

Bibliografische Information der Deutschen Nationalbibliothek
Die Deutsche Nationalbibliothek verzeichnet diese Publikation in der Deutschen Nationalbibliografie; detaillierte bibliografische Daten sind im Internet über http://dnb.dnb.de abrufbar.

© 2021 Walter de Gruyter GmbH, Berlin/Boston
Umschlaggestaltung: monsitj / iStock / Getty Images Plus
Satz: le-tex publishing services GmbH, Leipzig
Druck und Bindung: CPI books GmbH, Leck

www.degruyter.com

Vorwort

Der Entwurf digitaler Systeme mit Hilfe von CAD-Entwicklungssoftware (CAD: Computer Aided Design) ist das zentrale Thema dieses Buches.

Die Hardware-Beschreibungssprachen Verilog HDL und VHDL (Very High Speed Integrated Circuit Hardware Description Language) werden weltweit am häufigsten als Beschreibungssprachen für digitale Systeme wie beispielsweise Mikroprozessoren eingesetzt.

In meinen bisherigen Büchern wurden die Modellierungen der Mikroprozessoren mit VHDL vorgenommen, in diesem Buch werden dagegen alle Entwürfe mit Verilog HDL bearbeitet und für alle erstellten Modelle wird der Source-Code ausführlich behandelt. Entwürfe von 12-Bit- und 16-Bit-Mikroprozessoren werden vorgestellt und die Vor- und Nachteile der Modellierungen miteinander verglichen. Für den Entwurf und die Modellierung der Mikroprozessoren wurde die Entwicklungssoftware ISE (Design Suite 14.7) der Firma Xilinx verwendet (Webpack-Version).

Es wird eine kurze Einführung in Verilog gegeben und die Unterschiede der beiden Hardware-Beschreibungssprachen VHDL und Verilog HDL werden aufgezeigt. Grundkenntnisse in Verilog und im Umgang mit einfachen Schaltwerken (Automaten) sollten vorhanden sein.

Es werden folgende Themen behandelt:
- Grundlagen des Mikroprozessor-Entwurfs
- Verilog-Entwürfe von Mikroprozessoren
- Simulation und Synthese von Verilog-Modellen

Unterhaching, im Januar 2021   Dieter Wecker

Inhalt

Vorwort —— V

1	**Grundlagen** —— 1	
1.1	Einleitung —— 1	
1.2	Entwurfsmethoden für digitale Systeme —— 3	
1.3	Grundlagen von Verilog —— 6	
1.4	Schaltungsvalidierung durch Simulation —— 12	
1.5	Synthesefähiger Verilog-Code —— 14	
1.6	Vergleich von Verilog und VHDL —— 15	
2	**Das 12-Bit-Mikroprozessor-System(1)** —— 17	
2.1	Der 12-Bit-Mikroprozessor —— 17	
2.1.1	Die Befehlsphasen des Mikroprozessor-Systems —— 20	
2.1.2	Die Ein- und Ausgabe-Einheiten —— 23	
2.2	Entwurf des 12-Bit-Mikroprozessors —— 24	
2.2.1	Beschreibung der Komponenten des Operationswerkes —— 27	
2.3	Entwurf des 12-Bit-Operationswerkes —— 30	
2.3.1	Entwurf der 12-Bit-Akku-Einheit —— 33	
2.3.2	Entwurf von Register-Stack-Einheiten —— 36	
2.4	Entwurf des 12-Bit-Steuerwerkes —— 38	
3	**Modellierung des 12-Bit-Mikroprozessor-Systems(1)** —— 43	
3.1	Modellierung des 12-Bit-Mikroprozessors —— 43	
3.1.1	Modellierung von Registerschaltungen —— 43	
3.1.2	Modellierung von 12-Bit-Multiplexern —— 49	
3.1.3	Modellierung von 12-Bit-Universal-Registern —— 51	
3.1.4	Modellierung von 12-Bit-ALU-Einheiten —— 55	
3.1.5	Modell für die 12-Bit-Akku-Einheit —— 62	
3.1.6	Modell für den 12-Bit-Program-Counter —— 64	
3.1.7	Modellierung von 12-Bit-Register-Stacks —— 65	
3.2	Modell des 12-Bit-Operationswerkes —— 72	
3.3	Modellierung von Zustandsautomaten mit Verilog —— 76	
3.3.1	Modellierung des 12-Bit-Steuerwerkes —— 79	
3.4	Modell des 12-Bit-Mikroprozessors MPU12_1 —— 88	
3.4.1	Modell für einen Frequenzteiler mit Delay —— 91	
3.4.2	Speicher für Daten und Befehle —— 94	

3.5	Modell des 12-Bit-Mikroprozessor-Systems(1) —— 97	
3.5.1	Simulation mit Hilfe einer Testbench —— 99	
3.5.2	Simulation des Mikroprozessor-Systems(1) —— 102	
3.5.3	Der IP-Core-Speicher —— 105	
3.5.4	Mikroprozessor-System(1) mit IP-Core-Speicher —— 107	
3.5.5	Testbench: Mikroprozessor-System(1) mit IP-Core-Speicher —— 109	

4	**Das 12-Bit-Mikroprozessor-System(2) —— 113**	
4.1	Der 12-Bit-Single-Cycle-Prozessor —— 114	
4.2	Entwurf des 12-Bit-Single-Cycle-Prozessors —— 116	
4.3	Entwurf des 12-Bit-Operationswerkes —— 120	
4.3.1	Beschreibung der Komponenten des Operationswerkes —— 121	

5	**Modellierung des Mikroprozessor-Systems(2) —— 123**	
5.1	Modellierung des Single-Cycle-Prozessors —— 123	
5.1.1	Modell für das 12-Bit-Universal-Register —— 123	
5.1.2	Modell für die 12-Bit-ALU-Einheit —— 124	
5.1.3	Modell für die 12-Bit-Akku-Einheit —— 126	
5.2	Modell des 12-Bit-Operationswerkes —— 130	
5.3	Modell für die 12-Bit-Control-Unit —— 132	
5.4	Modell des 12-Bit-Single-Cycle-Prozessors cpu12_1 —— 137	
5.4.1	Der 12-Bit-Speicher für Befehle —— 139	
5.4.2	Der 12-Bit-Speicher für Daten —— 140	
5.4.3	Testfiles für Daten- und Befehlsspeicher —— 141	
5.5	Modell des Mikroprozessor-Systems(2) —— 143	
5.5.1	Testbench für das Mikroprozessor-System(2) —— 145	

6	**Das 12-Bit-Mikroprozessor-System(3) —— 147**	
6.1	Entwurf des Single-Cycle-Prozessors cpu12_2 —— 147	
6.2	Modellierung des Mikroprozessor-Systems(3) —— 149	
6.2.1	Modellierung von 12-Bit-Universal-Registern —— 149	
6.2.2	Modell für die 12-Bit-ALU-Einheit —— 153	
6.2.3	Modell für die 12-Bit-Akku-Einheit —— 154	
6.3	Modell des 12-Bit-Operationswerkes —— 156	
6.4	Modell des 12-Bit-Steuerwerkes —— 157	
6.5	Modell des 12-Bit-Single-Cycle-Prozessors cpu12_2 —— 161	
6.5.1	Der 12-Bit-Speicher für Befehle —— 163	
6.5.2	Der 12-Bit-Speicher für Daten —— 165	
6.6	Modell des 12-Bit-Mikroprozessor-Systems(3.1) —— 167	
6.7	Modell des 12-Bit-Mikroprozessor-Systems(3.2) —— 170	
6.8	Testbench für das Mikroprozessor-System(3.1) —— 173	

7	**Das 16-Bit-Mikroprozessor-System(4)** —— 177
7.1	Der 16-Bit-Single-Cycle-Prozessor —— 177
7.2	Entwurf des 16-Bit-Single-Cycle-Prozessors —— 181
7.3	Entwurf des 16-Bit-Operationswerkes —— 182
7.3.1	Entwurf der 16-Bit-Akku-Einheit —— 184
7.3.2	Die 16-Bit-Register-Einheit —— 185
7.4	Das 16-Bit-Steuerwerk —— 187

8	**Modellierung des Mikroprozessor-Systems(4)** —— 189
8.1	Modellierung des 16-Bit-Single-Cycle-Prozessors —— 189
8.1.1	Modell für die 16-Bit-ALU-Einheit —— 189
8.1.2	Modell für die 16-Bit-Register-Einheit —— 191
8.1.3	Modell für die 16-Bit-Akku-Einheit —— 194
8.1.4	Modell für das 16-Bit-Operationswerk —— 196
8.1.5	Modell für das 16-Bit-Steuerwerk —— 199
8.2	Modell des 16-Bit-Single-Cycle-Prozessors cpu16_4 —— 202
8.2.1	Der 16-Bit-Speicher für die Befehle —— 205
8.2.2	Der 16-Bit-Speicher für die Daten —— 207
8.3	Das 16-Bit-Mikroprozessor-System(4.1) —— 208
8.3.1	Testbench für das Mikroprozessor-System(4.1) —— 211
8.4	Das 16-Bit-Mikroprozessor-System(4.2) —— 212
8.4.1	Testbench für das Mikroprozessor-System(4.2) —— 215

9	**Das 16-Bit Mikroprozessor-System(5)** —— 219
9.1	Der 16-Bit-Mikroprozessor —— 219
9.2	Entwurf des 16-Bit-Mikroprozessors —— 224
9.3	Entwurf des 16-Bit-Operationswerkes —— 227
9.3.1	Die Komponenten des 16-Bit-Operationswerkes —— 228
9.3.2	Entwurf der 16-Bit-Akku-Einheit —— 233
9.4	Entwurf des 16-Bit-Steuerwerkes —— 237

10	**Modellierung des 16-Bit-Mikroprozessor-Systems(5)** —— 243
10.1	Modellierung des 16-Bit-Mikroprozessors —— 243
10.1.1	Die Komponenten des Operationswerkes —— 243
10.1.2	Modell für die 16-Bit-ALU-Einheit —— 247
10.1.3	Modell für das 16-Bit-Schieberegister —— 251
10.1.4	Modellierung von Demultiplexern —— 254
10.1.5	Modell für die 16-Bit-Register-Einheit —— 264
10.2	Modell für die 16-Bit-Akku-Einheit —— 269
10.3	Modell für das 16-Bit-Operationswerk —— 271
10.4	Modell des Steuerwerkes —— 276

10.5	Modell für den 16-Bit-Mikroprozessor mpu16_1 —— 283
10.5.1	Der Speicher für Befehle und Daten —— 287
10.6	Modell für das 16-Bit-Mikroprozessor-System(5) —— 288
10.6.1	Testbench für das Mikroprozessor-System(5) —— 295

A	Anhang —— 299
A.1	Verwendete Entwicklungssoftware —— 299
A.1.1	Der Project Navigator —— 299
A.1.2	Der ISIM Simulator —— 299
A.1.3	GTKWave-Darstellung —— 303
A.1.4	Der IP-Core-Generator —— 304
A.2	Beispiel für das 12-Bit-Mikroprozessor-System(1) —— 306
A.2.1	Testbench für das 12-Bit-Mikroprozessor-System(1) —— 309
A.3	Beispiel für das 16-Bit-Mikroprozessor-System(4) —— 310
A.3.1	16-Bit-Speicher für die Befehle —— 311
A.3.2	16-Bit-Speicher für die Daten —— 313
A.3.3	Testbench für das Mikroprozessor-System(4) —— 314
A.4	Beispiel für das 16-Bit-Mikroprozessor-System(5) —— 315
A.4.1	Der Befehlscode des 16-Bit-Mikroprozessors —— 316
A.4.2	16-Bit-Speicher für Befehle und Daten —— 318
A.4.3	Testbench für das Mikroprozessor-System(5) —— 321

Literatur —— 323

Stichwortverzeichnis —— 325

1 Grundlagen

1.1 Einleitung

Die Entwicklung von digitalen Systemen findet mittlerweile auf einem hohen Abstraktionsniveau statt. Da steigende Anforderungen an die Systeme immer komplexer werden, gehören graphische Schaltplaneingaben längst der Vergangenheit an. Eine gängige Methode für den Schaltungsentwurf ist die Verwendung von Hardware-Beschreibungssprachen. Wichtige Vertreter sind VHDL (Very High Speed Integrated Circuit Hardware Description Language) und Verilog HDL. Sie werden weltweit angewendet und sind inzwischen zum Standard geworden. Die Hardware-Beschreibungssprachen wurden ständig weiterentwickelt und an die komplexen digitalen Systeme angepasst. Eine Erweiterung von Verilog ist das SystemVerilog, das unter anderem spezielle Verifikationsmethoden anbietet.

Es werden unterschiedliche Mikroprozessor-Systeme behandelt und mit Verilog modelliert. Dabei werden die Vor- und Nachteile der Entwürfe anhand von Synthese-Berichten aufgezeigt. Für den Entwurf der Mikroprozessor-Systeme wird die Entwicklungssoftware ISE (Design Suite 14.7) der Firma Xilinx verwendet [1].

Die Entwicklungssoftware wird für den gesamten Mikroprozessor-Entwurf eingesetzt, d. h. von der Systemspezifikation bis zur Umsetzung in die Ziel-Hardware.

Die Synthese-Tools setzen die Verilog-Modelle in Schaltpläne und Netzlisten um. Die Netzlisten sind dabei für die Realisierung der Hardware notwendig.

Die Simulations- und Analyse-Tools der Entwicklungssoftware bieten oft eine frühe Fehlererkennung mit Hilfe von Simulationsmethoden.

Für die vorliegenden Mikroprozessor-Entwürfe werden FPGAs (Field Programmable Gate Array) als Ziel-Hardware verwendet. FPGAs können für hochkomplexe Anwendungen eingesetzt werden. Dabei werden rekonfigurierbare FPGA-Technologien verwendet. Der Vorteil ist, dass der FPGA-Entwurf leicht an andere Bedingungen angepasst werden kann. Für die Entwürfe in diesem Buch wird der FPGA Spartan-6 XC6SLX4 von Xilinx eingesetzt. Der FPGA wurde aus praktikablen Gründen ausgewählt, ohne Forderungen an die Optimierung des Entwurfs.

Die Anforderungen an den Entwurf eines komplexen digitalen Systems können wie folgt zusammengefasst werden:
- leichte Änderung des Designs
- Einsatz von IP-Cores
- frühzeitige Fehlererkennung
- Wiederverwendbarkeit (Design Reuse)

Die Module für die Entwürfe in diesem Buch werden mit Standard-Verilog beschrieben. Der Vorteil dabei ist, dass man den Standard-Source-Code verwendet, d. h. man ist nicht herstellerabhängig.

Eine andere Möglichkeit ist, ein Modul für ein digitales System mit Hilfe eines IP-Core-Generators zu erstellen. IP-Core-Generatoren sind Software-Tools, mit denen man Module wie Addierer, Multiplizierer, Speicher usw. erstellen kann. In die einfach zu bedienenden Tools werden dazu die notwendigen Parameter für die Module eingegeben und das Modul wird generiert. Die IP-Generatoren werden von den Herstellern angeboten und bieten die Möglichkeit, die generierten Module an ein eigenes Entwurfssystem anzupassen.

Durch den Einsatz von IP-Cores (Intellectual Property) können fertige Komponenten in das eigene Design integriert werden. Bei neuen Entwürfen werden oft Entwicklungszeiten und Kosten durch die Verwendung von IP-Cores eingespart.

Der IP-Core-Generator von Xilinx ist in der ISE-Entwicklungssoftware enthalten. Er ist technologieabhängig und muss an die FPGA-Bausteine von Xilinx angepasst werden. Es muss daher immer ein entsprechender FPGA-Baustein beim Entwurf ausgewählt werden [1, 2].

In Kapitel 3.5 wird der IP-Core-Generator eingesetzt, um einen Speicher für ein Mikroprozessor-System zu erstellen.

Verilog/SystemVerilog
Verilog HDL (Hardware Description Language) wurde 1983/84 von Phil Moorby als Simulationssprache für digitale Schaltungen entworfen. Neben der Simulation wurde die Synthetisierbarkeit digitaler Schaltungen hinzugenommen und als weiterer Schwerpunkt ausgebaut. Verilog wurde 1995 beim IEEE eingereicht und zum IEEE-Standard 1364–1995 (Verilog-95) verabschiedet. Verilog ist neben VHDL (Very High Speed Integrated Circuit Hardware Description Language) die weltweit am häufigsten eingesetzte Hardware-Beschreibungssprache für digitale Systeme. Eine Erweiterung der Modellierungssprache auf analoge Systeme erfolgte bereits 1998 zu Verilog-AMS. Sie wird für Analog/Mixed-Signal-Systeme eingesetzt.

Der Verilog-95-Standard wurde ständig weiterentwickelt und 2001 in einem neuen Standard unter der Bezeichnung IEEE Standard 1364–2001 veröffentlicht. Im Jahre 2005 wurde Verilog-2005 mit einigen neuen Features sowie Korrekturen unter dem Standard IEEE-Standard 1364–2005 eingeführt.

Ursprünglich wurde Verilog für die Dokumentation und Simulation von komplexen digitalen Systemen entwickelt. Die Synthesefähigkeit der Verilog-Konstrukte wurde erst später gefordert. Für die meisten digitalen Entwürfe gilt, dass sie mit Hilfe von Verilog simulierbar, aber nicht unbedingt synthetisierbar sind [3].

Im Jahr 2005 wurde SystemVerilog als Erweiterung von Verilog veröffentlicht. SystemVerilog stellt eine Verbesserung des RTL (Register-Transfer-Level)-Designs und der Modellierung dar. Die Modellierung und die Simulationsmethoden wurden weiter ausgebaut. Die Verifikation von komplexen digitalen Systemen wurde dabei deutlich verbessert. 2009 wurde Verilog (IEEE 1364) zu SystemVerilog (IEEE 1800) als einheitliche Sprache eingeführt. Verilog wurde durch SystemVerilog zu einer Hardware-Beschreibungs- und Verifikationssprache mit der Kurzbezeichnung HDVL (Hardware Description and Verification Language). SystemVerilog stellt eine Erweiterung der Designentwicklung dar. Da SystemVerilog sowohl eine Hardware-Beschreibungs- als auch eine Verifikationssprache ist, müssen beide Teile für sich betrachtet werden. Der Hardware-Aspekt von SystemVerilog ist eine Weiterentwicklung des Verilog (1364–2005)-Standards. Der Verifikationsaspekt wurde entscheidend durch objektorientierte Sprachen wie C/C++ beeinflusst.

SystemVerilog besteht formal aus drei Teilen:
- Verilog-Standard
- Objektorientierte Klassen
- Assertions

Verilog Standard als Hardware-Beschreibungssprache ist die Grundform und Basis von SystemVerilog. Der objektorientierte Teil wird im Wesentlichen für die Verifikation verwendet. Der Assertion-Teil wird zur Überprüfung und Abdeckung von internen sequentiellen Abläufen verwendet. Besonders bei komplexen Systemen sind Fehlermeldungen oder Meldungen zu internen Abläufen sehr nützlich.

Für die vorliegenden Entwürfe der digitalen Systeme wird Verilog als Standard eingesetzt. Die Entwürfe werden in einer Funktionalen Simulation bzw. Timing Simulation getestet. Spezielle Verifikationsmethoden und Assertions des SystemVerilog werden nicht verwendet [4, 5].

1.2 Entwurfsmethoden für digitale Systeme

Am Anfang eines Entwurfs stehen die Systemanforderungen, die Eigenschaften des Systems müssen zunächst definiert werden. Mit Hilfe von Entwicklungstools werden Modelle erstellt, die die Eigenschaften des Systems beschreiben. Für den Entwurf werden oft Hardware-Beschreibungssprachen wie z. B. Verilog oder VHDL eingesetzt. Für die Realisierung des Entwurfs werden Synthese-Tools der Entwicklungssoftware verwendet. Bei komplexen digitalen Systemen verwendet man i. d. R. formale Entwurfsmethoden, um einem idealen Entwurfsverlauf möglichst nahezukommen. Ein gängiger Ansatz sind die beiden Entwurfsmethoden:
- Top-down
- Bottom-up

Beim Top-down-Entwurf geht man von der Systemebene aus und definiert die Anforderungen an das System. Für die unteren Ebenen werden nur die benötigten Funktionen der Komponenten berücksichtigt. Es entsteht ein hierarchischer Entwurf mit Entwurfsebenen, bis das ganze System nur noch aus Basiselementen besteht.

Wichtig bei dieser Entwurfsmethode ist, dass sich die einzelnen Komponenten in den Hierarchieebenen als Black Boxes beschreiben lassen. Die Komponenten werden nur durch ihre Funktion und ihre Ein- und Ausgänge beschrieben.

Beim Bottom-up-Entwurf geht man von der Ebene der Basiselemente aus und entwickelt daraus komplexere Elemente bis hin zur Systemebene. Der Vorteil des Entwurfs liegt darin, dass man Komponenten aus anderen Entwürfen verwenden kann. Man kann bei der Methode auf einfache Gatter zurückgreifen. Der Nachteil besteht darin, dass man bis zur Systemebene noch alle Entwurfsebenen durchlaufen muss. Eine Vorhersage über die Funktionsfähigkeit des Systems wird dadurch erschwert.

Ein weiterer Nachteil der Methode ist, dass der Entwurf in viele Komponenten zerlegt und oft unübersichtlich wird.

Für digitale Entwürfe wird auch häufig die Methode „Meet-in-the-Middle" verwendet. Die Entwurfsmethoden „Bottom-up" und „Top-down" werden dabei kombiniert. Die Mitte kann dabei die RT(Register-Transfer)-Ebene sein, bei der sich die beiden Methoden treffen. Aus diesen Betrachtungen geht hervor, dass man für den Entwurf von komplexen digitalen Systemen formale Ansätze benötigt. Daraus ergeben sich folgende Schwerpunkte für den Entwurf:
- Modellierung
- Strukturierung
- Synthese
- Verifikation

Bei der Modellierung können unterschiedliche Beschreibungssprachen eingesetzt werden. Sehr häufig werden dabei die Hardware-Beschreibungssprachen Verilog, VHDL oder andere geeignete Programmiersprachen verwendet. Dabei muss eine geeignete Strukturierung der Hierarchieebenen gewählt werden. Die Ebenen verlaufen von der Systemebene bis hin zur Layout-Ebene. Die Layout-Ebene ist beim FPGA-Entwurf die Ebene für das Platzieren und Verdrahten (Place and Route). Als Anhaltspunkt ergeben sich folgende Entwurfsebenen:
- System-Ebene
- algorithmische Ebene
- RT-Ebene
- Logik-Ebene
- Schaltkreis-Ebene

Die Abstraktion nimmt von oben nach unten ab.

Für den FPGA-Entwurf ist die Logik-Ebene die unterste Ebene, da die Schaltkreis-Ebene bereits vorgefertigt ist. Auf der algorithmischen Ebene werden zum einen die Subsysteme für den Prozessorentwurf, d. h. Operationswerk, Steuerwerk sowie Ein- und Ausgabe-Einheiten zugeordnet. Zum anderen gibt es die Algorithmen, die in den Subsystemen ablaufen. Auf der RT-Ebene werden das Taktschema der Register sowie die Reihenfolge der Operationen festgelegt. Der Modellierung auf der RT-Ebene kommt eine besondere Bedeutung zu. Neben der Modellierung stehen beim Entwurf digitaler Systeme die Simulationsmethoden an erster Stelle.

Die Modellierung mit Verilog wird auf allen Abstraktionsebenen beim hierarchischen Entwurf unterstützt, von der Logikebene bis hinauf zur Systemebene.

Abbildung 1.1 zeigt die Einordnung von Simulation und Synthese für ein FPGA-Design.

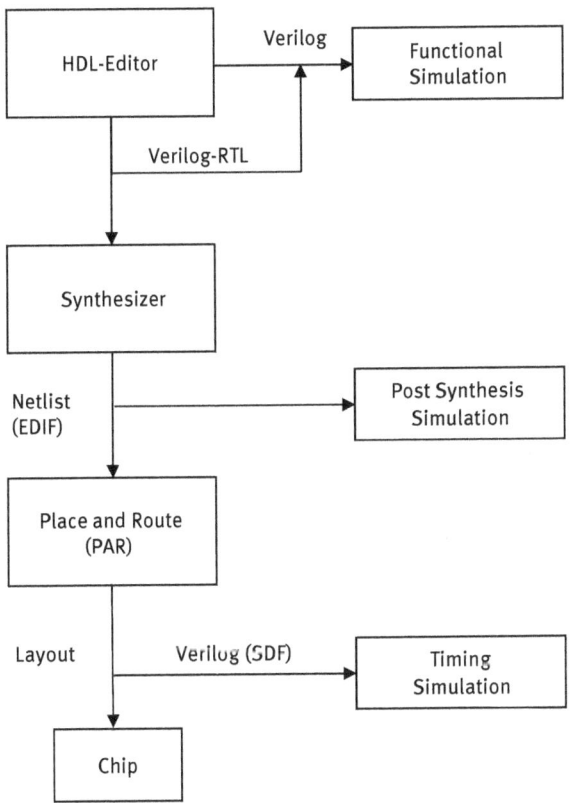

Abb. 1.1: Design Flow (FPGA); EDIF: Electronic Design Interchange, SDF: Standard Delay Format, RTL: Register Transfer Level

Die Entwicklungssoftware sollte für den Entwurf den gesamten Design-Fluss unterstützen, von der Eingabe der Beschreibungssprache in den HDL-Editor bis zum Layout. Mit dem HDL-Editor können die notwendigen Verilog-Module editiert und verarbeitet werden. Der vom Compiler akzeptierte Verilog-Code kann dann in einer funktionalen Simulation getestet werden [2, 6].

Dabei wird nur die Funktionalität des Designs getestet, unabhängig von der Synthetisierbarkeit des Entwurfs. Das Synthese-Tool akzeptiert nur einen synthetisierbaren Verilog-Code. Die synthetisierte Netzliste dient nach der Synthese als Input für das „Place-and-Route" Tool. Hier wird in der Regel das Netzlistenformat EDIF (Electronic Design Interchange Format) verwendet. Bei der Synthese können Optimierungsbedingungen mit eingegeben werden. Nach der Synthese existiert eine Netzliste (EDIF), die für die Post-Synthesis Simulation verwendet wird. Hier kann schon entschieden werden, ob die geforderten Bedingungen für das Design erfüllt werden. Die Timing Simulation kann erst durchgeführt werden, wenn das „Place-and-Route" (PAR) Tool eine Verilog-Netzliste mit den berechneten Verzögerungszeiten erzeugt hat (SDF-Datei). Für den Schaltungsentwurf gilt allgemein, dass die Simulationen möglichst am Anfang des Entwurfs durchgeführt werden, um früh Fehler zu erkennen und Entwicklungskosten zu sparen.

Die Entwürfe der Mikroprozessor-Systeme in diesem Buch verwenden als Grundlage den FPGA-Entwurf [7].

1.3 Grundlagen von Verilog

Für die Modellierung des Mikroprozessor-Systems mit Hilfe von Verilog ist es notwendig, sich mit den Grundlagen vertraut zu machen. Hier werden nur die Beschreibungsformen von Verilog behandelt, die für die Modellierung des Mikroprozessors notwendig sind. Für eine weitergehende Betrachtung wird auf die Literatur verwiesen [2, 8].

Die Grundform einer Schaltungsbeschreibung ist die Modul-Beschreibung. Dies ist die oberste Beschreibungsebene (Top-Level) entsprechend dem Hauptprogramm in einer höheren Programmiersprache. Mit den Schlüsselwörtern **module** und **endmodule** wird die Definition einer Schaltung begonnen bzw. abgeschlossen:

```
--------
module name (Ein- und Ausgangssignale)
Definition der Signale;
........
Beschreibung;
........
endmodule
--------
```

Beginn der Modul-Beschreibung sind ein Schaltungsname und eine Liste sämtlicher Ein- und Ausgangssignale. Man bezeichnet es auch als Definition der Schnittstelle. Der Signaltyp muss ebenfalls festgelegt werden. Verilog unterscheidet drei Signaltypen: **input**, **output** oder **inout** entsprechend für Eingangssignale, Ausgangssignale und bidirektionale Signale. Der Definition der Schnittstelle folgt die Funktionsbeschreibung der Schaltung. Die Schaltung kann auf unterschiedliche Weise mit Konstrukten oder logischen Funktionen beschrieben werden. Die Funktionen kön-

nen ähnlich einer Gatternetzliste eingesetzt werden. Bei der Modul-Beschreibung unterscheidet man grob zwischen folgenden Beschreibungsformen:
- Strukturbeschreibung
- RTL-Beschreibung
- Verhaltensbeschreibung

In der obersten Schaltungsebene wird oft eine Strukturbeschreibung gewählt. Die unteren Funktionsblöcke können wieder als Module beschrieben werden. Dabei wird angegeben, wie die Funktionseinheiten miteinander zu verbinden sind. Bei einer größeren Schaltung können Module als Teilschaltung verwendet werden, man bezeichnet es auch als Modul-Instanziierung. Um jede Teilschaltung identifizieren zu können, muss jedem Teilmodul ein eindeutiger Name gegeben werden. Verbindungen zwischen den Modulen können mit Leitungen vom Typ **wire** hergestellt werden. Das Erstellen von Modulen und ihre Instanziierung in anderen Modulen führt zu komplexeren Schaltungen in unterschiedlichen Hierarchieebenen. Ein wichtiger Punkt ist dabei die Beschreibung der Module auf der untersten Hierarchieebene.

Eine Möglichkeit der strukturellen Beschreibung ist die Verwendung von sogenannten Primitiven. Diese leiten von der jeweiligen Funktion der Primitive das Verhalten der Schaltung ab. Die Primitive in Verilog sind vordefinierte Basismodule. Verilog unterstützt insgesamt 26 verschiedene Primitive von Grundgattern, Tri-State-Treibern, Pull-up- und Pull-down-Widerständen bis hin zu Transistoren. Mit Hilfe von Grundgattern lassen sich einfache logische Komponenten wie z. B. Dualaddierer oder Multiplexer leicht aufbauen. Die strukturelle Beschreibung ergibt in Textform eine Gatternetzliste [9].

Die Beschreibung mit Hilfe von vordefinierten Modulen ist technologieunabhängig und beschreibt nur das Verhalten der Module. Die synthetisierte Netzliste kann daher sehr unterschiedlich ausfallen, wobei auch die gesetzten Parameter des Synthese-Tools eine wichtige Rolle spielen. Die Anzahl der Eingänge der Grundgatter ist nicht begrenzt, es muss nur die Reihenfolge der Signale beachtet werden. Der erste Port ist immer der Ausgang, dann folgen die Eingänge. Bei den Primitiven kann auch das Zeitverhalten mit angegeben werden. Um eine Verzögerungszeit von n Zeiteinheiten zu berücksichtigen, wird der Ausdruck #n vor der Signal-Liste des Primitives angegeben. Im allgemeinen werden bei den Primitiven keine Verzögerungszeiten angegeben, das Ausgangssignal ändert sich unmittelbar, wenn sich mindestens ein Eingangssignal ändert.

Bei den Signalangaben der Module gibt es zwei Möglichkeiten:
- Positional Notation
- Named Notation

Im ersten Fall kommt es auf die Reihenfolge an, d. h. auf die Reihenfolge der Signale entsprechend der Beschreibung des Moduls.

Im zweiten Fall handelt es sich um eine direkte Zuweisung der jeweiligen Signale zu dem Modul-Typ, z. B.

`.x(y)`

Das Signal **x** der Modulbeschreibung ist mit dem Signal **y** des aktuellen Moduls verbunden. Die Reihenfolge ist dabei unwichtig. Wird ein Modul eingefügt, so können dessen Ausgänge entweder nur vollständig oder gar nicht verwendet werden.

Bei der strukturellen Beschreibung ist es möglich, Komponenten der RTL-Beschreibung mit einzubinden.

Die Beschreibung der Schaltung auf RTL-Ebene erfolgt nicht durch Grundgatter, sondern durch Boole'sche oder arithmetische Gleichungen. Um auf diese Weise ein Schaltnetz in Verilog zu beschreiben, wird die **assign**-Anweisung benutzt. Ändert sich der Ausdruck auf der rechten Seite der Zuweisung, wird das Signal auf der linken Seite aktualisiert. Bei mehreren **assign**-Anweisungen spielt die Reihenfolge der Anweisungen keine Rolle, sie werden parallel ausgeführt. Die Signale werden umgehend aktualisiert, d. h. die **assign**-Anweisungen beschreiben das Verhalten von Schaltnetzen.

Die Beschreibung von Modulen auf RTL-Ebene wird oft gewählt, wenn die Funktionseinheiten synthetisierbar sind, d. h. in Logik-Gatter umgesetzt werden können.

Eine Verhaltensbeschreibung in Verilog wird mit den Schlüsselwörtern **initial** oder **always** eingeleitet. Anschließend erfolgt die prozedurale Anweisung. Bei mehreren Anweisungen werden diese zu einem Block zusammengefasst und in die Schlüsselwörter **begin** und **end** eingebunden. Die Verhaltensbeschreibungen mit **initial** und **always** werden sequentiell ausgeführt. Die Beschreibung mit **initial** wird nur einmal ausgeführt und nach der letzten Anweisung beendet. Die Beschreibung mit **always** wird durchlaufen und beginnt erneut mit der ersten Anweisung analog einer Endlosschleife. Deshalb wird **always** zur Modellierung von Digitalschaltungen benutzt und **initial** zur Initialisierung von Anfangswerten in Modulen und zur Erzeugung von Stimuli für die Simulation. Die Struktur einer **always**-Anweisung:

```
--------
always @ (Ereignis)
        Anweisung;
--------
```

oder als Block

```
--------
always @ (Ereignis)
begin
        Anweisungen;
end
--------
```

Mit der Ereignisangabe werden Eingangssignale angegeben. Die **always**-Anweisung wird nur dann ausgeführt, wenn sich ein Eingangssignal ändert. Der Ereignisoperator @(a) stoppt die Ausführung der folgenden Anweisungen, bis ein Ereignis a auftritt. Ereignisse können auch mit positiven oder negativen Taktflanken ausgelöst werden. Dies kann mit den Schlüsselwörtern **posedge** oder **negedge** angegeben werden:

@ (**posedge** clk)   oder   @ (**negedge** clk)

Die Anweisungen werden nur ausgeführt, wenn eine positive oder negative Taktflanke auftritt. Die Ereignisangaben x, y, z können auch konjunktiv verknüpft werden in der folgenden Form:

@ (x **or** y **or** z).

Datentypen:
Die Datentypen lassen sich grob in zwei Gruppen einteilen:

Netze und Register

Netze werden für die Modellierung von Modulen und deren Verbindungen untereinander benötigt. Verilog bietet für die Beschreibung von Netzen insgesamt neun Netz-Typen an. In den meisten Fällen wird für die Verbindungsstrukturen der Standardtyp **wire** verwendet. Netze können nicht als Variablenspeicher verwendet werden und dienen nur für die Verbindungen zwischen den Modulen. Zum Speichern von Variablen muss in Verilog der Register-Typ verwendet werden. Die Register-Datentypen beschreiben das logische Speicherverhalten von Modulen und müssen keine Hardware-Speicher darstellen. Mit dem Datentyp **reg** lassen sich logische Variablen, Register oder ganze Zahlen beschreiben. Der Datentyp **reg** kann auch gemeinsam mit dem **output**-Signal verwendet werden, z. B. in der Form:

output reg [11:0] Q,

für ein 12-Bit-Ausgangssignal. Register-Typen können nur in einer Verhaltensbeschreibung Werte zugeordnet werden. Es ist z. B. nicht möglich, das Ergebnis einer **assign**-Anweisung einem Register zu übergeben. Verilog bietet die Möglichkeit, Register-Typen als Vektor in beliebiger Breite zu definieren. Es können auch Gruppen von Vektoren in Form von Arrays definiert werden:

```
reg [11:0] data; // 12-Bit-Vektor
reg [11:0] adr[0:31]; // array 32 x 12 Bit
........
data = adr[10]; // 12-Bit Datum in adr[10]
........
```

Bei Verhaltensbeschreibungen unterscheidet man zwei Zuweisungsoperatoren
- (=) Blockierende Zuweisung (blocking assignment)
- (<=) Nicht blockierende Zuweisung (non-blocking assignment)

Im ersten Fall wird jede einzelne der Zuweisungen unmittelbar ausgeführt. Die Zuweisung mit dem Operator (=) erfolgt auf der linken Seite mit einer Variablen und auf der rechten Seite mit einem Ausdruck (Variable oder Netz-Typ) in der folgenden Form:

```
begin
a1 = b;
a2 = a1 + x;
end
```

Die Anweisungen werden sequentiell in der Verhaltensbeschreibung ausgeführt, erst wird a1 und dann a2 ausgeführt. Der Wert von a2 ist entsprechend b + x. Erst muss die erste Anweisung ausgeführt werden, bevor die zweite Anweisung zugewiesen wird. Dies wird auch blockierende Zuweisung genannt. Die zweite Form der Zuweisung (<=) wird parallel ausgeführt:

```
begin
a1 <= b;
a2 <= a1 + x;
end
```

In diesem Fall gilt für a2 das Ergebnis a1 + x. Bei den nicht blockierenden Zuweisungen werden alle aufeinander folgende Zuweisungen parallel ausgeführt. Die Ergebnisse der beiden Zuweisungsformen können somit unterschiedlich sein. Die nichtblockierende Zuweisung bildet das Verhalten von flankengesteuerten Registern ab. In **always**-Anweisungen sollte jeweils nur eine Art von Zuweisungen verwendet werden. Bei der Synthese werden in der Regel blockierende Zuweisungen in sequentiellen **always**-Anweisungen in nichtblockierende umgewandelt. In sequentiellen **always**-Anweisungen sollte deshalb der Operator (<=) verwendet werden.

Verilog stellt eine Reihe von Anweisungen zur Verfügung, mit denen der Kontrollfluss der Beschreibungen gesteuert werden kann. Hier sollen nur zwei Anweisungstypen betrachtet werden, die häufig zur Anwendung kommen und bei den Modellierungen des Mikroprozessor-Systems verwendet werden:
- **if**-Anweisung
- **case**-Anweisung

Die **if**-Anweisung kann folgende Formen annehmen:

```
--------
if (Bedingung)
        Anweisung;
--------
if (Bedingung)
        Anweisung1;
else
        Anweisung2;
--------
if (Bedingung)
        Anweisung1;
else if (Bedingung)
        Anweisung2;
else if (Bedingung)
        Anweisung3;
end
--------
```

Die erste **if**-Anweisung prüft nur, ob die Bedingung erfüllt ist, dann wird entweder die Anweisung ausgeführt oder im Programm fortgefahren. Bei der zweiten **if**-Anweisung wird immer eine von zwei Möglichkeiten ausgeführt. Bei der dritten **if**-Anweisung können zahlreiche **else if**-Anweisungen aufgeführt werden. Bei sehr vielen Fallunterscheidungen ist es oft sinnvoller, eine **case**-Anweisung zu verwenden in der folgenden Form:

```
--------
case (Signal)
Signalwert1: Anweisung;
Signalwert2: Anweisung;
............
default: Anweisung;
endcase
--------
```

Die **default**-Anweisung kann für die restlichen Fälle angegeben werden. Handelt es sich um mehrere Anweisungen, müssen sie in **begin-end**-Blöcke eingebunden werden. Die **default**-Anweisung wird ausgeführt, wenn keiner der angegebenen Signalwerte erfüllt ist. Für die Synthese sollte immer eine **default**-Anweisung angegeben werden.

Bei der Fallunterscheidung unterstützt Verilog den Bedingungsoperator **(?:)**, der oft für die Ausdrücke wahr (1) oder falsch (0) verwendet wird. Ist das Eingangssignal sel wahr, gilt mux_out = i1, sonst mux_out = i0. Der Verilog-Code zeigt die Beschreibung in der folgenden Form:

```verilog
--------
module mux2_1
//--------
(input i0,
input i1,
input sel,
output mux_out);
//--------
assign mux_out = sel ? i1 : i0;
endmodule
--------
```

1.4 Schaltungsvalidierung durch Simulation

Um die Funktionsfähigkeit einer Schaltung zu überprüfen, kann sie simuliert werden. Dies wird auch als Schaltungsvalidierung bezeichnet. Der grundlegende Unterschied zwischen einer Hardware-Beschreibungssprache (HDL) wie z. B. Verilog oder VHDL und einer Programmiersprache ist, dass bei der HDL ein Simulationsmodell verwendet wird. Bei einer Programmiersprache wird der Source-Code kompiliert und in ein ausführbares Programm umgesetzt, das auf einem Computer ausgeführt wird. Bei der HDL wird der Source-Code in ein Format kompiliert, das mit dem Simulator ausgeführt werden kann. Um eine parallele Abarbeitung der Hardware zu simulieren, muss der Simulator den übersetzten Source-Code in Zeitabschnitte einteilen. Durch diesen Trick kann ein paralleler Funktionsablauf der Hardware simuliert werden. Um eine Schaltung zu simulieren, werden Stimuli an die Eingänge der Schaltung gelegt.

Der Simulator berechnet die Ausgangssignale, die mit den erwarteten Ergebnissen verglichen werden. Bei komplexeren Schaltungen werden i. d. R. Testbenches erstellt, die den Simulationsprozess überschaubarer machen. Die Testbench ist ein Modul, das die zu testende Schaltung in die Testumgebung einbindet (instanziiert) und mit Hilfe eines Stimuli-Generators die Eingänge beschaltet. Die simulierten Ergebnisse werden angezeigt und können mit den zu erwartenden Werten verglichen werden. Testbenches können mit Verilog-Code erstellt und in die Testumgebung integriert werden. Die Testbedingungen können auch direkt in die Testbench eingegeben werden [10].

Die Simulationsdaten können als zeitabhängige Logikpegel dargestellt werden, die auch als „wave-Form"-Darstellung bezeichnet wird. Es müssen die Komponenten für den gesamten Mikroprozessorentwurf simuliert werden. Zu diesem Zweck werden Testprogramme erstellt, mit deren Hilfe die Funktionsfähigkeit des Prozessors überprüft wird.

Für die Simulation mit Verilog können System Tasks und Functions mit angegeben werden, um die Simulator-Funktionen zu erweitern. Die System Tasks beginnen immer mit einem $-Zeichen und werden von Synthese-Tools nicht berücksichtigt. Einige gängige System Tasks werden in der folgenden Testbench verwendet:

$display
$finish
$dumpfile
$dumpvars

Der $display-Task wird angewendet, um Informationen auf dem Monitor auszugeben. Der $finish-Task beendet die Simulation und sollte zur Sicherheit in jeder Testbench verwendet werden. Von Standard-Simulatoren werden in der Regel die Systeme Tasks $dumpfile und $dumpvars unterstützt. Sie können in der folgender Form in der Testbench verwendet werden:

```
module name_tb;
......
initial
begin
$dumpfile("name_tb.vcd");
$dumpvars(0, name_tb);
end
........
endmodule
```

Eine VCD-(Value Change Dump)-Datei ist eine Textdatei, die mit Hilfe eines Programms in eine wave-Form umgesetzt wird. Die Datei wird von dem Programm gelesen und in einer graphischen Form dargestellt. Ein solches Programm ist z. B. GTKWave. Es ist eine freie Software, die im Internet heruntergeladen werden kann. Für die Anwendung von GTKWave werden in der Testbench die System Tasks $dumpfile und $dumpvars verwendet. Mit der Angabe $dumpfile("name_tb.vcd") wird der Dateiname vom Simulationsprogramm registriert. Mit dem Befehl $dumpvars(0, name_tb) werden alle Signaländerungen von der angegebenen Hierarchieebene an nach unten in das VCD-File übernommen. Wenn nur die oberste Hierarchieebene betrachtet werden soll, kann dies in der Form $dumpvars(1, name_tb) angegeben werden. Im Anhang Kapitel A.1.3 ist ein Beispiel für einen GTKWave-Ausdruck angegeben, das in den Testbenches verwendet wird [11].

Simulationsstufen

Die oberste Simulationsstufe wird auch als Funktionale Simulation bezeichnet. Hier wird nur die Funktionalität des Designs getestet. Die eingesetzten Module werden als ideal ohne Zeitverhalten betrachtet. Auf dieser Ebene wird auch die Frage nach der Synthetisierbarkeit, d. h. der Realisierung der Schaltung nicht gestellt.

Nach jedem neuen Schaltungsentwurf sollte zunächst eine Funktionale Simulation vorgenommen werden. Die nächste Simulationsstufe ist nach der Synthese. Sie wird auch als Post-Translate Simulation bezeichnet. Hier wird eine Netzliste mit den Zeitabhängigkeiten der logischen Bausteine erstellt.

Die Simulationen wurden mit der ISE Software von Xilinx (ISE Design Suite 14.7) durchgeführt. Die verwendeten Testbenches können mit der verwendeten Entwicklungssoftware generiert oder mit dem Editor manuell erstellt werden. Es können unterschiedliche Simulationsstufen gewählt werden:
- Behavioral: Functional Simulation
- Post Translate: nach der Synthese
- Post Map: nach der Zuordnung der Komponenten im FPGA
- Post Route: nach dem Place and Route (PAR)

Bei der Functional Simulation wird der vom Compiler akzeptierte Verilog-Code in einer Funktionsprüfung getestet. Für die Post-Translate Simulation ist es notwendig, dass die Verilog-Module synthetisierbar sind. Für das Synthese-Tool können die Optimierungsbedingungen mit eingegeben werden. Die weiteren Simulationsstufen sind auch wichtig für die richtige Wahl des FPGAs. Die Simulation nach dem Platzieren und Verdrahten (PAR) des Designs wird auch als Timing Simulation bezeichnet. Die Timing Simulation kann erst durchgeführt werden, wenn das PAR-Tool eine SDF-Netzliste mit den berechneten Verzögerungszeiten erzeugt hat (SDF: Standard Delay Format) [7].

1.5 Synthesefähiger Verilog-Code

Das Ziel eines Verilog-Entwurfs ist in der Regel die Realisierung einer digitalen Schaltung. Für den Entwurf ist es wichtig, dass der Entwickler sowohl die Ziel-Hardware als auch die wichtigsten Regeln für die Synthetisierbarkeit des Verilog-Codes kennt.

Durch das Setzen von Optimierungsparametern kann die Steuerung des Syntheseprozesses bezüglich Chipfläche und Signallaufzeiten beeinflusst werden.

Bei der RTL-Beschreibung lassen sich die Verilog-Module ohne Probleme synthetisieren, da sie in ein festes Taktschema eingebunden sind. Die Verhaltensbeschreibungen sind nur dann anwendbar, wenn es überschaubare Funktionen sind oder Zeitabhängigkeiten nicht verwendet werden. Es ist dabei wichtig, auf die jeweilig verwendete Hardware und die empfohlenen Codierrichtlinien zu achten.

Bei Signalzuweisungen, die z. B. den #-Operator oder **wait**-Anweisungen verwenden, werden Zeitangaben gemacht, die nicht synthetisierbar sind. Physikalische Datentypen sind nicht synthetisierbar, da sie mit einer Maßeinheit verknüpft sind, z. B. der Maßeinheit **time**, die vom Synthese-Tool nicht verarbeitet werden kann. Auch Dateien sind aus verständlichen Gründen nicht synthesefähig, da sie eine Ansammlung von Textdaten enthalten, die für die Ein- und Ausgabe von Daten bei der Simulation verwendet werden können. System-Tasks beginnen immer mit einem $-Zeichen und werden von Synthese-Tools nicht beachtet. Bei direkten Signalzuweisungen werden Schaltnetze synthetisiert, wenn einem Signal oder einer Variablen in allen Fällen ein Wert zugewiesen wird.

Sind Signalzuweisungen an Bedingungen gekoppelt, bei denen Werte zwischengespeichert werden müssen, so werden Schaltwerke synthetisiert.

Es erfolgt auch eine Umsetzung in Schaltwerke, wenn das Ausgangssignal auf der rechten Seite der Signalzuweisung steht. Das Gleiche passiert, wenn nicht in allen Abfragen ein Wert zugewiesen wird [8].

Durch die betrachteten Codier-Regeln und die Abhängigkeiten der Entwurfswerkzeuge von der Ziel-Hardware können hier nur allgemeine Regeln für einen synthetisierbaren Verilog-Code angegeben werden:

- Verilog-Beschreibungen auf RT-Ebene sind synthetisierbar
- Verzögerungszeiten bei Signalzuweisungen sind nicht synthetisierbar
- Physikalische und Datei-Datentypen werden bei der Synthese nicht unterstützt
- System-Tasks mit $-Zeichen sind nicht synthetisierbar
- direkte Signalzuweisungen werden in Schaltnetze synthetisiert
- Signalzuweisungen, die an Bedingungen gekoppelt sind, werden in Schaltwerke synthetisiert

1.6 Vergleich von Verilog und VHDL

Beide Hardware-Beschreibungssprachen (HDLs) haben gemeinsam, dass die Richtung der Ports (**input, output, inout**) deklariert werden muss. Beide Sprachen sind für den hierarchischen Schaltungsentwurf geeignet. Im Folgenden werden die wesentlichen Unterschiede zwischen den beiden HDLs betrachtet:

In der unteren Hierarchieebene hat Verilog Vorteile gegenüber VHDL. Verilog bietet **primitive** Module (**or, and, xor**,...) an, die schon vordefiniert sind und direkt in die Schaltung übernommen werden können. Verilog bietet zudem benutzerdefinierte Module an, sog. User-Defined Primitives (UPD), die in dieser Form in VHDL nicht existieren.

In VHDL wird eine genaue Typisierung verlangt. Signale, Konstanten und Variablen bekommen einen festen Datentyp. Zu den wichtigsten Datentypen zählen dabei std_logic und std_logic_vector für Port-Deklarationen. Das standardisierte Logikwertsystem hat in VHDL neun Zustände, in Verilog gibt es dagegen nur vier Zustände. In VHDL können auch benutzerdefinierte Datentypen eingeführt werden.

Ein weiterer Unterschied ist die automatische Typkonversion. Verilog passt den Datentyp bei einer Zuweisung automatisch an. Wenn z. B. bei einer Zuweisung unterschiedliche Datentypen auf der linken und rechten Seite des Operators stehen, werden sie entsprechend konvertiert. In VHDL erscheint dagegen eine Fehlermeldung.

In VHDL wird die Port-Deklaration innerhalb des entity-Blocks vorgenommen. Die Beschreibung für das Verhalten der Schaltung erfolgt innerhalb der architecture-Anweisung. Der architecture-Block wird direkt einem entity-Block durch die Bezeichnung zugeordnet. Es können zu einem entity-Block mehrere architecture-Blöcke verwendet werden.

In Verilog ist die Struktur einfacher und erlaubt nicht die komplexen Strukturen von VHDL. Die Anweisungen innerhalb eines Moduls werden nacheinander bearbeitet.

In VHDL können mit einer package-Anweisung, wie z. B. Unterprogramme, Funktionen, Datentypen und Files eingebunden werden. Mit einer use-Anweisung können die package-Deklarationen dann in den VHDL-Source-Code eingebunden und in verschiedenen VHDL-Programmen verwendet werden.

Ein weiterer Unterschied zu VHDL besteht darin, dass Verilog **case**-sensitive ist.

Bei VHDL besteht die Möglichkeit, Bibliotheken mit einzubinden, um das Schreiben von Source-Code zu vereinfachen. Verilog bietet dagegen kein Bibliotheksmanagement an.

Bei der Auswahl der beiden HDLs können auch die Programmierkenntnisse der Entwickler ein wichtiges Kriterium sein. Verilog hat viel Ähnlichkeit mit der Programmiersprache C, VHDL dagegen mit Pascal und Ada.

Bei einem FPGA-Entwurf ist es oft vorteilhafter, VHDL zu verwenden. Die Hardware-Modellierung endet hier in der Regel auf der Logikebene. Die Ebenen darunter werden beim FPGA-Entwurf nicht betrachtet, da sie schon vorgefertigt sind. Verilog hat dagegen den Vorteil, z. B. auf der Transistorebene Einfluss auf das Design zu nehmen [6, 12].

2 Das 12-Bit-Mikroprozessor-System(1)

Die Anforderungen für das zu entwickelnde Mikroprozessor-System müssen zunächst festgelegt werden. Als Erstes wird die Vorgabe gemacht, das System in die Komponenten Operationswerk, Steuerwerk und Speicher zu strukturieren.

Diese Strukturierung des digitalen Systems hat folgende Vorteile:
- Änderungen und Erweiterungen können leichter durchgeführt werden.
- Durch die Aufgabenteilung können Fehler leichter lokalisiert werden.

Es werden folgende Kriterien für den Entwurf der MPU12 (Mikro-Prozessor-Unit) festgelegt:
- es existiert nur ein RAM-Speicher für Programme und Daten;
- einfacher Befehlssatz mit arithmetischen und logischen Befehlen;
- Adressierung direkt und indirekt;
- Strukturierung der CPU in Operationswerk (OPW) und Steuerwerk (STW);
- das Ein- und Ausgabeprotokoll ist asynchron;
- Befehls- und Datenformat sind einheitlich.

2.1 Der 12-Bit-Mikroprozessor

Es müssen zunächst die Spezifikationen für das digitale System festgelegt werden. Dazu müssen die Anforderungen konkreter definiert werden.

Die folgende Darstellung zeigt die Festlegung der Befehls- und Datenformate:

Befehlsformat (12 Bit)

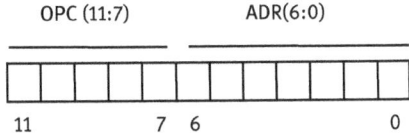

Opcode OPC 5 Bit, direkte Adressierung 7 Bit

Datenformat (12 Bit)

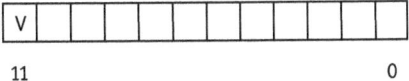

Es sollen vorzeichenbehaftete Zahlen verwendet werden. Das oberste Bit (MSB) ist für das Vorzeichen reserviert. Der Datenbereich ist 11 Bit breit.

Adressierung (7/12 Bit)

Für die Adressierung soll eine direkte 7-Bit-Adressierung mit einem Adressbereich von 0 bis 127 und eine indirekte von 12 Bit mit einem Adressbereich von 0 bis 4095 verwendet werden.
- OPC(0) = 0: 7-Bit-Adresse (direkte Adressierung)
- OPC(0) = 1: 12-Bit-Adresse (indirekte Adressierung)

Der Befehlssatz der MPU12 ist in Tab. 2.1 zusammengestellt. In der ersten Spalte steht der 5-Bit-Opcode OPC(4:0) für die Befehle. Es können insgesamt 32 Befehle definiert werden, davon sind 28 Befehle zugeordnet, die 4 restlichen werden als „No Operation" (NOP) behandelt. Das niederwertige Bit des 5-Bit-Opcodes gibt den Adressierungsmodus an.

Die nächsten zwei Spalten geben die Kürzel (Mnemonics) für die einzelnen Befehle sowie ihre Bedeutung an. Die Befehle mit einem angehängten ‚I' sind für die indirekte Adressierung.

Abkürzungen in Tab. 2.1: direkt/indirekt

OPC	: Opcode für Befehl
m	: 7-Bit-Adresse
M(m)	: 12-Bit-Operand von Adresse m
M(M(m))	: 12-Bit-Operand von Adresse M(m)
OPR	: 12-Bit-Output-Register
IPR	: 12-Bit-Input-Register
A	: 12-Bit-Akku-Register
PC	: 12-Bit-Program-Counter
STA	: 12-Bit-Register-Stack
Z	: Zero-Flag
S	: Vorzeichen-Flag
C	: Carry-Flag
Ci	: Input-Carry

Mnemonics in Tabelle 2.1 direkt/indirekt

OU/ OUI	: Output
ST/ STI	: Store
IN/ INI	: Input
SP	: Stop
NOP	: No Operation
JZ/ JZI	: Jump if $Z = 1$
JS/ JSI	: Jump if $S = 1$
JC/ JCI	: Jump if $C = 1$

JU/ JUI   : Jump
CA/ CAI   : Call
RT   : Return
SHR/SHL   : Shift right/Shift left
AD/ ADI   : Addition
SU/ SUI   : Subtraktion
NA/ NAI   : NAND-Fkt
LO/ LOI   : Load

Tab. 2.1: Befehlssatz der MPU12

OPC(4:0)	Mnemonics	Bedeutung
00000	OU m	OPR $\leftarrow$ M(m)
00001	OUI M(m)	OPR $\leftarrow$ M(M(m))
00010	ST m	M(m) $\leftarrow$ A
00011	STI M(m)	M(M(m)) $\leftarrow$ A
00100	IN m	M(m) $\leftarrow$ IPR
00101	INI M(m)	M(M(m)) $\leftarrow$ IPR
00110	SP	Programmende
00111	NOP	PC $\leftarrow$ PC +1
01000	JZ m	Z = 1: PC $\leftarrow$ m
01001	JZI M(m)	Z = 1: PC $\leftarrow$ M(m)
01010	JS m	S = 1: PC $\leftarrow$ m
01011	JSI M(m)	S = 1: PC $\leftarrow$ M(m)
01100	JC m	C = 1: PC $\leftarrow$ m
01101	JCI M(m)	C = 1: PC $\leftarrow$ M(m)
01110	JU m	PC $\leftarrow$ m
01111	JUI M(m)	PC $\leftarrow$ M(m)
10000	CA m	STA $\leftarrow$ PC, PC $\leftarrow$ m
10001	CAI M(m)	STA $\leftarrow$ PC, PC $\leftarrow$ M(m)
10010	RT	PC $\leftarrow$ STA
10011	NOP	PC $\leftarrow$ PC +1
10100	SHR	A $\leftarrow$ SHR (A)
10101	NOP	PC $\leftarrow$ PC +1
10110	SHL	A $\leftarrow$ SHL (A)
10111	NOP	PC $\leftarrow$ PC +1
11000	AD m	A $\leftarrow$ A + M(m) + Ci
11001	ADI M(m)	A $\leftarrow$ A + M(M(m)) + Ci
11010	SU m	A $\leftarrow$ A – M(m) – Ci
11011	SUI M(m)	A $\leftarrow$ A – M(M(m)) – Ci
11100	NA m	A $\leftarrow$ NA (A, M(m))
11101	NAI M(m)	A $\leftarrow$ NA (A, M(M(m)))
11110	LO m	A $\leftarrow$ M(m)
11111	LOI M(m)	A $\leftarrow$ M(M(m))

2.1.1 Die Befehlsphasen des Mikroprozessor-Systems

Der Befehlsablauf kann grob in folgende Befehlsphasen eingeteilt werden:
- Befehl holen (Instruction Fetch)
- Befehl interpretieren (Instruction Decode)
- Befehl ausführen (Execute)

Die Abb. 2.1 zeigt die Komponenten des gesamten Mikroprozessor-Systems. Die Abbildung soll den Befehlsablauf verdeutlichen. Hier ist noch keine Strukturierung wie angekündigt vorgenommen, es sind nur die notwendigen Komponenten des Systems aufgeführt. Die einzelnen Befehlsphasen müssen noch weiter spezifiziert werden. Man kommt dann zu folgendem Befehlsablauf:
- Das Steuerwerk gibt ein Startsignal zum Inputregister IPR.
- Laden der Startadresse in das Input-Register IPR und auf den Datenbus.
- Laden der Startadresse in den Program Counter PC.
- Laden der Startadresse in das Adress-Register AR.
- Befehl (Opcode + Adr) aus dem Arbeitsspeicher in das Memory-Register MR laden.
- Memory-Register strukturiert Befehlsformat in Opcode und Adresse.
- Memory-Register gibt Adresse auf den Datenbus.
- Memory-Register lädt Opcode in das Instuction-Register IR.
- Instruction-Register IR gibt Opcode an das Steuerwerk STW.
- Steuerwerk STW dekodiert Opcode und gibt Anweisung mit Steuervektor A(i).
- Adresse vom Operand wird in das Adress-Register AR geladen.
- Operand vom Arbeitsspeicher wird in das Memory-Register MR geladen.
- Operand vom Memory-Register MR wird auf den Datenbus gegeben.
- Operand wird ins Akku-Register A geladen.
- Operation wird ausgeführt und das Ergebnis auf den Datenbus gegeben.

Bei einem Registerbefehl wird das Ergebnis immer im Akku-Register A abgelegt. Das Steuerwerk ist für den sequenziellen Befehlsablauf verantwortlich. Daten und Programmcode müssen in der richtigen Reihenfolge aus dem Arbeitsspeicher in das Memory-Register MR geladen werden.

In den Befehlsablauf müssen auch die Buszugriffe mit einbezogen werden. Ein Buszugriff ist dabei ein Lese- oder Schreibzugriff über den Datenbus auf den Arbeitsspeicher. Es wird bei jedem Befehl zuerst das Memory-Register geladen, das den Opcode OPC für den Befehl und eine 7-Bit-Adresse enthält. Außerdem werden bei jedem Befehl das Address-Register AR und das Instruction-Register IR geladen.

Die Befehlsabläufe sind so aufgebaut, dass in einem CPU-Takt eine oder zwei Befehlsphasen ausgeführt werden können. „Operand holen" ist stets ein Lesezugriff auf den Bus, ein Ergebnis im Arbeitsspeicher ablegen ist stets ein Schreibzugriff auf den Bus.

Die Anzahl der CPU-Takte pro Befehl muss noch festgelegt werden. Für den beschriebenen Befehlsablauf werden ca. fünf CPU-Takte pro Befehl benötigt.

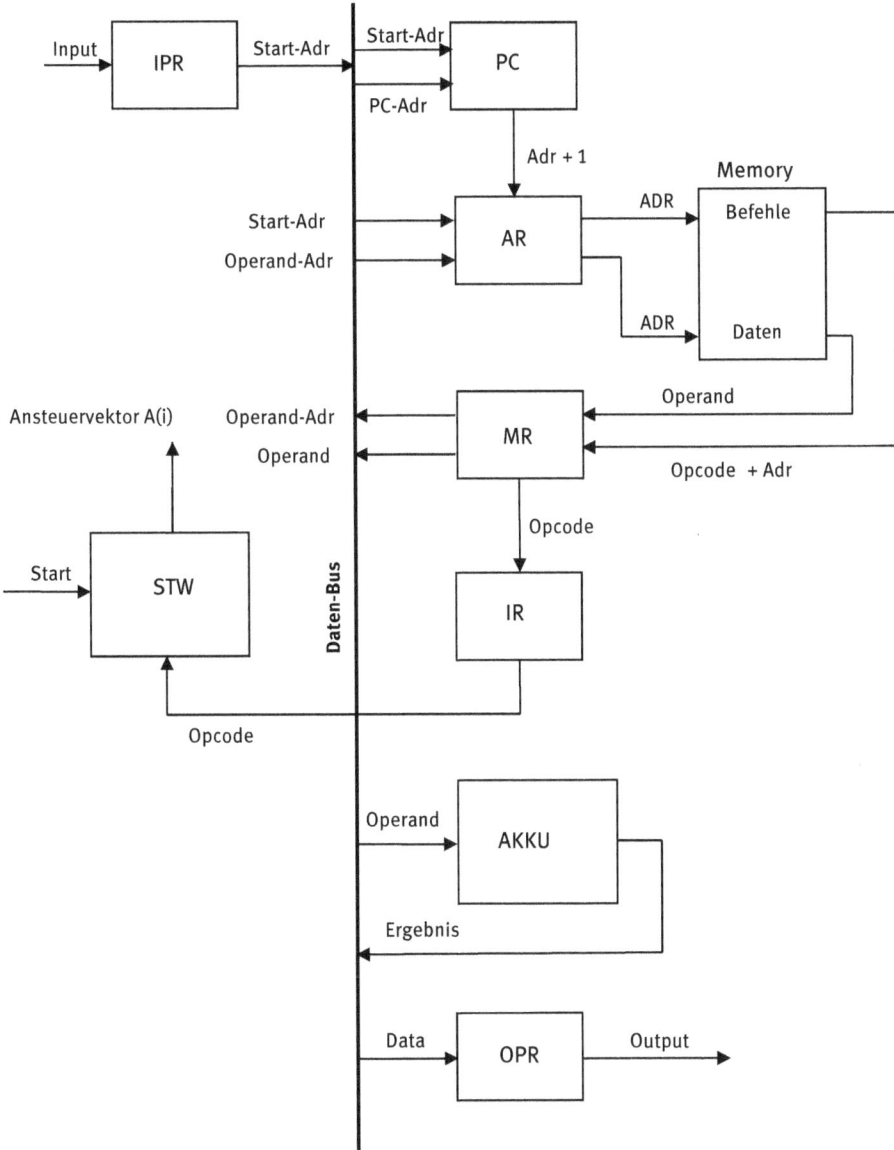

Abb. 2.1: Das 12-Bit-Mikroprozessor-System(1)

Die Abb. 2.2 zeigt das Blockdiagramm für das Mikroprozessor-System(1) mit den definierten Signalen. Die Datenein- und -ausgabe wird über die Signale IPV, OPREC, IPREQ und OPV gesteuert. Das START-Signal ist ein externes Signal, das zum Steuerwerk führt. Die Startadresse muss im Input-Register IPR eingegeben werden. Der Datentransfer zwischen dem Mikroprozessor und dem Speicher läuft über den Datenbus (SYSBUS). Über den Datenbus wird auch der interne Datentransfer im Mikroprozessor geregelt.

Bezeichnungen der Ein- und Ausgangssignale:

IPV	: Input Valid (Eingabe gültig)
OPREC	: Output Recognized (Ausgabe erkannt)
START	: Starten des Prozessors
IPREQ	: Input Request (Aufforderung zur Eingabe)
OPV	: Output Valid (Ausgabe gültig)
WR_EN	: Write-/ Read-Enable (Speicher: Ein- und Ausgabe)
IPR_D(11:0)	: Dateneingang Input-Register
OPR_Q(11:0)	: Datenausgang Output-Register
AR_Q(11:0)	: Datenausgang Address-Register
SYSBUS(11:0)	: Interner Datenbus/Datenausgang
MR_D(11:0)	: Dateneingang Memory-Register
CLR	: Input Reset
CLK	: Input Clock
DI	: Dateneingang Speicher
ADR	: Adresseingang Speicher
WE	: Write Enable Speicher
DO	: Datenausgang Speicher

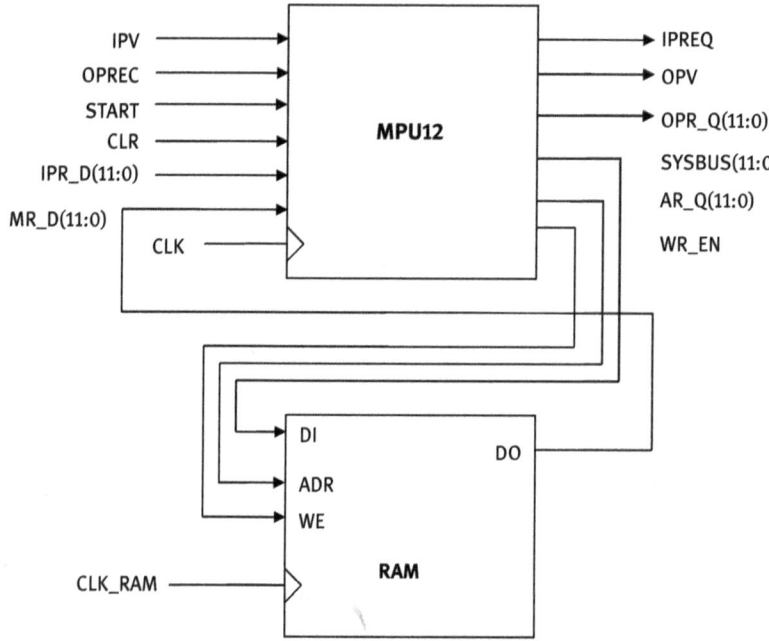

Abb. 2.2: Blockdiagramm des Mikroprozessor-Systems MPU12_S

2.1.2 Die Ein- und Ausgabe-Einheiten

In der Praxis werden verschiedene Ein- und Ausgabemechanismen verwendet. Man unterscheidet zwischen synchronen und asynchronen Protokollen. Synchrone Protokolle sind mit dem Prozessortakt gekoppelt, asynchrone können zu beliebigen Zeitpunkten aufgerufen werden. Hier sollen asynchrone Protokolle verwendet werden. Es wird der Datenaustausch zwischen externer Ein- und Ausgabe und zwischen Prozessor und Speicher betrachtet.

Dazu werden folgende Bedingungen für die Ein- und Ausgabe von Daten vorgegeben:
- Protokolle asynchron
- Input-Register IPR für die Eingabe von Daten
- Output-Register OPR für die Ausgabe von Daten
- Speicher für Befehle und Daten

Der folgende Datentransfer wird über die Protokolle abgewickelt:
- Input-Register → interner Datenbus (SYSBUS)
- interner Datenbus (SYSBUS) → Output-Register
- interner Datenbus (SYSBUS) → Speicher
- Speicher → Externer Datenbus MR_D

Dateneingabe über das Input-Register IPR:
- Prozessor setzt Steuersignal IPREQ = 1 und wartet auf die Bestätigung, dass IPV = 1 gesetzt wird. Es kann jetzt ein gültiger Wert ins Input-Register geschrieben werden.
- Das externe Signal wird auf IPV = 1 gesetzt. Der Wert im Input-Register wird auf den Datenbus SYSBUS übernommen.

Datenausgabe über das Output-Register OPR:
- Prozessor setzt Steuersignal OPV = 1 und wartet auf die Bestätigung, dass OPREC = 1 gesetzt wird. Es liegt jetzt ein gültiger Wert auf dem Datenbus SYSBUS.
- Das externe Signal wird auf OPREC = 1 gesetzt. Der Wert vom Datenbus wird in das Output-Register übernommen.

Datenaustausch zwischen CPU und Speicher:
- Der Prozessor setzt das Steuersignal WR_EN.
  WR_EN = 1: Schreibzugriff aktiviert
  WR_EN = 0: Lesezugriff aktiviert
- Lesezugriff WR_EN = 0: Daten der Adresse AR_Q werden dem Datenbus MR_D übergeben.
- Schreibzugriff WR_EN = 1: Daten können in den Speicher übernommen werden. Die Datenübernahme erfolgt mit dem Taktsignal CLK_RAM über den Datenbus SYSBUS.

Die externe Datenein- und -ausgabe ist asynchron, d. h. unabhängig vom Taktsignal. Es müssen jedoch einige Bedingungen beim Protokoll beachtet werden.

Nebenbedingung für die Dateneingabe im Input-Register ist, dass vor jedem Input-Befehl das Steuersignal IPV = 0 sein muss, da es sonst zu Fehlern bei der Datenübernahme kommt. Das Gleiche gilt auch für die Datenausgabe mit dem Outputregister. Hier muss vor jedem Output-Befehl das Steuersignal OPREC = 0 sein. Bei der Ein- und Ausgabe von Daten wartet der Prozessor, bis die externe Bestätigung erfolgt, d. h. der Ablauf des Programms wird solange blockiert.

Es gilt außerdem die Nebenbedingung, dass die jeweilige Bestätigung vor dem Eintreffen des nächsten CLK-Signals des Operationswerkes erfolgen muss.

2.2 Entwurf des 12-Bit-Mikroprozessors

Die Strukturierung des Mikroprozessors erfolgt in die Komponenten:
- Operationswerk (OPW)
- Steuerwerk (STW)

Die Schnittstelle zwischen Operationswerk (OPW) und Steuerwerk (STW) wird durch folgende Vektoren bestimmt:
- Ansteuervektor A(n − 1:0)
- Statusvektor S(7:0)

Abbildung 2.3 zeigt das Blockdiagramm der MPU12 mit den Ein- und Ausgangssignalen. Neu hinzugekommen sind der Ansteuervektor A(n − 1:0) sowie der Statusvektor S. Der Statusvektor S beinhaltet alle Statusmeldungen und den Opcode des Prozessors. Er kann für die MPU12 direkt angegeben werden, da die Parameter bekannt sind. Der Statusvektor ist ein 8-Bit-Vektor und setzt sich zusammen aus dem 5-Bit-Opcode und den drei Status-Flags. Bis auf den Ansteuervektor A sind alle Ein- und Ausgangssignale für den Prozessor definiert.

Der Ansteuervektor kann mit Hilfe einer sog. Ansteuertabelle bestimmt werden. Er steht in einer direkten Abhängigkeit zu den Komponenten im Operationswerk, d. h. es muss eine eindeutige Zuordnung geben zwischen dem Ansteuervektor und den zu schaltenden Datenwegen [13].

Sowohl der Statusvektor S als auch der Ansteuervektor A steuern den Datenaustausch zwischen den getakteten Automaten OPW und STW. Die beiden Schaltwerke sind miteinander gekoppelt und müssen in der richtigen zeitlichen Reihenfolge die erforderlichen Mikrooperationen durchführen. Deshalb muss i. a. zwischen den beiden CLK-Eingängen unterschieden werden. Wie breit der Ansteuervektor A sein muss, hängt davon ab, wie viele Mikrooperationen im Operationswerk ablaufen.

Sowohl das Steuerwerk als auch das Operationswerk werden für derartige Systeme meistens als getaktete Automaten aufgebaut. Das Operationswerk führt die

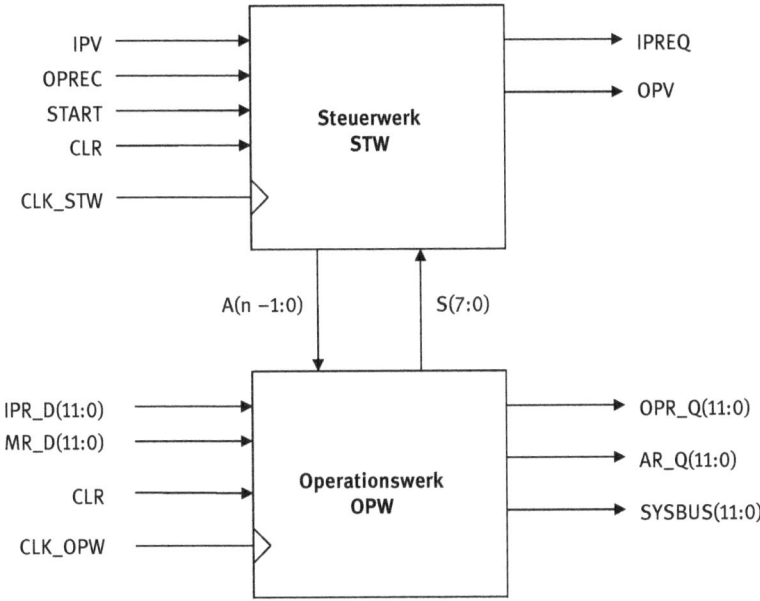

Abb. 2.3: Blockdiagramm der MPU12

einzelnen Operationen aus und meldet dem Steuerwerk den jeweiligen Status über den Statusvektor S. Durch die Aufteilung des Mikroprozessors in die Komponenten Operationswerk und Steuerwerk besteht die Möglichkeit, die Komponenten getrennt zu behandeln. Das Steuerwerk kann formal nach einem Automatenmodell entworfen werden. Die interne Schnittstelle zwischen dem Operationswerk und dem Steuerwerk wird damit zum fundamentalen Bestandteil des Mikroprozessors.

Das Steuerwerk ist für den Programmablauf bzw. den Steuerungsalgorithmus zuständig, wobei das Operationswerk die Steuerinformation über den Ansteuervektor A bekommt. Das Steuerwerk generiert die Steuersignale des Ansteuervektors A und steuert den zeitlichen Ablauf der Mikrooperationen im Operationswerk.

Mit dem Datenbus (SYSBUS) werden alle Komponenten im Operationswerk direkt oder indirekt miteinander verbunden. Dazu verwendet man Multiplexer als Datenselektoren sowie Tri-State-Buffer und Chip-Enable-Eingänge (CE-Eingänge) von Registern.

Das Memory-Register MR bekommt seine Daten vom Arbeitsspeicher (DO-Ausgang). Der Arbeitsspeicher bekommt seine Adressen über den Datenausgang AR_Q des Address-Registers [14].

Allgemein kann das Operationswerk in einer Verhaltens- oder Strukturbeschreibung entworfen werden. Nach den Entwurfsvorgaben bietet sich die Strukturbeschreibung an.

Bei diesem Entwurf kann man so vorgehen, dass man alle Komponenten mit einem internen Datenbus direkt oder indirekt verbindet. Über den Datenbus werden Daten und Adressen transportiert, jedoch keine Befehle.

Da der Datenbus von allen Komponenten genutzt wird, muss der Zugriff auf den Bus so geregelt sein, dass für jeweils nur eine Komponente der Zugriff erlaubt ist. Für den geregelten Datentransfer werden die Multiplexer, die Steuereingänge von Registern und die Tri-State-Buffer eingesetzt.

Die Komponenten des Operationswerkes
Für die Realisierung des Datentransfers müssen die Komponenten im Operationswerk bekannt sein. Nach den Entwurfsvorgaben ergibt sich folgende Registerstruktur für das Operationswerk:
- 12-Bit-Program-Counter: PC
- 12-Bit-Address-Register: AR
- 12-Bit-Memory-Register: MR
- 5-Bit-Instruction-Register: IR
- 12-Bit-Register-Stack: STACK
- 12-Bit-Akku-Register: A
- 12-Bit-Input-Register: IPR
- 12-Bit-Output-Register: OPR

Register-Stack (12 Bit)
Das Register-Stack ist ein verketteter Registerblock mit einer LIFO-Struktur (Last In First Out). Das zuletzt eingeschriebene Datum wird als erstes wieder ausgelesen.
    Das Register-Stack soll eine Speichertiefe von vier Worten haben. Es arbeitet nach dem PUSH- und POP-Prinzip:
- PUSH-Befehl: es wird ein Datenwort gespeichert
- POP-Befehl: es wird ein Datenwort ausgelesen

Akku-Struktur (12 Bit)
In der Akku-Einheit (Akkumulator-Einheit) werden alle arithmetischen und logischen Operationen durchgeführt und das Ergebnis im zentralen Akku-Register A abgelegt. Da es nur ein zentrales Akku-Register gibt, muss das Register auch die Shift-Funktionen realisieren. Die arithmetischen und logischen Funktionen können je nach Anwendung beliebig definiert werden.

Statusregister (3 Bit)
Es werden drei Status-Flags verwendet: Carry-Out (OP_C), das Vorzeichen-Flag (OP_S) und das Zero-Flag (OP_Z).
    Die Statusmeldungen der Flags beziehen sich alle auf das Akku-Register A. Bei jedem Ergebnis müssen die Flags aktiv sein. Sie geben den Zustand des Registers an.

- Carry-Flag OP_C: Ausgangsübertrag
- Sign-Flag OP_S: Vorzeichen (MSB)
- Zero-Flag OP_Z: Null-Zustand

2.2.1 Beschreibung der Komponenten des Operationswerkes

Für die Realisierung des Operationswerkes benötigt man zunächst nur die Module mit den Funktionsbeschreibungen. Die Module können als Funktionstabelle dargestellt werden. Nur die Funktionen und die Ein- und Ausgänge werden berücksichtigt.

Die angegebenen Komponenten werden im Folgenden in Form von Funktionstabellen beschrieben. Sie sind in den Tabellen 2.2 bis 2.6 angegeben.

Getaktete n-Bit-Register

Der CLR-Eingang ist asynchron und hat die höchste Priorität. Für CLR = 1 gilt für den Ausgang Q = 0. Bei CE = 0 ist der Registereingang beliebig, d. h. der gespeicherte Wert bleibt unverändert. Für CE = 1 wird der D-Eingang auf den Q-Ausgang durchgeschaltet. Der CLK-Eingang der Register erscheint i. d. R. nicht in der Funktionstabelle.

Tab. 2.2: n-Bit-Register

CE	CLR	D	Q
x	1	x	Q = 0
0	0	x	Q = const.
1	0	D	Q = D

12-Bit-Program-Counter (PC)

Der asynchrone CLR-Eingang setzt bei CLR = 1 den Ausgang Q = 0. Für die Steuereingänge (S1,S0) = (0,0) und (0,1) bleibt der Zählerinhalt konstant. Für (S1,S0) = (1,0) wird der Zähler inkrementiert und für (S1,S0) = (1,1) wird der Zähler geladen. Der 12-Bit-Zählbereich geht von 0 bis 4095.

Tab. 2.3: 12-Bit-Program-Counter

CLR	S1	S0	D	Funktion
1	x	x	x	Q = 0
0	0	0	x	Q = const
0	0	1	x	Q = const
0	1	0	x	Q = Q + 1
0	1	1	D	Q = D

12-Bit-Universal-Register

Der asynchrone CLR-Eingang setzt bei CLR = 1 den Ausgang Q = 0. Für die Steuereingänge (S1,S0) = (0,0) und (0,1) wird das Register geladen. Für (S1,S0) = (1,0) wird der Inhalt des Registers um eine Bitposition nach rechts verschoben, für (S1,S0) = (1,1) wird der Inhalt des Registers um eine Bitposition nach links verschoben. Bei den Shift-Funktionen wird der D-Eingang nicht registriert, es wird nur der Inhalt des Registers verschoben. Die Shift-Funktionen können jedoch auch anders verschaltet sein.

Tab. 2.4: 12-Bit-Universal-Register

CLR	S1	S0	D	Q
1	x	x	x	Q = 0
0	0	0	D	Q = D
0	0	1	D	Q = D
0	1	0	x	Q(i) = Q(i + 1)
0	1	1	x	Q(i) = Q(i − 1)

12-Bit-Register-Stack

Der asynchrone CLR-Eingang setzt bei CLR = 1 den Ausgang Q = 0. Für die Steuereingänge (S1,S0) = (0,0) und (1,0) bleibt der Ausgang Q konstant. Für (S1,S0) = (1,1) wird ein neues Datenwort in das Register übernommen (PUSH-Befehl), für (S1,S0) = (0,1) wird das oberste Datenwort im Register-Stack ausgelesen (POP-Befehl).

Tab. 2.5: 12-Bit-Register-Stack

CLR	S1	S0	D	Q
1	x	x	x	Q = 0
0	0	0	x	Q = const.
0	1	1	D	Q = D
0	1	0	x	Q = const.
0	0	1	x	Q = QOUT

12-Bit-Akku-Einheit

Der asynchrone CLR-Eingang setzt bei CLR = 1 den Ausgang Q = 0. Mit den Steuereingängen S(2:0) können die einzelnen Funktionen gewählt werden. Die Abb. 2.4 zeigt den Funktionsblock der Akku-Einheit. Der Eingangsübertrag CIN ist herausgeführt und kann wahlweise auf null oder eins gesetzt werden. Tabelle 2.6 zeigt die Funktionstabelle der Akku-Einheit. Der 3-Bit-Steuereingang S(2:0) selektiert die einzelnen Funktionen. Über den Eingang B(11:0) werden die Operanden eingegeben. Am Ausgang Q(11:0) wird das Ergebnis des Akku-Registers ausgegeben.

Die beiden Shift-Funktionen sollen ein „Shiften" nach rechts (SHR) oder links (SHL) innerhalb des Akku-Registers realisieren. Beim „Shiften" unterscheidet man zwischen logischem und arithmetischem „Shiften". Hier soll nur das logische „Shiften" angewendet werden. Bei leeren Bit-Positionen werden jeweils Nullen nachgeschoben.

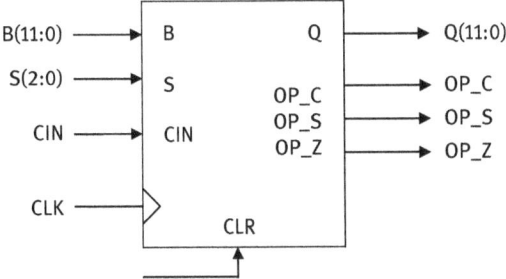

Abb. 2.4: Funktionsblock der 12-Bit-Akku-Einheit

Bedeutung der Flags:
OP_C   : Carry-Out, Ausgangsübertrag
OP_S   : Sign-Flag, Vorzeichen, oberstes Bit (MSB)
OP_Z   : Zero-Flag
OP_S = 0 : positives Ergebnis
OP_S = 1 : negatives Ergebnis
OP_Z = 0 : Ergebnis ungleich null
OP_Z = 1 : Ergebnis gleich null

Die Flags beziehen sich auf die Ergebnisse im Akku-Register. Für die Steuereingänge (0,0,0) und (1,0,0) bleibt der Inhalt im Akku-Register konstant.

Tab. 2.6: Funktionstabelle der Akku-Einheit

CLR	S2	S1	S0	Funktion	Bedeutung
1	x	x	x	Q = 0	Register löschen
0	0	0	0	Q = konstant	AKKU konstant
0	0	0	1	Q = Q – B – CIN	Subtraktion
0	0	1	0	Q = NAND (Q , B)	NAND-Funktion
0	0	1	1	Q = Q + B + C IN	Addition
0	1	0	0	Q = konstant	AKKU konstant
0	1	0	1	Q = B	AKKU laden
0	1	1	0	Q = SHR (Q)	Shift right
0	1	1	1	Q = SHL (Q)	Shift left

2.3 Entwurf des 12-Bit-Operationswerkes

In Kapitel 2.2 wurde bereits auf den Entwurf des Operationswerkes mit Hilfe des Ansteuervektors hingewiesen. Allgemein kann man bei dem Entwurf des Operationswerkes so vorgehen, dass man sich eine Tabelle erstellt, in der die Mikrooperationen den einzelnen Bits des Ansteuervektors A zugeordnet werden. Auf diese Art kommt man direkt zur Größe des Ansteuervektors und zum notwendigen Datentransfer innerhalb des Operationswerkes.

Für den Datentransfer werden die Datenein- und -ausgänge von Registern oder Funktionsblöcken für die Zuordnungen verwendet.

Ausgangspunkt des Entwurfs ist der Funktionsblock des Operationswerkes in Abb. 2.5. Man kann dabei so vorgehen, dass man das Operationswerk als Funktionsblock mit den Ein- und Ausgängen betrachtet. In das Operationswerk werden die bereits eingeführten Verilog-Module eingefügt. Bei den Komponenten werden nur die Datenleitungen und Steuersignale berücksichtig. Die Abb. 2.6 zeigt den Entwurf für das Operationswerk. Im Mittelpunkt des Funktionsblocks befindet sich der interne Datenbus für den Datentransfer zwischen den Komponenten. Über den SYSBUS werden die Daten und Adressen transportiert. Da die notwendigen Komponenten für das Operationswerk schon festgelegt sind, besteht bereits eine unvollständige Abbildung mit den Funktionsblöcken und dem SYSBUS. Einige Komponenten können direkt mit dem SYSBUS verbunden werden, andere müssen über Multiplexer oder Tri-State-Buffer verbunden werden. Die notwendigen Datenselektoren werden in das Blockdiagramm des Operationswerkes übernommen. Die CLK- und CLR-Eingänge sind zur besseren Übersicht weggelassen.

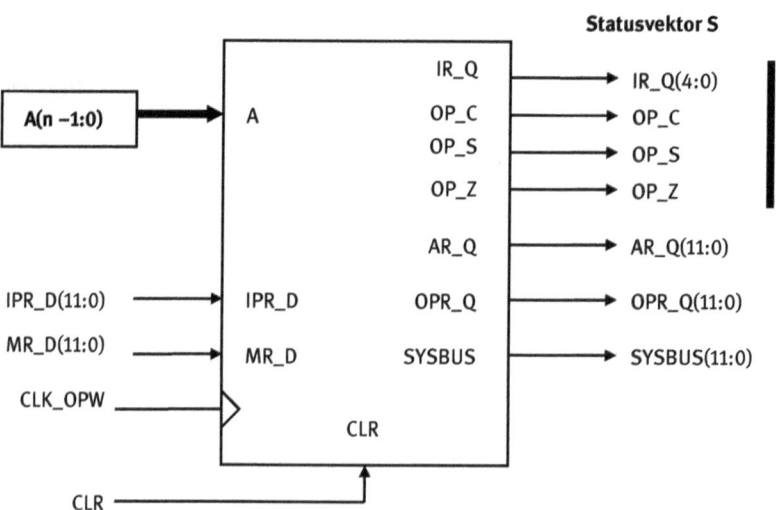

Abb. 2.5: Funktionsblock des Operationswerkes der MPU12

2.3 Entwurf des 12-Bit-Operationswerkes — 31

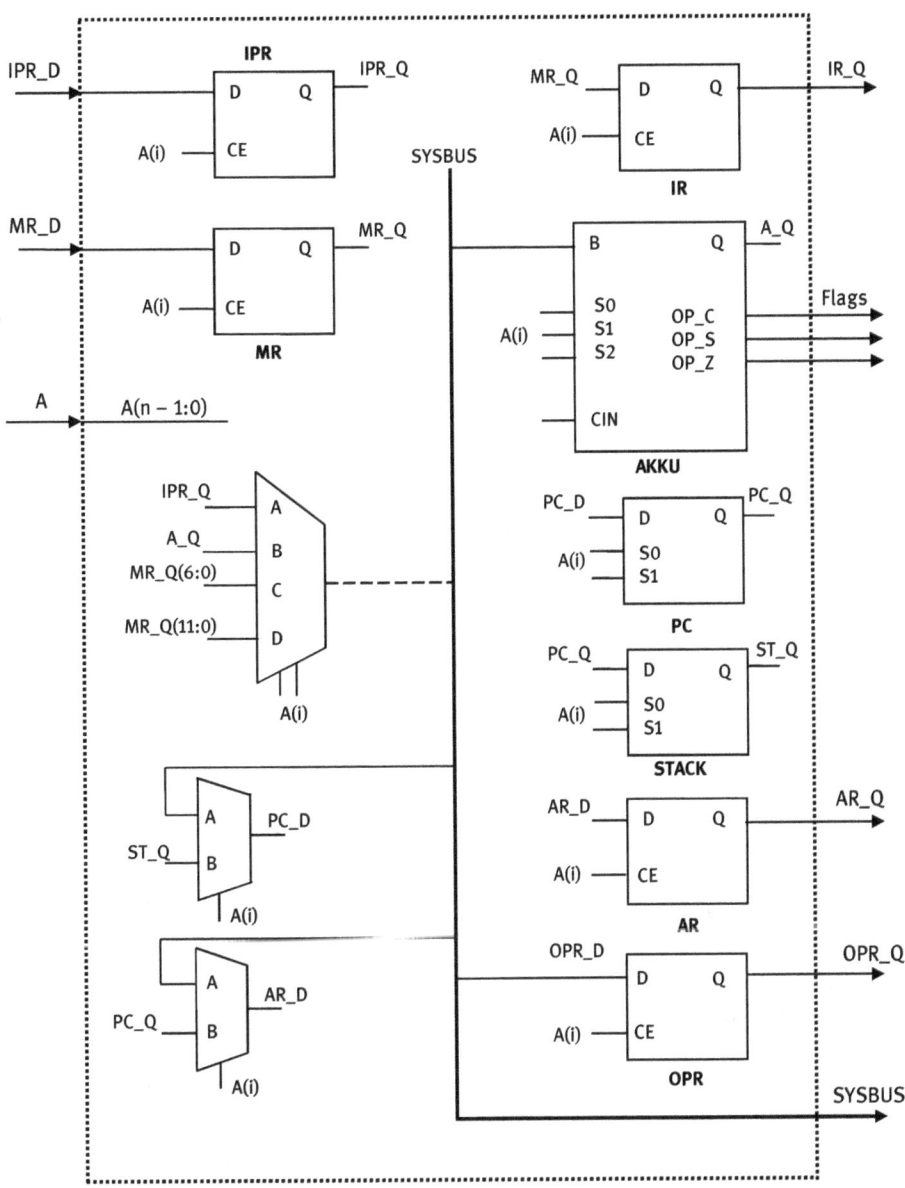

Abb. 2.6: Blockdiagramm des Operationswerkes der MPU12

Der Ansteuervektor A(i) wird den CE- und Steuer-Eingängen der Register und der Akku-Einheit zugeordnet. Der Ansteuervektor hat den Bereich A(n − 1:0), wobei sich die Laufzahl n durch die Anzahl der Mikrooperationen ergibt.

Aus Gründen der Übersicht sind bei einigen Komponenten die Datenleitungen nicht durchgezogen, sondern entsprechend bezeichnet. Es entsteht schrittweise das komplette Blockdiagramm für das Operationswerk mit der zugehörigen Ansteuertabelle. Auf der Abszisse der Ansteuertabelle 2.7 ist der Ansteuervektor aufgetragen, die Größe ist zunächst noch nicht bekannt und ergibt sich durch die Anzahl der Mikrooperationen. Auf der Ordinate sind die einzelnen Mikrooperationen durchnummeriert. Sind die Indizes des Ansteuervektors zugeordnet, ist der Datentransfer zwischen den Funktionsblöcken eindeutig festgelegt [15].

Bezeichnungen in der Ansteuertabelle

MR_D, MR_Q	: Memory-Register MR Eingang/Ausgang
MR_Q(11:7)	: Opcode (Memory-Register)
MR_Q(6:0)	: Adresse (Memory-Register)
DI, DO	: Arbeitsspeicher Eingang/Ausgang
ST_D, ST_Q	: Register-Stack Eingang/Ausgang
OPR_D, OPR_Q	: Output-Register Eingang/Ausgang
IPR_D, IPR_Q	: Input-Register Eingang/Ausgang
PC_D, PC_Q	: Program-Counter Eingang/Ausgang
AR_D, AR_Q	: Address-Register Eingang/Ausgang
SYSBUS	: Datenbus extern/intern
IR_D, IR_Q	: Instruction-Register Eingang/Ausgang
B, A_Q	: Akku-Einheit Eingang/Ausgang
NOP	: No Operation

Wird der Entwurf des Operationswerkes mit Hilfe der Ansteuertabelle gemacht, ergibt sich automatisch die Strukturierung der Komponenten, d. h. eine Strukturbeschreibung. Mit Hilfe des fertigen Blockdiagramms ist es einfach geworden, ein Verilog-Modell für das Operationswerk zu erstellen. Das Blockdiagramm kann direkt in den zugehörigen Verilog-Code umgesetzt werden. Dabei bleibt die vorgegebene Struktur des Operationswerkes auch bei der Synthese erhalten. Die Umsetzung in den Verilog-Code wird bei der Modellierung in Kapitel 3 behandelt.

Damit das Operationswerk funktionsfähig ist, müssen die einzelnen Funktionsblöcke noch realisiert werden. Die Realisierung der Komponenten des Operationswerkes erfolgt wie angekündigt mit Verilog-Modulen. Dazu werden verschiedene Modelle sowohl nach der Struktur- als auch der Verhaltensbeschreibung behandelt.

Tab. 2.7: Ansteuertabelle für das Operationswerk

Ansteuervektor A(16:0)																	
Nr	16	15	14	13	12	11	10	9	8	7	6	5	4	3	2	1	0	Funktion/Datentransfer
1															1	1		PC_Q ← SYSBUS
2														1	1	1	1	PC_Q ← ST_Q
3															1			PC_Q ← PC_Q + 1
4														1	1			ST_Q ← PC_Q
5												1						AR_Q ← SYSBUS
6												1	1					AR_Q ← PC_Q
7											1							MR_Q ← MR_D
8										1								SYSBUS ← A_Q
9									1									SYSBUS ← MR_Q(6:0)
10								1	1									SYSBUS ← MR_Q
11							1											OPR_Q ← SYSBUS
12						1												SYSBUS ← IPR_D
13					1													IR_Q ← MR_Q(11:7)
14				1														DO ← SYSBUS
15			1															A_Q ← A_Q − SYSBUS
16		1																A_Q ← NA(A_Q, SYSBUS)
17		1	1															A_Q ← A_Q + SYSBUS
18	1																	NOP No Operation
19	1		1															A_Q ← SYSBUS
20	1	1																A_Q ← SHR(A_Q)
21	1	1	1															A_Q ← SHL(A_Q)
22																		NOP No Operation

2.3.1 Entwurf der 12-Bit-Akku-Einheit

Die Abb. 2.7 zeigt die einfache Akku-Einheit für den 12-Bit-Mikroprozessor. Für die Realisierung der Akku-Einheit werden die bereits definierten Funktionen aus der Tab. 2.6 verwendet.

Die Datenleitungen in der Abbildung sind nicht alle durchgezogen, sondern entsprechend bezeichnet. Für den Aufbau gibt es eine Reihe von Möglichkeiten, hier werden folgende Komponenten verwendet:
- Arithmetisch-logische-Unit (ALU)
- Register-Block
- Statusregister

Das Ergebnis einer Operation wird immer im Akku-Register abgelegt. In der ALU-Einheit werden die arithmetischen und logischen Operationen ausgeführt. Das Akku-Re-

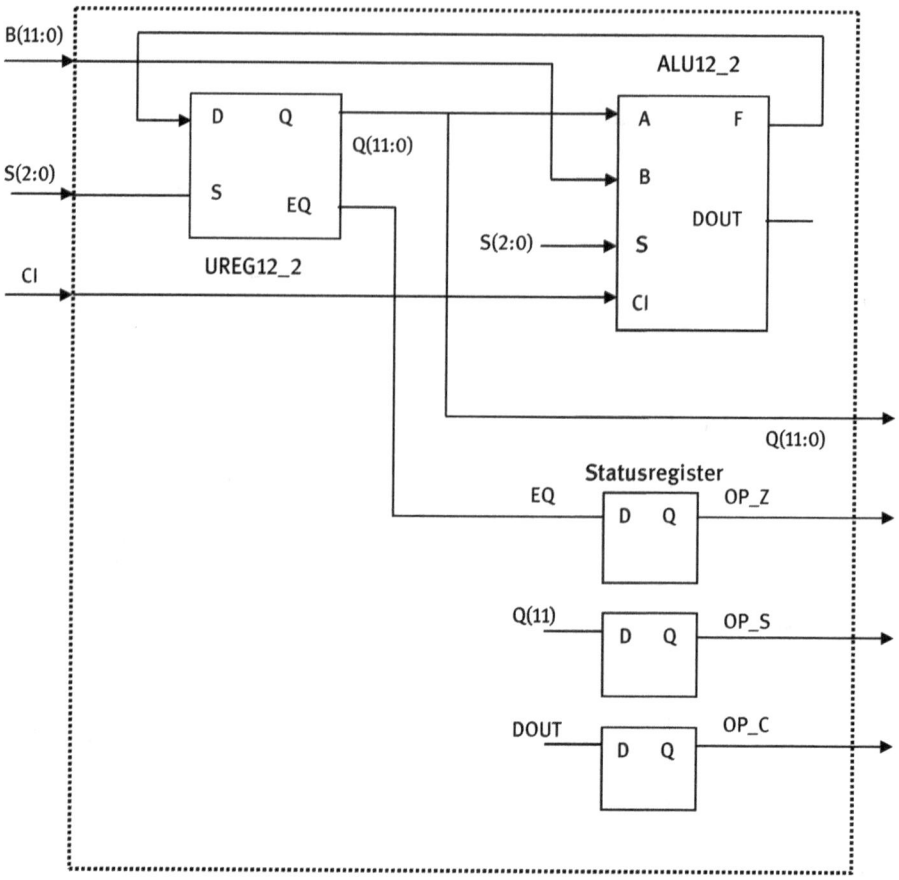

Abb. 2.7: 12-Bit-Akku-Einheit

gister ist ein Universal-Register mit zusätzlichen Funktionen. Das Register enthält neben Schiebefunktionen noch eine Funktion für die Prüfung des Registerinhaltes auf null. Ist der Registerinhalt null, wird der Ausgang EQ = 1 gesetzt. Das Vorzeichen wird durch das oberste Bit Q(11) des Registers angezeigt. Der Ausgangsübertrag der Addition und Subtraktion wird durch den Ausgang DOUT der ALU angezeigt. Die ALU-Einheit und das zentrale Register haben den gemeinsamen 3-Bit-Steuereingang S(2:0). Der Dateneingang der Akku-Einheit B(11:0) ist direkt mit dem internen Datenbus SYS-BUS verbunden (siehe Abb. 2.6). Alle Register werden über CLR-Eingänge in den Null-Zustand gesetzt. Die Auswahl einer Operation erfolgt über den Steuereingang S und über die CE-Eingänge (Chip Enable). Diese Steuerleitungen werden vom Steuerwerk bedient. Die Statusregister mit den Ausgängen OP_Z, OP_S und OP_C geben ihren Status an das Steuerwerk weiter. Die Statusmeldungen werden in den Statusregistern zwischengespeichert. Die ALU-Einheit bekommt über den Eingang A den Operanden vom Akku-Register. Über den B-Eingang wird der zweite Operand vom Datenbus des

Operationswerkes geleitet. Nach dem Ausführen der Operation wird das Ergebnis wieder im Akku-Register abgelegt. Dazu wird das Ergebnis vom Datenausgang der ALU-Einheit über eine Datenleitung auf den Dateneingang des Akku-Registers zurückgeführt.

Die 12-Bit-ALU-Einheit

Tab. 2.8 zeigt die Funktionstabelle der 12-Bit-ALU-Einheit. Über den 3-Bit-Steuereingang S können die einzelnen Funktionen ausgewählt werden. Für die Steuereingänge S(1,1,0) und S(1,1,1) wird ein Durchschalten von A auf den Ausgang F für die Schiebefunktionen bewirkt. Für die Subtraktion wird das Zweier-Komplement verwendet, d. h. die Subtraktion wird auf eine Addition mit dem Zweier-Komplement zurückgeführt. Mit dem Steuereingang S(1,0,1) wird das Akku-Register geladen.

Tab. 2.8: Funktionstabelle der 12-Bit-ALU-Einheit

S2	S1	S0	Funktion F	Bedeutung
0	0	0	F = A	Durchschalten von A
0	0	1	F = A − B − CI	Subtraktion
0	1	0	F = A nand B	NAND-Fkt
0	1	1	F = A + B + CI	Addition
1	0	0	F = A	Durchschalten von A
1	0	1	F = B	Durchschalten von B
1	1	0	F = A	Durchschalten von A (SHR)
1	1	1	F = A	Durchschalten von A (SHL)

Das 12-Bit-Universal-Register

In Tab. 2.9 ist die Funktionstabelle für das steuerbare 12-Bit-Universal-Register dargestellt. Der asynchrone CLR-Eingang setzt für CLR = 1 den Ausgang Q = 0.

Der Steuereingang S wurde gegenüber der Funktionstabelle Tab. 2.4 auf 3 Bit erweitert, um die Modellierung der Akku-Einheit anzupassen. Die Steuereingänge S(1,0,0) und S(1,0,1) und S(0,x,x) bewirken ein Durchschalten von Q = D. Der Steuereingang S(1,1,0) selektiert „Shift right" und S(1,1,1) entsprechend „Shift left".

Bei der gegebenen Funktionstabelle wird der Inhalt des Registers verschoben. Beim „Shift right" wird der Inhalt des Registers in Abhängigkeit des Taktes um eine Bit-Position nach rechts geschoben. Beim „Shift left" wird der Inhalt um eine Bit-Position nach links geschoben. Das Laden des Registers erfolgt bei n-Bit-Registern parallel. Beim Shiften werden jeweils fehlende Bitpositionen für „Shift right" und „Shift left" durch Nullen ergänzt. Bei der Modellierung von Universal-Registern mit Shift-Funktionen muss das „Shiften" beachtet werden. Es kann entweder der Inhalt des Registers oder der D-Eingang verschoben werden.

Tab. 2.9: Funktionstabelle für das 12-Bit-Universalregister

CLR	S2	S1	S0	Funktion	Wirkung
1	X	X	X	Q = 0	Löschen
0	1	1	0	Q(i) = Q(i + 1)	Shift right
0	1	1	1	Q(i) = Q(i − 1)	Shift left
0	1	0	0	Q = D	Laden
0	1	0	1	Q = D	Laden
0	0	X	X	Q = D	Laden

Bei den Verilog-Anweisungen Q = D >> 1 für „Shift right" und Q = D << 1 für „Shift left" werden die D-Eingänge verschoben und ergeben den neuen Inhalt des Registers.

2.3.2 Entwurf von Register-Stack-Einheiten

Ein Register-Stack ist ein verketteter Registerblock mit einer LIFO-Struktur (Last In First Out). Das zuletzt eingeschriebene Datenwort wird als Erstes wieder ausgelesen. Ein Register-Stack stellt zwei Operationen zur Verfügung:
– Speichern von Daten (PUSH-Befehl)
– Auslesen von Daten (POP-Befehl)

PUSH-Befehl:
Einschreiben eines neuen Datums: Alle gespeicherten Datenworte werden um eine Position nach unten verschoben. Der am Dateneingang anliegende Wert wird in das oberste Register eingeschrieben und steht am Ausgang zur Verfügung.

POP-Befehl:
Es kann stets nur auf das oberste Register zugegriffen werden. Der POP-Befehl bewirkt das Lesen des obersten Datenwortes. Durch die Verkettung der Register werden dabei alle gespeicherten Werte um eine Position nach oben verschoben.

Die Verschiebung der Registerinhalte erfolgt parallel, d. h. bei einem n-Bit-Register-Stack werden n Bit parallel verschoben. Wie viele Datenworte gespeichert werden können, hängt von der Speichertiefe des Stacks ab. Der Stack ist ein wichtiges Hilfsmittel zur Verarbeitung von Unterprogrammen und Unterbrechungen (Interrupts). Bei Unterprogramm-Aufrufen oder Programmunterbrechungen werden die Registerinhalte des Prozessors in dem Register-Stack zwischengespeichert (PUSH-Befehl).

Nach dem Ausführen der Unterprogramme bzw. Unterbrechungen werden die alten Registerinhalte wiederhergestellt (POP-Befehl).

Das Prinzip des Register-Stacks soll in Abb. 2.8 deutlich werden. Die Abbildung zeigt ein n-Bit-Register-Stack mit einer Speichertiefe von k Worten. Es gelten folgende Bedingungen:
- (S1,S0) = (1,1) → Einschreiben eines neuen Datenwortes (PUSH-Befehl)
- (S1,S0) = (0,1) → Entfernen des „obersten" Datenwortes (POP-Befehl)
- (S1,S0) = (0,0) → Q = konstant
- (S1,S0) = (1,0) → Q = konstant

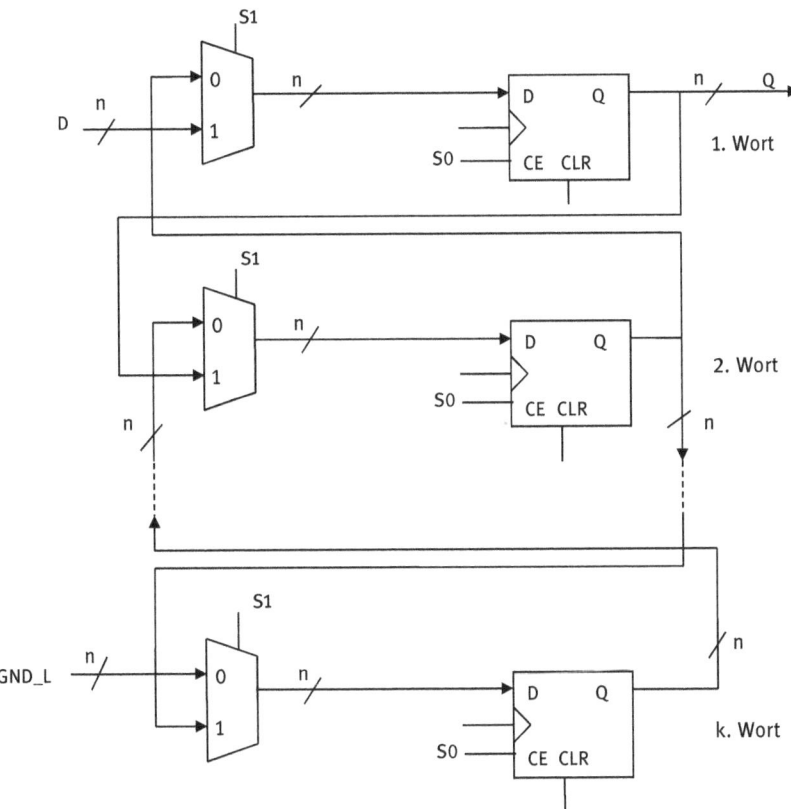

Abb. 2.8: n-Bit-Register-Stack

Bei jedem POP-Befehl wird ein n-Bit-Nullvektor GND_L nachgeschoben. Die CLK-, CE- und CLR-Eingänge sind aus Übersichtsgründen nicht durchgezogen. Bei jedem PUSH-Befehl wird über den D-Eingang ein neues Datenwort gespeichert.

Damit es beim Datentransfer nicht zu Lese- und Schreibfehlern kommt, muss zwischen dem Einschreiben eines neuen Datums und dem Auslesen des alten Wertes eine Verzögerung existieren.

Diese Verzögerung kann mit einem zweiflankengesteuerten Register (Master-Slave-Register) realisiert werden. Bei der Vorderflanke wird der neue Wert im Register gespeichert und erst bei der Rückflanke auf den Ausgang durchgeschaltet. So entsteht eine konstante Verzögerung.

2.4 Entwurf des 12-Bit-Steuerwerkes

Für den Entwurf des Steuerwerkes werden oft Automaten nach dem Mealy- oder Moore-Modell verwendet. Hier wird für den Entwurf das Mealy-Modell gewählt.

Das Mealy-Modell kann mit folgenden Gleichungen beschrieben werden [16]:

$$Y^N = f(X^N, Z^N) \qquad Z^{N+1} = g(X^N, Z^N)$$

An den Gleichungen ist zu erkennen, dass der Ausgangsvektor Y^N von den Vektoren X^N und Z^N des Schaltnetzes f (X,Z) abhängt. Das N ist hier eine Zeitangabe, die auch als diskrete Zeit bezeichnet wird. Die Zeiten N bzw. N + 1 sind infolgedessen die Zeiten vor und nach einer Zustandsänderung. Z^N wird auch als Zustandsvektor und Z^{N+1} als Folgezustandsvektor bezeichnet. Er wird durch das Schaltnetz g (X,Z) realisiert. Das Speicherverhalten des Schaltwerkes wird durch die Rückkoppel-Komponente realisiert, die aus Speichergliedern besteht und extern getaktet wird.

Die notwendigen Zustände für den Automaten ergeben sich aus den Befehlsphasen des Entwurfs in Kapitel 2.1. Entsprechend dem Befehlsablauf werden maximal sieben Zustände definiert, die mit S0 bis S6 bezeichnet werden.

Ein Automat kann formal als Automatengraph, Automatentabelle oder in Form von Automatengleichungen beschrieben werden. Der vereinfachte Automatengraph zusammen mit der Automatentabelle sollen hier für die Darstellung gewählt werden.

Für die formale Erstellung des Automaten werden noch die Ein- und Ausgangsvektoren benötigt. Der Eingangsvektor X setzt sich zusammen aus dem 5-Bit-Opcode, den Steuereingängen IPV und OPREC für das Ein- und Ausgabeprotokoll, den Status-Flags OP_C, OP_S, OP_Z und dem START-Signal. Zum Ausgangsvektor gehört der 17-Bit-Ansteuervektor A und die Signale IPREQ und OPV für das Ein- und Ausgabeprotokoll. Das ergibt den Funktionsblock in Abb. 2.9. Die CLK- und CLR-Eingänge werden als getrennte Eingänge geführt und im Automatenmodell i. a. nicht berücksichtigt.

Tabelle 2.10 zeigt die Automatentabelle für das Steuerwerk. Die Maschinenbefehle sind in elementare Transferoperationen zerlegt, die im Operationswerk ablaufen. Der 17-Bit-Ansteuervektor steuert dabei bitweise den Datentransfer. In der ersten Spalte sind die Zustandsübergänge des Automaten durchnummeriert.

In der zweiten Spalte der Automatentabelle sind die Bedingungen für einen Zustandsübergang und der zugehörige Datentransfer eingetragen. Diese Spalte dient nur dem besseren Verständnis und gehört formal nicht zur Automatenbeschreibung. In den folgenden Spalten sind der Eingangsvektor X, der Zustands- und der Folgezustandsvektor Z bzw. V sowie der Ausgangsvektor Y eingetragen. In der Tabelle sind nur die Zustände eingetragen, die ungleich null sind. Ein vorangestelltes „N" vor ei-

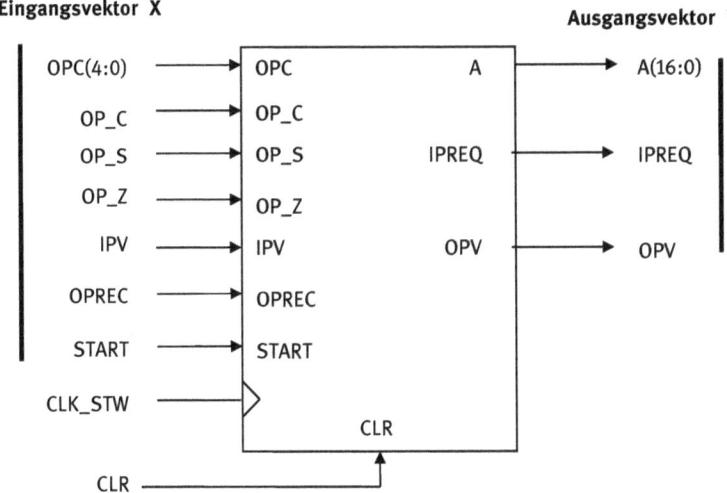

Abb. 2.9: Funktionsblock für das Steuerwerk der MPU12

nem Ausdruck soll eine Negation des Ausdrucks angeben. Die Codierung der Zustände S0 bis S6 ist hier nicht explizit angegeben, in der Regel wird eine binäre oder eine „One-Hot"-Codierung gewählt. Bei der „One-Hot"-Codierung wird der (1-aus-n)-Code verwendet. Für die Modellierung wird hier die binäre Codierung gewählt.

Für den Opcode OPC sind in der Tabelle die Kürzel für die einzelnen Befehle statt der Binärdarstellung eingetragen. Der Automat wird mit dem synchronen CLR-Signal für CLR = 1 in den Anfangszustand S0 gesetzt, unabhängig vom START-Signal. Solange START = 0 gilt, bleibt der Automat im Zustand S0. Im Zustand S0 ist das Bit A(11) des Ansteuervektors bereits gesetzt, damit die Startadresse des Maschinenprogramms in das Input-Register IPR geladen werden kann. Für START = 1 geht der Automat in den Zustand S1 und setzt die entsprechenden Bits des Ausgangsvektors Y für den Datentransfer. Bei den nächsten zwei Taktsignalen geht der Automat in den Zustand S2 und dann nach S3 ohne Übergangsbedingung (don't-care-Werte) und gibt den entsprechenden Ausgangsvektor Y aus. Im Zustand S3 wird festgestellt, ob der Befehl eine direkte oder indirekte Adressierung hat. Im Fall OPC(0) = 0 ist die Adressierung direkt und es folgt eine Verzweigung nach S5. Im Fall OPC(0) = 1 ist die Adressierung indirekt und es folgt eine Verzweigung nach S4. Im Zustand S5 wird festgestellt, welcher Befehl aufgerufen wurde (Decodierung) und nach S1 oder S6 verzweigt. Im Zustand S4 wird eine 12-Bit-Adresse benötigt.

Am Ende jedes Befehlszyklus geht der Automat wieder in den Zustand S1 über und holt den nächsten Befehl (Instruction Fetch).

In Abb. 2.10 ist der zugehörige Automatengraph in vereinfachter Form dargestellt. Die Zustandsübergänge geben dabei die Nummerierung in der Automatentabelle an. Am Automatengraph ist zu erkennen, dass jeder Befehlszyklus zwischen vier und sechs CPU-Takte benötigt [15].

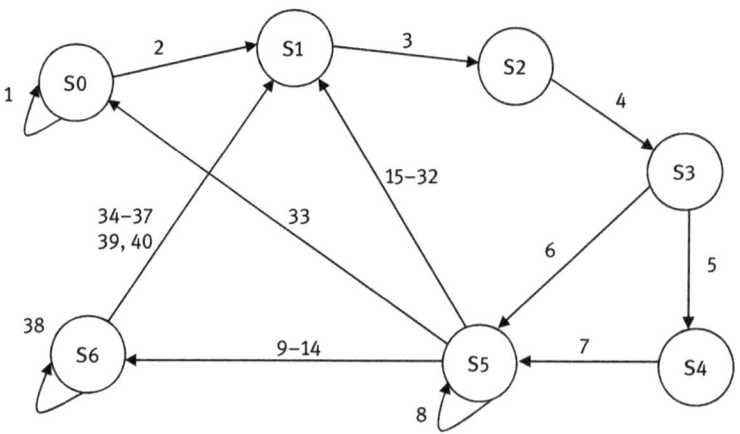

Abb. 2.10: Vereinfachter Automatengraph für das Steuerwerk der MPU12

Bezeichnungen zu Tabelle 2.10

OPC(0) = 0/1	: direkte/ indirekte Adressierung
X	: Eingangsvektor
Z	: Zustandsvektor
V	: Folgezustandsvektor
x	: don't-care-Werte
A(16:0)	: Ansteuervektor
A(16:14)	: Steuereingang für ALU-Einheit
Carry-Flag	: C
Vorzeichen-Flag	: S
Zero-Flag	: Z
IPREQ	: Input Request
OPV	: Output Valid
OPREC	: Output Recognized
IPV	: Input Valid
NOP	: No Operation
NV	: Nullvektor
MR_D, MR_Q	: Memory-Register MR: Eingang/Ausgang
MR_Q(11:7)	: Opcode (Memory-Register)
MR_Q(6:0)	: Adresse (Memory-Register)
DI, DO	: RAM-Speicher: Eingang/Ausgang
ST_D, ST_Q	: Register-Stack: Eingang/Ausgang
OPR_D, OPR_Q	: Output-Register: Eingang/Ausgang
IPR_D, IPR_Q	: Input-Register: Eingang/Ausgang
PC_D, PC_Q	: Program-Counter: Eingang/Ausgang
AR_D, AR_Q	: Address-Register: Eingang/Ausgang

SYSBUS   : Interner/externer Datenbus
IR_D, IR_Q   : Instruction-Register: Eingang/Ausgang
B, A_Q   : Akku-Einheit: Eingang/Ausgang

Tab. 2.10: Automatentabelle für die MPU12

Nr.	Bedingungen/ Datentransfer	Input X	Z	V	Output Y
1	N-Start/SYSBUS ← IPR_D	N-Start	S0	S0	A(11)
2	Start/SYSBUS ← IPR_D PC_Q ← SYSBUS AR_Q ← SYSBUS	Start	S0	S1	A(11) A(2,1) A(6)
3	xx/PC_Q ← PC_Q + 1 MR_Q ← MR_D	OPC = xxxx	S1	S2	A(2) A(7)
4	xx/IR_Q ← MR_Q(11:7) SYSBUS ← MR_Q(6:0) AR_Q ← SYSBUS	OPC = xxxx	S2	S3	A(12) A(9) A(6)
5	OPC(0)/MR_Q ← MR_D	OPC(0) = 1	S3	S4	A(7)
6	N-OPC(0)/NV	OPC(0) = 0	S3	S5	N-Vektor
7	xx/SYSBUS ← MR_Q AR_Q ← SYSBUS	OPC = xxxx	S4	S5	A(9,8) A(6)
8	(IN v INI) ∧ N-IPV SYSBUS ← IPR_D	OPC = (IN v INI) ∧ N-IPV	S5	S5	IPREQ = 1 A(11)
9	RT/PC_Q ← ST_Q	OPC = RT	S5	S6	A(3,2,1,0)
10	(LO v LOI)/MR_Q ← MR_D	OPC = LO v LOI	S5	S6	A(7)
11	(OU v OUI)/MR_Q ← MR_D	OPC = OU v OUI	S5	S6	A(7)
12	(AD v ADI)/MR_Q ← MR_D	OPC = AD v ADI	S5	S6	A(7)
13	(SU v SUI)/MR_Q ← MR_D	OPC = SU v SUI	S5	S6	A(7)
14	(NA v NAI)/MR_Q ← MR_D	OPC = NA v NAI	S5	S6	A(7)
15	(ST v STI)/SYSBUS ← A_Q DO ← SYSBUS AR_Q ← PC_Q	OPC = ST v STI	S5	S1	A(8) A(13) A(6,5)
16	(IN v INI) ∧ IPV DO ← SYSBUS SYSBUS ← IPR_D AR_Q ← PC_Q	OPC = (IN v INI) ∧ IPV	S5 S5	S1 S1	 A(13) A(11) A(6,5)
17	NOP/AR_Q ← PC_Q	OPC = NOP	S5	S1	A(6,5)
18	SHR/ACR ← SHR(A_Q) AR_Q ← PC_Q	OPC = SHR	S5	S1	A(16,15) A(6,5)
19	SHL/ACR ← SHL(A_Q) AR_Q ← PC_Q	OPC = SHL	S5	S1	A(16,15,14) A(6,5)
20	CA/SYSBUS ← MR_Q(6:0) ST_Q ← PC_Q PC_Q ← SYSBUS	OPC = CA	S5	S1	A(9) A(4,3) A(2,1)

Tab. 2.10: (Fortsetzung)

Nr.	Bedingungen/ Datentransfer	Input X	Z	V	Output Y
21	CAI/SYSBUS ← MR_Q ST_Q ← PC_Q PC_Q ← SYSBUS	OPC = CAI	S5	S1	A(9,8) A(4,3) A(2,1)
22	(JZ v JZI) ∧ N-Z/AR_Q ← PC_Q	OPC = (JZ v JZI) ∧ N-Z	S5	S1	A(6,5)
23	(JS v JSI) ∧ N-S/AR_Q ← PC_Q	OPC = (JS v JSI) ∧ N-S	S5	S1	A(6,5)
24	(JC v JCI) ∧ N-C/AR_Q ← PC_Q	OPC = (JC v JCI) ∧ N-C	S5	S1	A(6,5)
25	JZ ∧ Z/SYSBUS ← MR_Q(6:0) PC_Q ← SYSBUS	OPC = JZ ∧ Z	S5	S1	A(9) A(2,1)
26	JS ∧ S/SYSBUS ← MR_Q(6:0) PC_Q ← SYSBUS	OPC = JS ∧ S	S5	S1	A(9) A(2,1)
27	JC ∧ C/SYSBUS ← MR_Q(6:0) PC_Q ← SYSBUS	OPC = JC ∧ C	S5	S1	A(9) A(2,1)
28	JZI ∧ Z/SYSBUS ← MR_Q PC_Q ← SYSBUS	OPC = JZI ∧ Z	S5	S1	A(9,8) A(2,1)
29	JSI ∧ S/SYSBUS ← MR_Q PC_Q ← SYSBUS	OPC = JSI ∧ S	S5	S1	A(9,8) A(2,1)
30	JCI ∧ C/SYSBUS ← MR_Q PC_Q ← SYSBUS	OPC = JCI ∧ C	S5	S1	A(9,8) A(2,1)
31	JU/SYSBUS ← MR_Q PC_Q ← SYSBUS	OPC = JU	S5	S1	A(9) A(2,1)
32	JUI/SYSBUS ← MR_Q PC_Q ← SYSBUS	OPC = JUI	S5	S1	A(9,8) A(2,1)
33	SP/NV	OPC = SP	S5	S0	N-Vektor
34	(LO v LOI)/SYSBUS ← MR_Q AR_Q ← PC_Q A_Q ← SYSBUS	OPC = LO v LOI	S6	S1	A(9,8) A(6,5) A(16,14)
35	(AD v ADI)/SYSBUS ← MR_Q AR_Q ← PC_Q A_Q ← A_Q + SYSBUS + CIN	OPC = AD v ADI	S6	S1	A(9,8) A(6,5) A(15,14)
36	(SU v SUI)/SYSBUS ← MR_Q AR_Q ← PC_Q A_Q ← A_Q − SYSBUS − CIN	OPC = SU v SUI	S6	S1	A(9,8) A(6,5) A(14)
37	(NA v NAI)/SYSBUS ← MR_Q AR_Q ← PC_Q A_Q ← NAND (A_Q, SYSBUS)	OPC = NA v NAI	S6	S1	A(9,8) A(6,5) A(15)
38	(OU v OUI) ∧ N-OPREC SYSBUS ← MR_Q	OPC = (OU v OUI) ∧ N-OPREC	S6	S6	OPV = 1 A(9,8)
39	(OU v OUI) ∧ OPREC AR_Q ← PC_Q SYSBUS ← MR_Q OPR_Q ← SYSBUS	OPC = (OU v OUI) ∧ OPREC	S6	S1	A(6,5) A(9,8) A(10)
40	RT/AR_Q ← PC_Q	OPC = RT	S6	S1	A(6,5)

3 Modellierung des 12-Bit-Mikroprozessor-Systems(1)

In Kapitel 1.3 wurden die Grundlagen von Verilog behandelt, die für die Modellierung des Mikroprozessor-Systems notwendig sind. Für die Modellierung werden nur Module beschrieben, die synthetisierbar sind. In Kapitel 1.5 wurde darauf hingewiesen, dass in Verilog generell Module beschrieben werden können, die simulierbar, aber nicht synthetisierbar sind.

Für die Modellierung des Mikroprozessor-Systems mit Hilfe von Verilog ist es notwendig, sich mit den Grundlagen vertraut zu machen. Für weitergehende Beschreibungsformen von Verilog wird auf die Literatur verwiesen [10, 17].

3.1 Modellierung des 12-Bit-Mikroprozessors

In den folgenden Kapiteln werden zunächst die Komponenten für das Operationswerk behandelt. Alle Module für das System werden mit Verilog-Code beschrieben.

Es werden unterschiedliche Verilog-Modelle vorgestellt. Mit Hilfe von Synthese-Berichten kann man sich einen Überblick über die Eignung der verwendeten Module verschaffen. Von den sehr ausführlichen Synthese-Berichten werden nur Auszüge verwendet. Sie sind aber gut geeignet, um die verschiedenen Modellierungen zu beurteilen. Wie schon in Kapitel 1.1 erläutert, wurde der FPGA-Baustein Spartan6 xc6slx4 von Xilinx gewählt. Bei der Auswahl ging es nicht um Optimierung, sondern nur um ausreichende Ressourcen. Bei dem jeweiligen Schaltungsaufwand in den Synthese-Berichten sollten daher nur die Änderungen für die unterschiedlichen Modellierungen gewertet werden [1, 7].

3.1.1 Modellierung von Registerschaltungen

Im Folgenden werden einfache Registerschaltungen behandelt, die für die Modellierung des Mikroprozessor-Systems eingesetzt werden.

Das erste Beispiel zeigt ein D-Flip-Flop mit asynchronem Reset. Das D-Flip-Flop wird auch als 1-Bit-Register bezeichnet. In der **always**-Anweisung existiert ein gemeinsames CLK- und Reset-Signal.

```
//--------
// D-Flip-Flop mit asynch Reset
//--------
module Register1_A (rst, clk, din, dout);
//--------
```

```verilog
input rst;
input clk;
input din;
output reg dout;
//--------
always @ (posedge clk or posedge rst)
if (rst == 1)
dout <= 0;
else
dout <= din;
endmodule
//--------
```

D-Flip-Flop mit Chip Enable

In dem folgenden Beispiel ist das D-Flip-Flop mit einem CE (Chip-Enable)-Eingang und asynchronem Reset dargestellt. Der CE-Eingang ist taktabhängig, d. h. der Eingang wird bei jeder positiven Taktflanke gelesen. Ist CE = 1, wird bei der positiven Taktflanke der Eingang (din) auf den Ausgang (dout) durchgeschaltet. Bei dem Verilog-Code ist zu beachten, dass er **case**-sensitive ist.

```verilog
//--------
// D-Flip-Flop mit ce-Eingang
//--------
module Register1_AC (rst, clk, ce, din, dout);
//--------
input rst,ce;
input clk;
input din;
output reg dout;
//--------
always @ (posedge clk or posedge rst)
if (rst == 1)
dout <= 1'b0;
else if (ce == 1'b1)
dout <= din;
endmodule
//--------
```

D-Flip-Flop mit synchronem Reset

Die folgende Darstellung zeigt ein D-Flip-Flop mit CE-Eingang und synchronem Reset. Die **always**-Anweisung enthält nur das CLK-Signal. Die Änderung der Signaleingänge wird beim Eintreffen der positiven Taktflanke registriert. Das gilt auch für den CE-Eingang.

```
//--------
//D-Flip-Flop mit ce-Eingang
//--------
module Register1_AC (rst, clk, ce, din, dout);
//--------
input rst,ce;
input clk;
input din;
output reg dout;
//--------
always @ (posedge clk)
if (rst == 1)
dout <= 1'b0;
else if (ce == 1'b1)
dout <= din;
endmodule
//--------
```

Modelle für n-Bit-Register-Schaltungen

Im folgenden Beispiel ist ein 12-Bit-Register mit synchronem CE-Eingang und asynchronem Reset dargestellt. Die Änderung von einem 1-Bit- zu einem n-Bit-Register ist einfach durchzuführen, es wird nur die Bitbreite der Signale geändert.

```
//--------
// 12-Bit-Register
//--------
module Register12_AC (rst, clk, ce, din, dout);
//--------
//---- Konstante für 12-Bit-GND ----
parameter INI = 12'b0;
//--------
input rst;
input clk;
input ce;
input [11:0] din;
```

```verilog
output reg [11:0] dout;
//--------
always @ (posedge clk or posedge rst)
if (rst == 1'b1)
dout <= INI;
else if (ce == 1'b1)
dout <= din;
endmodule
//--------
```

Das 12-Bit-Register mit synchronem Reset

Das folgende Beispiel zeigt den Verilog-Code für ein 12-Bit-Register mit synchronem Reset. Der CE-Eingang ist taktabhängig.

```verilog
//--------
// 12-Bit-Register
//--------
module register12_as (rst, clk,ce, din, dout);
//--------
//---- Konstante für 12-Bit-GND ----
parameter INI = 12'b0;
//--------
input rst;
input ce;
input clk;
input [11:0] din;
output reg [11:0] dout;
//--------
always @ (posedge clk)
//--------
if (rst == 1)
dout <= INI;
else if (ce == 1)
dout <= din;
endmodule
//--------
```

Das n-Bit-Register mit asynchronem Reset

Der Verilog-Code zeigt ein n-Bit-Register mit CE-Eingang und asynchronem Reset. Der Integer Wert für n darf maximal 32 Bit sein. Durch die Parameter-Beschreibung im Verilog-Code kann das Modul übersichtlicher gestaltet werden. Die synthetisierte Schaltung in Abb. 3.1 zeigt die Taktabhängigkeit des CE-Eingangs durch das vorgeschaltete AND-Glied.

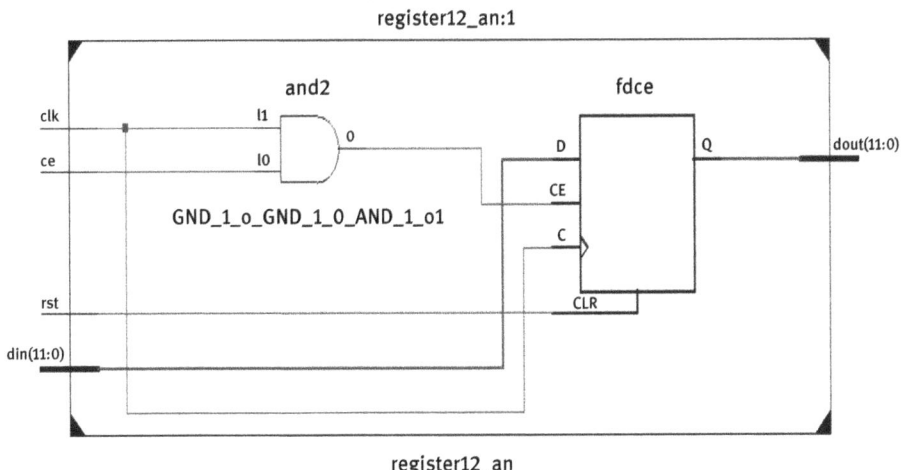

Abb. 3.1: Das n-Bit-Register

```
//--------
module register12_an (rst, clk, ce, din, dout);
//--------
parameter n = 12;
parameter INI = 12'b0;
//--------
input rst,ce;
input clk;
input [n-1:0] din;
output reg [n-1:0] dout;
//--------
always @ (posedge clk or posedge rst)
if (rst == 1)
dout <= INI;
else if (ce == 1 && clk == 1)
dout <= din;
endmodule
//--------
```

12-Bit-Register mit Master-Slave

Das folgende Beispiel zeigt den Verilog-Code für ein Master-Slave-Register. Die Register haben eine konstante Verzögerung zwischen dem Speichern eines neuen Wertes und dem Durchschalten auf den Ausgang. Mit der Vorderflanke des ersten Registers wird ein neuer Wert übernommen (Master) und erst mit der Rückflanke auf den Ausgang durchgeschaltet (Slave). Dadurch wird verhindert, dass beim Speichern eines neuen Wertes der alte gespeicherte Wert sofort überschrieben wird, sondern nach einer genau definierten Verzögerung. Es ist die Zeit zwischen der Vorder- und Rückflanke des CLK-Signals. Die Abb. 3.2 zeigt die synthetisierte Schaltung. Die Steuerung des Reset ist asynchron. Nach dem Synthese-Bericht ergibt sich eine maximale Taktfrequenz von 443 MHz.

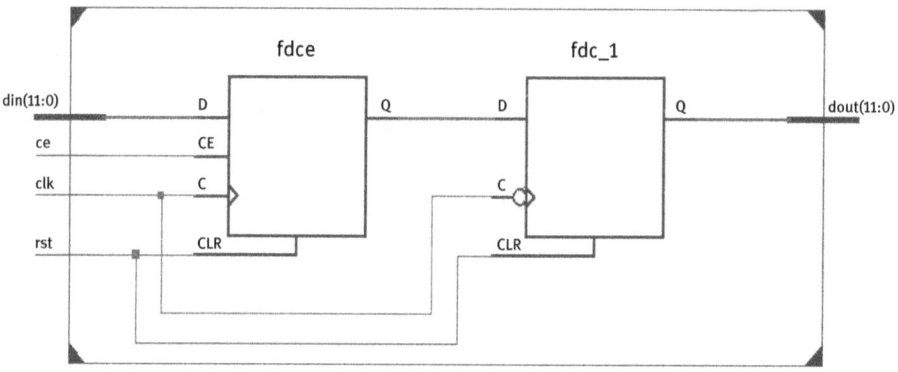

Abb. 3.2: 12-Bit-Register mit Master-Slave

```verilog
//--------
// 12-Bit-Master-Slave-Register
//--------
module Register12_MS (rst, clk, ce, din, dout);
//--------
parameter INI = 12'b0;
//--------
input rst;
input ce;
input clk;
input [11:0] din;
output reg [11:0] dout;
//--------
reg [11:0]dout_m ;
wire clk1;
```

```
//---- Master ----
always @ (posedge clk or posedge rst)
begin
if (rst == 1)
dout_m <= INI;
else if (ce == 1)
dout_m <= din;
end
//---- Slave ----
always @ (posedge clk1 or posedge rst)
begin
if (rst == 1)
dout <= INI;
else
dout <= dout_m;
end
assign clk1 = ~clk;
//--------
endmodule
//--------
```

Auszug aus dem Synthese-Bericht für das 12-Bit-Master-Slave-Register:

```
--------
FPGA: Spartan6 xc6slx4 (Xilinx)
--------
# Registers                      : 24
Flip-Flops                       : 24
--------
Slice Logic Utilization:
Number of Slice Registers:       24  out of   4800
--------
Minimum period: 2.3 ns (Maximum Frequency: 443.3 MHz)
--------
```

3.1.2 Modellierung von 12-Bit-Multiplexern

Im Folgenden wird der Verilog-Code von zwei Multiplexern beschrieben. Im ersten Fall wird die Fallunterscheidung mit einem Bedingungs-Operator (**?:**) gewählt und im zweiten Fall mit einer **case**-Anweisung.

Der 12-Bit-Multiplexer2_1

```verilog
//--------
//-- 12-Bit-Multiplexer2_1
//--------
module mux2_12 (
//--------
input [11:0] i0,
input [11:0] i1,
input sel,
output [11:0] mux_out);
//--------
assign mux_out = sel ? i1 : i0;
endmodule
//--------
```

Der 12-Bit-Multiplexer4_1

Der Source-Code beschreibt den Multiplexer mit **case**-Anweisungen. Um alle Signaländerungen der Eingangssignale zu erfassen, müssen sie in der **always**-Anweisung angegeben werden.

```verilog
//--------
//-- 12-Bit-Multiplexer4_1
//--------
module mux4_12 (
//--------
input [11:0] i0,
input [11:0] i1,
input [11:0] i2,
input [11:0] i3,
input [1:0] sel,
output reg [11:0] mux_out);
//--------
always @ (sel or i0 or i1 or i2 or i3)
begin
case (sel)
2'b00: mux_out <= i0;
2'b01: mux_out <= i1;
2'b10: mux_out <= i2;
2'b11: mux_out <= i3;
endcase
end
endmodule
//--------
```

3.1.3 Modellierung von 12-Bit-Universal-Registern

Die folgenden Beispiele zeigen den Verilog-Code für 12-Bit-Universal-Register. Es werden verschiedene Verilog-Modelle vorgestellt. Für eine Beurteilung der Entwürfe können die Synthese-Berichte herangezogen werden. Es zeigt sich, dass die Modellierung oft einen großen Einfluss auf den Schaltungsaufwand und die Verzögerungszeiten hat.

Bei der Modellierung der Universal-Register sind die unterschiedlichen Shift-Funktionen zu beachten. Es können entweder die Inhalte oder die D-Eingänge der Register verschoben werden. Bei den folgenden Registern werden die Inhalte verschoben, d. h. der Register-Eingang D wird nicht registriert.

Das 12-Bit-Universal-Register(1)

Das Register wurde bereits beim Entwurf des Operationswerks eingeführt und wird in der Akku-Einheit als Zentral-Register eingesetzt.

Neben der Speicherfunktion existieren noch die Schiebefunktionen für rechts und links sowie die Zero-Abfrage für den Registerausgang. Der Reset des Registers ist asynchron. In Abb. 3.3 ist die synthetisierte Schaltung zu sehen mit einem Auszug aus dem Synthese-Bericht. Die maximale Taktfrequenz ist mit 650 MHz angegeben. Das folgende Listing zeigt den Verilog-Code.

```verilog
//--------
//-- 12-Bit-Universal-Register
//--------
module UREG12_2 (Q, D, clr, clk, S, EQ);
//--------
parameter ZERO = 12'h000;
//--------
input[11:0] D;
input clr;
input clk;
input [2:0] S;
output reg [11:0] Q;
output EQ;
//--------
always @ (posedge clk or posedge clr)
begin
if (clr == 1'b1)
Q <= ZERO;
//--------
else if (S == 3'b110) // Shift right (SHR)
begin
```

52 — 3 Modellierung des 12-Bit-Mikroprozessor-Systems(1)

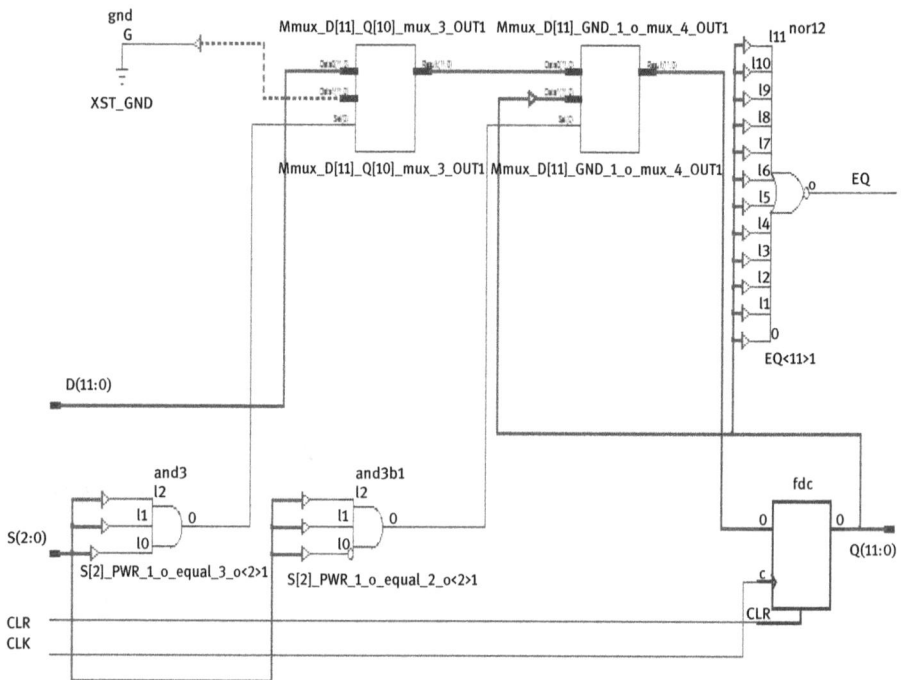

Abb. 3.3: Das 12-Bit-Universal-Register(1)

```
Q[10:0] <= Q[11:1];
Q[11] <= 0;
end
//--------
else if (S == 3'b111) // Shift left (SHL)
begin
Q[11:1] <= Q[10:0];
Q[0] <= 0;
end
//--------
else
begin
Q <= D;
end
//--------
end
//---- Zero-Abfrage für Ausgang ----
assign EQ = (Q == 12'b0) ? 1'b1 : 1'b0;
endmodule
//--------
```

Ein Auszug aus dem Synthese-Bericht für das 12-Bit-Universal-Register(1):

```
--------
FPGA: Spartan6 xc6slx4 (Xilinx)
--------
Basic Elements of Logic (BELS)   : 15
--------
# Registers                      : 12
Flip-Flops                       : 12
# Multiplexers                   : 2
12-bit 2-to-1 multiplexer        : 2
--------
Slice Logic Utilization:
Number of Slice Registers:      12   out of    4800
Number of Slice LUTs:           15   out of    2400
Number used as Logic:           15   out of    2400
--------
Minimum period: 1.5 ns (Maximum Frequency: 649.5 MHz)
--------
```

Für die Basiselemente (BELS) werden z. B. D-Flip-Flops, Multiplexer oder Look Up Tables (LUTs) verwendet.

Das 12-Bit-Universal-Register(2)

Im folgenden Beispiel ist ein Universal-Register als Master-Slave-Register aufgebaut.

Auf die Vorteile des Master-Slave-Registers wurde bereits hingewiesen. Der Auszug aus dem Synthese-Bericht zeigt, dass diese Vorteile mit einer geringeren Taktfrequenz verbunden sind.

```verilog
//--------
module UREG12_MS (Q, D, clr, clk, S, EQ);
//--------
parameter ZERO = 12'h000;
//--------
input[11:0] D;
input clr;
input clk;
input [2:0] S;
output reg [11:0] Q;
output EQ;
//--------
wire clk1;
reg [11:0] Q_I;
```

```verilog
//---- Master ----
always @ (posedge clk or posedge clr)
begin
if (clr == 1'b1)
Q_I <= ZERO;
//--------
else if (S == 3'b110) //SHR
begin
Q_I[10:0] <= Q_I[11:1];
Q_I[11] <= 0;
end
//--------
else if (S == 3'b111) //SHL
begin
Q_I[11:1] <= Q_I[10:0];
Q_I[0] <= 0;
end
//--------
else
begin
Q_I <= D;
end
end
//---- Slave ----
always @ (posedge clk1 or posedge clr)
begin
if (clr == 1'b1)
Q <= ZERO;
//--------
else
Q <= Q_I;
end
//---- clk-Bedingung ----
assign clk1 = ~clk;
//---- Zero-Abfrage ----
assign EQ = (Q == 12'b0) ? 1'b1 : 1'b0;
//--------
endmodule
//--------
```

Auszug aus dem Synthese-Bericht des 12-Bit-Universal-Registers(2):

```
--------
FPGA: Spartan6 xc6slx4 (Xilinx)
--------
Basic Elements of Logic (BELS)   : 15
# Registers                      : 24
Flip-Flops                       : 24
# Multiplexers                   : 24
1-bit 2-to-1 multiplexer         : 24
--------
Slice Logic Utilization:
Number of Slice Registers:    24   out of    4800
Number of Slice LUTs:         15   out of    2400
Number used as Logic:         15   out of    2400
--------
Minimum period: 2.4 ns (Maximum Frequency: 416.9 MHz)
--------
```

Der Vergleich der beiden Universal-Register anhand des Synthese-Berichtes führt zu folgendem Ergebnis: Beim ersten Register ergibt sich die maximale Taktfrequenz von 649 MHz. Beim zweiten Register mit Master-Slave ist die maximale Taktfrequenz 416 MHz. Die Taktfrequenz mit Master-Slave ist somit um ca. 1/3 gesunken, was auch zu erwarten war. Der Schaltungsaufwand ist in etwa gleich geblieben bis auf die Anzahl der D-Flip-Flops, die sich verdoppelt hat.

3.1.4 Modellierung von 12-Bit-ALU-Einheiten

Es werden zwei Versionen für die ALU-Einheiten vorgestellt. Die Funktionen für die ALU-Einheiten wurden bereits in Kapitel 2 festgelegt. Es werden nur einfache arithmetische und logische Funktionen verwendet. Es geht im Wesentlichen um die Verhaltensbeschreibung einer ALU-Einheit mit Verilog. Der Befehlssatz wurde bewusst klein gehalten, da Erweiterungen leicht ergänzt werden können.

Die 12-Bit-ALU-Einheit(1)
Bei der Beschreibung werden die **else-if**-Anweisungen mit einem 3-Bit-Steuereingang verwendet. Negative Ergebnisse werden als Zweier-Komplement dargestellt. Die nicht zugewiesenen Steuereingänge werden mit der **else**-Anweisung erfasst mit der Zuordnung F = A. Für den Ausgangsübertrag DOUT wird der 13-Bit-Vektor FA verwendet. Die Abb. 3.4 zeigt die synthetisierte Schaltung. Für die Speicherung des Ausgangsübertrags DOUT wird zusätzlich ein Register eingesetzt.

Der folgende Source-Code beschreibt die 12-Bit-ALU-Einheit.

56 —— 3 Modellierung des 12-Bit-Mikroprozessor-Systems(1)

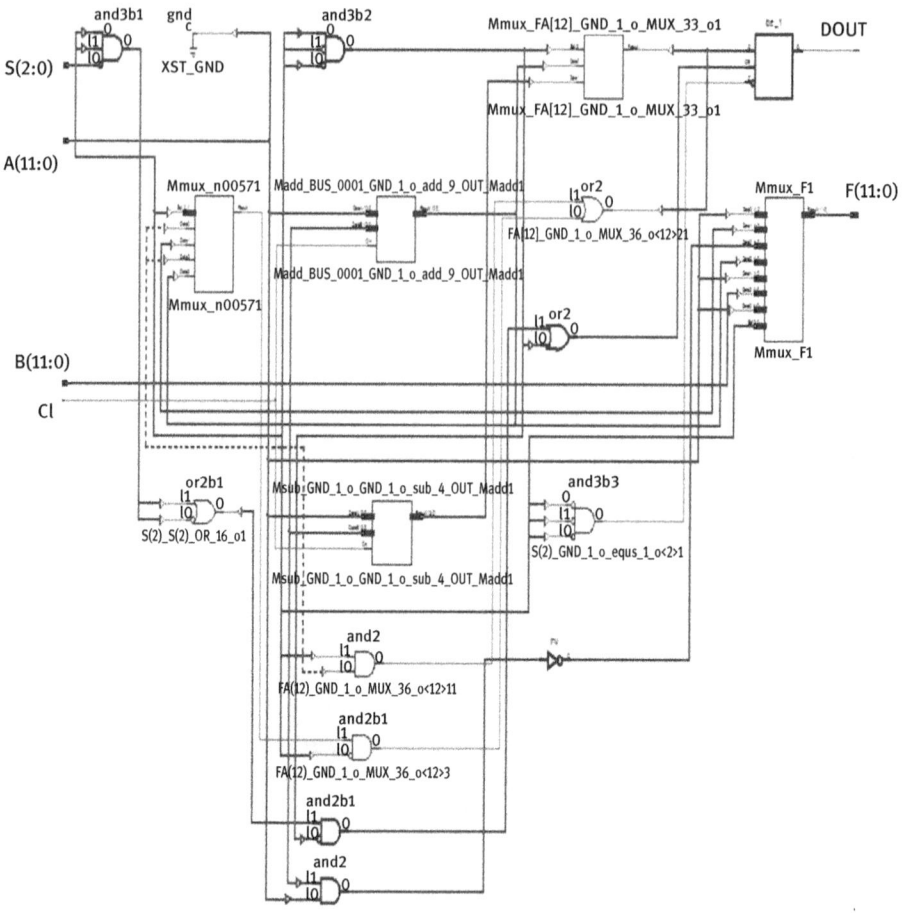

Abb. 3.4: Die 12-Bit-ALU-Einheit(1)

```
//--------
// 12-Bit-ALU-Einheit
//--------
module ALU12_1 (A, B, CI, S, F, DOUT);
//--------
input [11:0] A;
input [11:0] B;
input [2:0] S;
input CI;
output reg[11:0] F;
output reg DOUT;
//--------
```

```verilog
reg [12:0] FA;
//--------
initial
begin
FA = 0;
DOUT = FA[12];
end
//--------
always @ (S or A or B or CI)
//--------
//---- Durchschalten von A ----
begin
if (S == 3'b000)
begin
F = A;
end
//---- Subtraktion ----
else if (S == 3'b001)
begin
FA = A - B - CI;
DOUT = FA[12];
F = FA;
end
//---- NAND-Funktion ----
else if (S == 3'b010)
begin
F = ~(A & B);
end
//---- Addition ----
else if (S == 3'b011)
begin
FA = A + B + CI;
DOUT = FA[12];
F = FA;
end
//---- Durchschalten von B ----
else if (S == 3'b101)
begin
F = B;
end
//---- Durchschalten von A ----
else
```

```
begin
F = A;
DOUT = FA[12];
end
end
//--------
endmodule
//--------
```

Die Auflistung zeigt einen Auszug aus dem Synthese-Bericht der 12-Bit-ALU-Einheit(1) mit **else-if**-Anweisungen:

```
--------
FPGA: Spartan6 xc6slx4 (Xilinx)
--------
Basic Elements of Logic (BELS)      : 104
--------
# Adders/Subtractors                : 2
13-bit adder carry in               : 1
13-bit subtractor borrow in         : 1
# Multiplexers                      : 3
1-bit 2-to-1 multiplexer            : 1
1-bit 4-to-1 multiplexer            : 1
12-bit 7-to-1 multiplexer           : 1
--------
Slice Logic Utilization:
Number of Slice Registers:      2    out of    4800
Number of Slice LUTs:          54    out of    2400
Number used as Logic:          54    out of    2400
--------
Maximum combinational path delay: 7.7 ns
--------
```

Die 12-Bit-ALU-Einheit(2)

Der folgende Verilog-Code beschreibt die 12-Bit-ALU-Einheit mit **case**-Anweisungen. Alle anderen Anweisungen sind gleich geblieben. Die Abb. 3.5 zeigt die synthetisierte Schaltung.

```
//--------
// 12-Bit-ALU-Einheit
//--------
module ALU12_3 (A, B, CI, S, F, DOUT);
//--------
```

3.1 Modellierung des 12-Bit-Mikroprozessors — 59

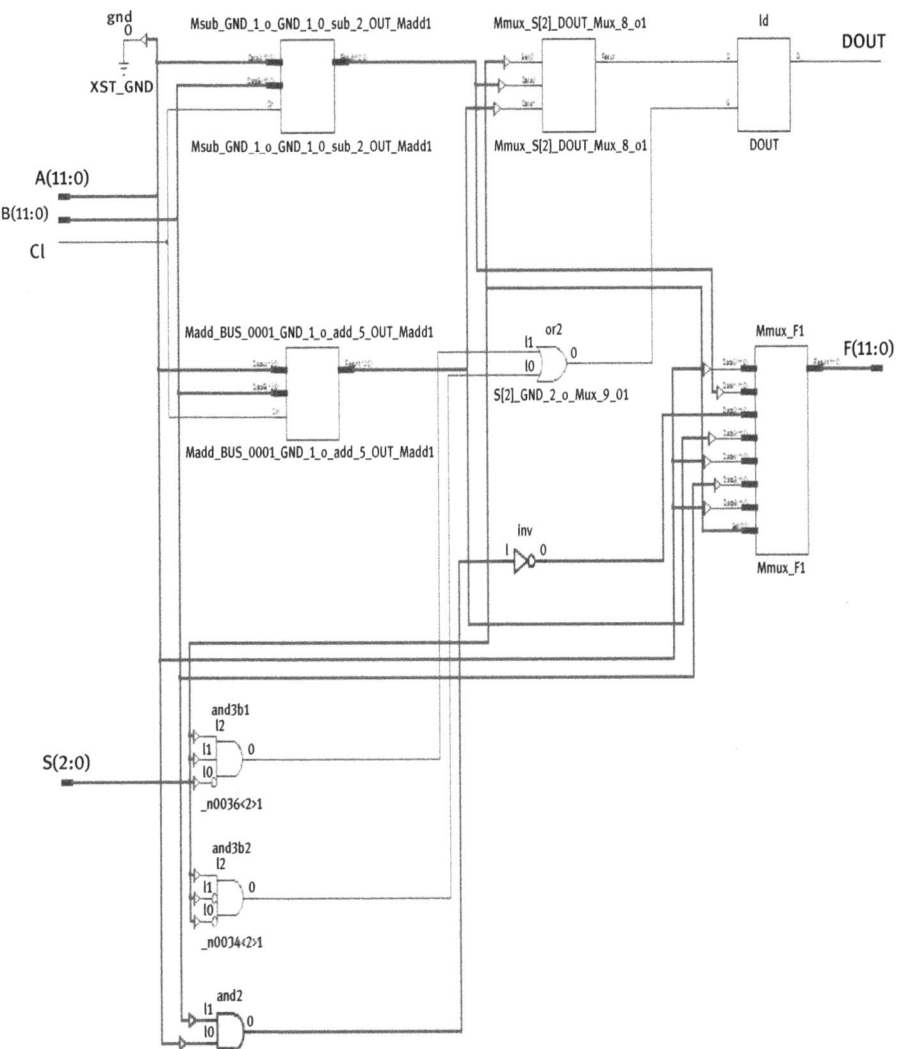

Abb. 3.5: Die 12-Bit-ALU-Einheit(2)

```
input [11:0] A;
input [11:0] B;
input [2:0] S;
input CI;
output reg [11:0] F;
output reg DOUT;
reg [12:0] FA;
//--------
```

```verilog
initial
begin
  FA = 0;
  DOUT = FA[12];
end
//--------
always @ (S or A or B or CI)
case (S)
//---- Durchschalten von A ----
3'b000:
begin
  F = A;
end
//---- Subtraktion ----
3'b001:
begin
  FA = A - B - CI;
  F = FA;
  DOUT = FA[12];
end
//---- NAND-Funktion ----
3'b010:
begin
  F = ~(A & B);
end
//---- Addition ----
3'b011:
begin
  FA = A + B + CI;
  F = FA;
  DOUT = FA[12];
end
//---- Durchschalten von A ----
3'b100:
begin
  F = A;
end
//---- Durchschalten von B ----
3'b101:
begin
  F = B;
end
```

```verilog
//---- Durchschalten von A (SHR) ----
3'b110:
begin
F = A;
end
//---- Durchschalten von A (SHL) ----
3'b111:
begin
F = A;
end
//---- Durchschalten von A ----
default:
begin
F = A;
end
endcase
endmodule
//--------
```

Auszug aus dem Synthese-Bericht für die 12-Bit-ALU-Einheit mit **case**-Anweisungen:

```
--------
FPGA: Spartan6 xc6slx4 (Xilinx)
--------
Basic Elements of Logic (BELS)   : 104
--------
# Adders/Subtractors             : 2
13-bit adder carry in            : 1
13-bit subtractor borrow in      : 1
# Multiplexers                   : 2
1-bit 2-to-1 multiplexer         : 1
12-bit 7-to-1 multiplexer        : 1
--------
Slice Logic Utilization:
Number of Slice LUTs:           51   out of   2400
Number used as Logic:           51   out of   2400
--------
Maximum combinational path delay: 7.7 ns
--------
```

Die Modellierungen der beiden 12-Bit-ALU-Einheiten ergeben minimale Unterschiede im Schaltungsaufwand. Die Anzahl der eingesetzten Basiselemente (BELS) ist gleich geblieben. Bei den Signallaufzeiten gibt es ebenfalls keine Unterschiede.

3.1.5 Modell für die 12-Bit-Akku-Einheit

Die Modellierung der 12-Bit-AKKU-Einheit ist strukturiert aufgebaut. Die Module ALU12_1, UREG12_2 und Register1_A sind nach der Verhaltensbeschreibung modelliert.

Die Abb. 3.6 zeigt die synthetisierte Schaltung der Akku-Einheit mit dem anschließenden Synthese-Bericht. Die maximale Taktfrequenz der Akku-Einheit liegt bei 296 MHz.

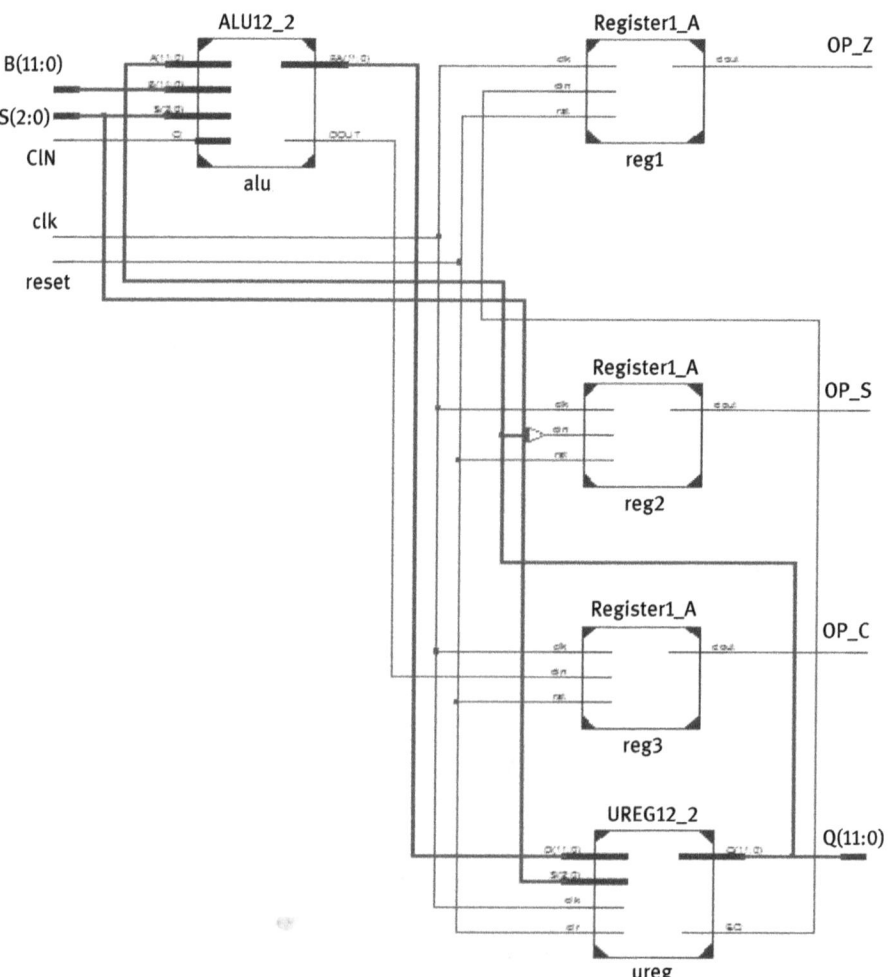

Abb. 3.6: Die 12-Bit-Akku-Einheit

```verilog
//--------
// 12-Bit-Akku-Einheit
//--------
module AKKU12_2 (B, Q, clk, CIN, reset, OP_S, OP_Z, S, OP_C);
//--------
input reset;
input clk;
input CIN;
input [11:0] B;
input [2:0] S;
output [11:0] Q;
output OP_S;
output OP_Z;
output OP_C;
//--------
wire [11:0] Q;
wire [11:0] F_OUT;
wire EQ_OPZ;
wire OPC_IN;
//--------
//---- 12-Bit-ALU ----
ALU12_1 alu (.A(Q),.B(B),.CI(CIN),.S(S),.F(F_OUT),
DOUT(OPC_IN));
//--------
//---- Universal-Register ----
UREG12_2 ureg (.D(F_OUT),.EQ(EQ_OPZ),.clr(reset),.clk(clk),
.S(S),.Q(Q));
//--------
//---- Register für Zero-Flag ----
Register1_A reg1 (.din(EQ_OPZ),.dout(OP_Z),.rst(reset),.clk(clk));
//--------
//---- Register für Sign-Flag ----
Register1_A reg2 (.din(Q[11]),.dout(OP_S),.rst(reset),.clk(clk));
//--------
//---- Register für Carry-Flag ----
Register1_A reg3 (.din(OPC_IN),.dout(OP_C),.rst(reset),.clk(clk));
//--------
endmodule
//--------
```

Auszug aus dem Synthese-Bericht für die 12-Bit-Akku-Einheit:

```
--------
FPGA: Spartan6 xc6slx4 (Xilinx)
--------
Basic Elements of Logic (BELS)    :104
--------
# Adders/Subtractors              : 2
13-bit adder carry in             : 1
13-bit subtractor borrow in       : 1
# Registers                       : 15
Flip-Flops                        : 15
# Multiplexers                    : 4
1-bit 4-to-1 multiplexer          : 1
12-bit 2-to-1 multiplexer         : 2
12-bit 7-to-1 multiplexer         : 1
--------
Slice Logic Utilization:
Number of Slice Registers:     15   out of    4800
Number of Slice LUTs:          71   out of    2400
Number used as Logic:          71   out of    2400
--------
Minimum period: 3.4 ns (Maximum Frequency: 295.7 MHz)
--------
```

3.1.6 Modell für den 12-Bit-Program-Counter

Der Program-Counter gehört mit zu den Modulen der Registerschaltungen, die im Operationswerk eingesetzt werden.

Der Zähler wird mit **else-if**-Anweisungen beschrieben. Das Reset-Signal ist asynchron. Beim Steuereingang S(0,0) und S(0,1) bleibt der Zählwert konstant, bei S(1,0) wird der Ausgang inkrementiert und bei S(1,1) wird der Zähler geladen. Wird der maximale Zählwert von 4095 überschritten, wird der Zähler auf null zurückgesetzt.

```
//--------
//-- 12-Bit-Program-Counter
//--------
module PC12_1 (d_out, d_in, clr, clk, S);
//--------
//---- Minimum und Maximum des Counters ----
parameter NULL_V = 12'h000;
parameter MAX_V = 12'hfff;
```

```verilog
//--------
input[11:0] d_in;
input clr;
input clk;
input [1:0] S;
output reg [11:0] d_out;
//--------
always @ (posedge clk or posedge clr)
begin
if (clr == 1'b1)
d_out <= NULL_V;
//--------
else if (S == 2'b00)
d_out <= d_out; // dout = konst.
//--------
else if (S == 2'b01)
d_out <= d_out; // dout = konst.
//--------
else if (S == 2'b10)
d_out <= d_out + 1; // Zählen
//--------
else if (S == 2'b11)
d_out <= d_in; // Zähler Laden
//--------
else if (d_out > 12'hfff) // max. Wert
d_out <= 0;
end
endmodule
//--------
```

3.1.7 Modellierung von 12-Bit-Register-Stacks

Es werden zwei Modelle für das Register-Stack vorgestellt, ein einfaches und ein Master-Slave-Register. Das Prinzip des Register-Stacks wurde bereits in Kapitel 2.3 behandelt.

Das Register-Stack kann nach der Struktur- oder Verhaltensbeschreibung modelliert werden. Im Fall(1) wird es nach der Verhaltensbeschreibung und im Fall(2) nach der Strukturbeschreibung modelliert.

Das Register-Stack hat folgende Funktionen:
- Löschen des Registers (CLR = 1)
- S(1,1): Wert ins erste Register speichern (PUSH)
- S(0,1): Wert des ersten Registers wird ausgegeben (POP)
- S(0,0): Ausgang konstant
- S(1,0): Ausgang konstant

Das 12-Bit-Register-Stack(1)

Der folgende Verilog-Code zeigt für den Fall(1) eine Verhaltensbeschreibung für das Register-Stack. Die Abb. 3.7 zeigt einen Auszug der synthetisierten Schaltung.

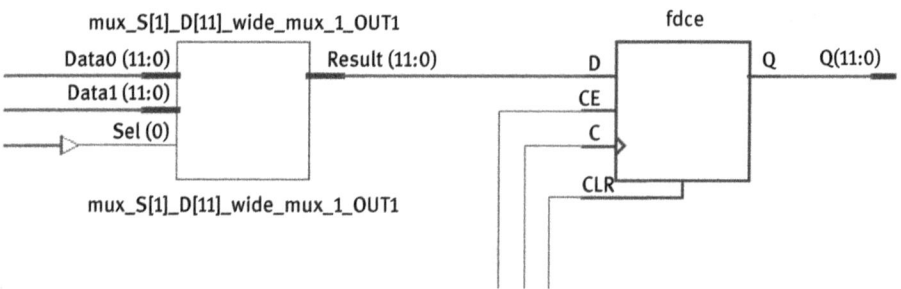

Abb. 3.7: Das 12-Bit-Register-Stack(1)

Die **always**-Anweisung beschreibt das asynchrone CLR-Signal.

```verilog
//--------
//-- 12-Bit-Register-Stack
//--------
module STACK12_2 (D, clk, clr, S, Q);
//--------
parameter GND_L = 12'h000;
//--------
input[11:0] D;
input clr;
input clk;
input [1:0] S;
output reg [11:0] Q;
//--------
reg [11:0] Q1;
reg [11:0] Q2;
reg [11:0] Q3;
reg [11:0] Q4;
```

```verilog
//--------
always @ (posedge clk or posedge clr)
begin
if (clr == 1'b1)
begin
Q  <= GND_L;
Q1 <= GND_L;
Q2 <= GND_L;
Q3 <= GND_L;
Q4 <= GND_L;
end
//--------
else
begin
case (S)
//---- S(1,1), PUSH-Anweisung ----
2'b11:
begin
Q  <= D;
Q1 <= D;
Q2 <= Q1;
Q3 <= Q2;
Q4 <= Q3;
end
//---- S(0,1), POP-Anweisung ----
2'b01:
begin
Q  <= Q1;
Q1 <= Q2;
Q2 <= Q3;
Q3 <= Q4;
Q4 <= GND_L;
end
//---- S(1,0), Q = konstant ----
2'b10:
begin
Q <= Q;
end
//---- S(0,0), Q = konstant ----
2'b00:
begin
Q <= Q;
```

```
end
//---- Q = konstant ----
default:
begin
Q <= Q;
end
endcase
//--------
end
end
endmodule
//--------
```

Die synthetisierte Schaltung zeigt einen Auszug des Register-Stacks. Die Abbildung zeigt $\frac{1}{4}$ der Schaltung und soll die Struktur für Multiplexer und Register deutlich machen. Bei der Verhaltensbeschreibung des Verilog-Codes wird die Realisierung der Schaltungsstruktur dem Synthese-Tool überlassen.

Der Synthese-Bericht zeigt einen Auszug des 12-Bit-Register-Stacks(1):

```
--------
FPGA: Spartan6 xc6slx4 (Xilinx)
--------
Basic Elements of Logic (BELS)    : 60
--------
# Registers                        : 60
Flip-Flops                         : 60
# Multiplexers                     : 49
1-bit 2-to-1 multiplexer           : 48
12-bit 2-to-1 multiplexer          : 1
--------
Slice Logic Utilization:
Number of Slice Registers:    60   out of    4800
Number of Slice LUTs:         60   out of    2400
Number used as Logic:         60   out of    2400
--------
Minimum period: 1.5 ns (Maximum Frequency: 678.8 MHz)
--------
```

Das 12-Bit-Register-Stack(2)

Das folgende Beispiel zeigt für den Fall(2) den Verilog-Code für das 12-Bit-Register-Stack mit Master-Slave-Registern. Hier wurde die Strukturbeschreibung für das Register-Stack gewählt. Die Abb. 3.8 zeigt einen Auszug der synthetisierten Schaltung ($\frac{1}{4}$ der Schaltung).

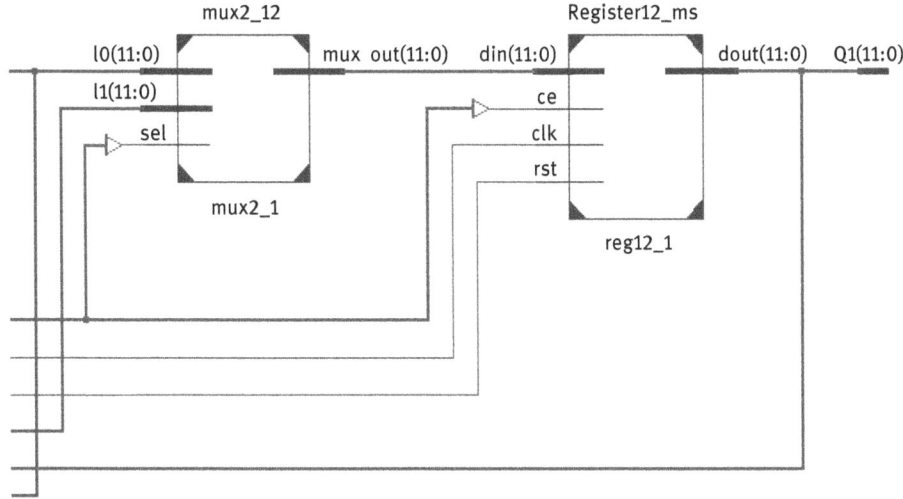

Abb. 3.8: Das 12-Bit-Register-Stack(2)

```
//--------
// 12-Bit-Register-Stack
//--------
module STACK12_3 (D, Q1, clk, S, clr);
//--------
input clr;
input clk;
input [11:0] D;
input [1:0] S;
output [11:0] Q1;
//--------
parameter GND_L = 12'h000;
//--------
wire [11:0] mux_out1,mux_out2,mux_out3,mux_out4;
wire [11:0] Q1,Q2,Q3,Q4;
//---- MS-Register1 ----
Register12_ms reg12_1 (.din(mux_out1),.dout(Q1),
.rst(clr),.clk(clk),.ce(S[0]));
```

```
//--------
//---- MS-Register2 ----
Register12_ms reg12_2 (.din(mux_out2),.dout(Q2),
.rst(clr),.clk(clk),.ce(S[0]));
//--------
//---- MS-Register3 ----
Register12_ms reg12_3 (.din(mux_out3),.dout(Q3),
.rst(clr),.clk(clk),.ce(S[0]));
//--------
//---- MS-Register4 ----
Register12_ms reg12_4 (.din(mux_out4),.dout(Q4),
.rst(clr),.clk(clk),.ce(S[0]));
//--------
//---- Multiplexer1 ----
mux2_12 mux2_1 (.i0(Q2),.i1(D),.sel(S[1]),
.mux_out(mux_out1));
//--------
//---- Multiplexer2 ----
mux2_12 mux2_2 (.i0(Q3),.i1(Q1),.sel(S[1]),
.mux_out(mux_out2));
//--------
//---- Multiplexer3 ----
mux2_12 mux2_3 (.i0(Q4),.i1(Q2),.sel(S[1]),
.mux_out(mux_out3));
//--------
//---- Multiplexer4 ----
mux2_12 mux2_4 (.i0(GND_L),.i1(Q3),.sel(S[1]),
.mux_out(mux_out4));
//--------
endmodule
//--------
```

Auszug aus dem Synthese-Bericht des Register-Stacks mit Master-Slave-Registern:

```
--------
FPGA: Spartan6 xc6slx4 (Xilinx)
--------
Basic Elements of Logic (BELS)    : 48
--------
# Registers                       : 96
Flip-Flops                        : 96
# Multiplexers                    : 4
12-bit 2-to-1 multiplexer         : 4
```

```
--------
Slice Logic Utilization:
Number of Slice Registers:      96  out of  4800
Number of Slice LUTs:           48  out of  2400
Number used as Logic:           48  out of  2400
--------
Minimum period: 2.9 ns (Maximum Frequency: 339.4 MHz)
--------
```

Ein Vergleich der beiden Register-Stacks anhand der Synthese-Berichte ergibt folgendes Ergebnis: Für die Schaltung mit Master-Slave ergibt sich die maximale Taktfrequenz zu 339 MHz, mit einfachen Registern ergibt sich die doppelte Taktfrequenz von 679 MHz.

Der Schaltungsaufwand ist bei beiden Register-Stacks etwa gleich. Für die beiden Modelle der Register-Stacks nach der Verhaltens- und Strukturbeschreibung liefert das Synthese-Tool die gleichen Schaltungsstrukturen. Das kann als Sonderfall für die beiden Beschreibungsformen angesehen werden.

Beim Einsatz von Master-Slave-Registern kann man davon ausgehen, dass sich die Taktfrequenzen gegenüber einfachen Registern drastisch reduzieren.

Der 12-Bit-Tri-State-Buffer

Der folgende Verilog-Code zeigt die Beschreibung des Tri-State-Buffers, der im Operationswerk verwendet wird. Bei Tri-State-Buffern ist darauf zu achten, ob der EN-Eingang aktiv low oder aktiv high geschaltet ist. In diesem Fall ist er aktiv high.

```verilog
//--------
//-- Tri-State-Buffer
//--------
module TBUF12_2 (
//--------
input [11:0] D,
input EN,
output reg [11:0] Q);
//--------
 always @ (D or EN)
 begin
if (EN == 1)
Q <= D;
else
Q <= 12'hzzz;
end
endmodule
//--------
```

3.2 Modell des 12-Bit-Operationswerkes

Die Abb. 3.9 zeigt das synthetisierte Blockschaltbild des Operationswerkes. Es zeigt nur die Ein- und Ausgänge des OPWs. Es ist die oberste Ebene des Designs und zeigt noch nicht, ob die Schaltung bis zur Gatterebene synthetisierbar ist. Der Source-Code zeigt die Modellierung in Verilog.

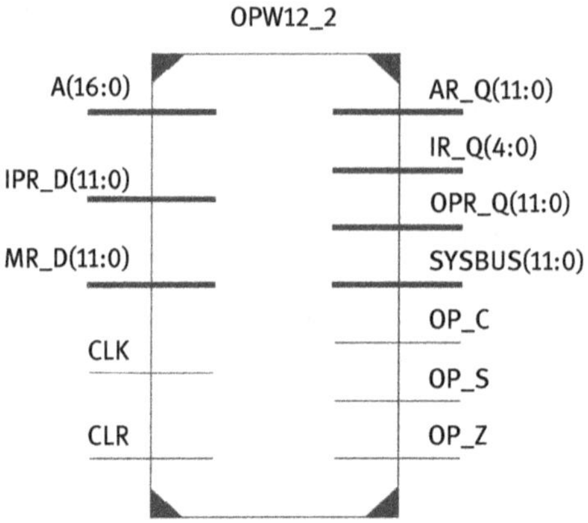

```
                    OPW12_2
      A(16:0)                     AR_Q(11:0)
                                  IR_Q(4:0)
      IPR_D(11:0)
                                  OPR_Q(11:0)
      MR_D(11:0)
                                  SYSBUS(11:0)
                                  OP_C
           CLK
                                  OP_S
           CLR
                                  OP_Z
```

Abb. 3.9: Funktionsblock des 12-Bit-Operationswerkes

```verilog
//--------
// 12-Bit-Operationswerk
//--------
module OPW12_2 (
//--------
input [11:0] IPR_D,
input [11:0] MR_D,
input CLK,
input CLR,
input [16:0] A,
output [11:0] AR_Q,
output [11:0] OPR_Q,
output wire[11:0] SYSBUS,
output [4:0] IR_Q,
output OP_S,
output OP_Z,
output OP_C);
//--------
wire [11:0] A_Q;
```

```verilog
wire [11:0] MUX_OUT;
wire [11:0] ST_Q;
wire [11:0] din;
wire [11:0] d_in;
wire [11:0] IPR_Q;
wire [11:0] MR_Q;
wire [11:0] AR_D;
wire [11:0] PC_D;
wire [11:0] PC_Q;
wire EN_IN;
wire [11:0] i2,i3;
wire GND1;
//--------
assign GND1 = 1'b0;
//--------
//---- Akku-Einheit ----
AKKU12_2 AKKU (.B(SYSBUS),.CIN(GND1),.S(A[16:14]),
.OP_S(OP_S),.OP_Z(OP_Z),.OP_C(OP_C),.Q(A_Q),
.reset(CLR),.clk(CLK));
//--------
//---- Input-Register IPR ----
Register12_AC IPR (.din(IPR_D),.dout(IPR_Q),
.ce(A[11]),.rst(CLR),.clk(CLK));
//--------
//---- Memory-Register MR ----
Register12_AC MR (.din(MR_D),.dout(MR_Q),.ce(A[7]),
.rst(CLR),.clk(CLK));
//--------
//---- Instruction-Register IR ----
Register5_AC IR (.din(MR_Q[11:7]),.dout(IR_Q),
.ce(A[12]),.rst(CLR),.clk(CLK));
//--------
assign din[11:7] = 5'b00000;
assign din[6:0] = AR_D[6:0];
//--------
//---- Adress-Register AR ----
Register12_AC AR (.din(din),.dout(AR_Q),.ce(A[6]),
.rst(CLR),.clk(CLK));
//--------
//---- Output-Register OPR ----
Register12_AC OPR (.din(SYSBUS),.ce(A[10]),.dout(OPR_Q),
.rst(CLR),.clk(CLK));
```

```verilog
//--------
assign d_in[11:7] = 5'b00000;
assign d_in[6:0] = PC_D[6:0];
//--------
//---- Program-Counter PC ----
PC12_1 PC (.d_in(d_in),.d_out(PC_Q),.S(A[2:1]),.
clr(CLR),.clk(CLK));
//--------
assign i2[11:7] = 5'b00000;
assign i2[6:0] = MR_Q[6:0];
assign i3[11:0] = MR_Q[11:0];
//--------
//---- MUX12_1 mux4 ----
mux4_12 mux4 (.i0(IPR_Q),.i1(A_Q),.i2(MR_Q),.i3(MR_Q),
.mux_out(MUX_OUT),.sel(A[9:8]));
//--------
//---- Tri-State-Buffer TBUF ----
TBUF12_2 TBUF(.D(MUX_OUT),.Q(SYSBUS),.EN(EN_IN));
//--------
//---- ODER-Glied OR ----
OR4_1 OR (.i0(A[8]),.i1(A[9]),.i2(A[11]),.i3(A[13]),
.or_out(EN_IN));
//--------
//---- STACK-Register STACK ----
STACK12_2 STACK (.D(PC_Q),.Q(ST_Q),.S(A[4:3]),
.clr(CLR),.clk(CLK));
//--------
//---- MUX2_1 mux1 ----
mux2_12 mux1(.i0(SYSBUS),.i1(ST_Q),.mux_out(PC_D),
.sel(A[0]));
//--------
//---- MUX2_1 mux2 ----
mux2_12 mux2(.i0(SYSBUS),.i1(PC_Q),.mux_out(AR_D),
.sel(A[5]));
//--------
endmodule
//--------
```

3.2 Modell des 12-Bit-Operationswerkes

Der Entwurf des Operationswerkes wurde in Kapitel 2.3 behandelt. Die Modellierung des Operationswerkes erfolgt nach der Strukturbeschreibung. Der strukturierte Entwurf aus Kapitel 2.3 wird hier direkt in Verilog-Code umgesetzt.

Die eingesetzten Komponenten für das Operationswerk vom Entwurf sind nach der Synthetisierung daher alle erhalten geblieben. Das sind Vorteile für den Schaltungsentwurf und die Verifikation der Schaltung.

Die maximale Taktfrequenz wird nach dem Synthese-Bericht mit 300 MHz angegeben. Die Abb. 3.10 zeigt die synthetisierte Schaltung des 12-Bit-Operationswerkes.

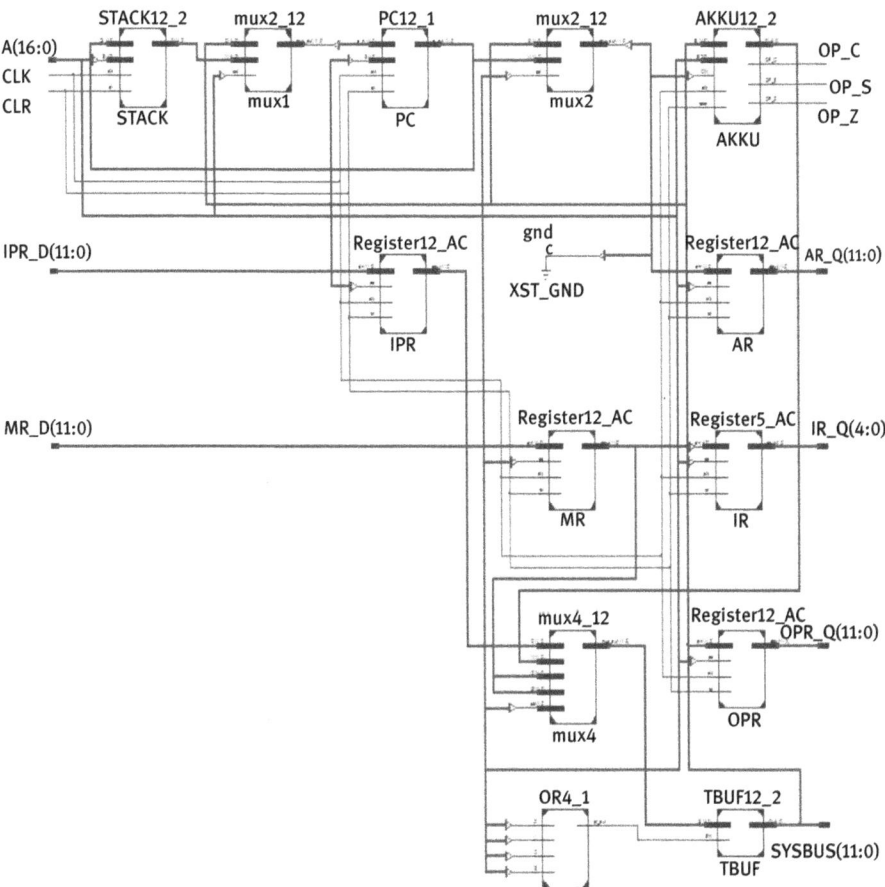

Abb. 3.10: Das 12-Bit-Operationswerk

Auszug aus dem Synthese-Bericht für das 12-Bit-Operationswerk:

```
--------
FPGA: Spartan6 xc6slx4 (Xilinx)
--------
Basic Elements of Logic (BELS)      : 217
--------
# Adders/Subtractors                : 2
13-bit adder                        : 1
13-bit subtractor                   : 1
# Counters                          : 1
12-bit up counter                   : 1
# Registers                         : 128
Flip-Flops                          : 128
# Multiplexers                      : 57
1-bit 2-to-1 multiplexer            : 49
1-bit 4-to-1 multiplexer            : 1
12-bit 2-to-1 multiplexer           : 5
12-bit 4-to-1 multiplexer           : 1
12-bit 7-to-1 multiplexer           : 1
--------
Slice Logic Utilization:
Number of Slice Registers:     106    out of    4800
Number of Slice LUTs:          141    out of    2400
Number used as Logic:          141    out of    2400
--------
Minimum period: 3.3 ns (Maximum Frequency: 300.0 MHz)
--------
```

3.3 Modellierung von Zustandsautomaten mit Verilog

Automaten werden als eine Kombination von Schaltnetzen und Registern nach der Verhaltensbeschreibung aufgebaut. Die Register beschreiben den Zustand des Automaten: das Schaltnetz, die Ein- und Ausgabe-Funktion sowie die Zustandsübergänge. Für die Fallunterscheidung der Zustände wird oft eine **case**-Anweisung verwendet. Die Anweisungen können dann mit **if-else**-Anweisungen verknüpft werden. Für die Synthese ist die **default**-Anweisung bei den **case**-Beschreibungen notwendig. Die erste **always**-Anweisung enthält nur das CLK-Signal und wird als erstes Eingangssignal gelesen. In diesem Fall ergibt sich ein synchrones CLR-Signal, d. h. das CLR-Signal ist erst nach dem CLK-Signal aktiv.

In Kapitel 2.4 wurde der Entwurf von Steuerwerken mit Hilfe von Automaten behandelt. Das folgende Beispiel zeigt die Modellierung eines Mealy-Automaten.

Verilog-Code für den Mealy-Automaten

```verilog
//--------
module automat (dout, din, clk, clr)
//--------
input clk;
input clr;
input [2:0] din;
--------
output reg [7:0] dout;
//--------
reg [1:0] state;
reg [1:0] n_state;
//---- Konstanten für Zustände ----
parameter s0 = 2'b00;
parameter s1 = 2'b01;
parameter s2 = 2'b10;
//--------
always @ (posedge clk)
state <= n_state;
//--------
always @ (n_state or din or clr)
begin
if (clr == 1)
n_state <= s0;
else
//--------
begin
case(state)
s0: // Zustand s0
if (din == 3'b000)
begin
n_state <= s0;
dout <= 8'h01;
end
//--------
else
if (din == 3'b001)
begin
n_state <= s1;
dout <= 8'h05;
end
```

```verilog
//--------
s1: // Zustand s1
if (din == 3'b010)
begin
n_state <= s2;
dout <= 8'h07;
end
//--------
else
if (din == 3'b011)
begin
n_state <= s1;
dout <= 8'h11;
end
//--------
s2: // Zustand s2
if (din == 3'b100)
begin
n_state <= s0
dout <= 8'h15;
end
//--------
else
if(din == 3'b001)
begin
n_state <= s2;
dout <= 8'h06;
end
//--------
default:
begin
n_state <= s0;
dout <= 8'h00;
end
endcase
//--------
end
end
endmodule
//--------
```

3.3.1 Modellierung des 12-Bit-Steuerwerkes

Im Folgenden soll das Steuerwerk für den 12-Bit-Mikroprozessor als Mealy-Automat erstellt werden. Um einen Zustandsautomaten zu beschreiben, gibt es unter anderem folgende drei Möglichkeiten:
- graphische Darstellung (FSM-Editor, FSM: Finite State Machine)
- Automatentabelle
- Bescheibung mit Source-Code (HDL-Editor)

Hier wird die Beschreibung mit dem Source-Code gewählt. Mit Hilfe eines HDL-Editors wird der Source-Code eingegeben. Für die Modellierung mit Verilog werden die Anweisungen **case** und **else-if** gewählt. Für die Fallunterscheidung der Zustände bietet sich eine **case**-Anweisung an. Für die Auswertung der Eingangssignale werden die **else-if**-Anweisungen verwendet. Wichtig für die Synthese ist eine **default**-Anweisung, die mit einer **case**-Anweisung verknüpft ist. Das Ergebnis einer geeigneten Modellierung lässt sich grob an dem Synthese-Bericht ablesen. Das setzt auch die Synthetisierbarkeit der Module voraus.

Die folgende Darstellung zeigt den Verilog-Code für das 12-Bit-Steuerwerk. Der Entwurf eines Steuerwerkes (Kapitel 2.4) kann mit Hilfe einer Ansteuertabelle gemacht werden. Man erhält daraus einen n-Bit-Ansteuervektor für die Mikrooperationen im Operationswerk. Für die Beschreibung des folgenden Steuerwerkes ergibt sich ein 17-Bit-Ansteuervektor. Zur besseren Übersicht ist der jeweilige Ansteuervektor im Verilog-Code extra kommentiert.

```verilog
//--------
// 12-Bit-Steuerwerk
//--------
module stw12_1a (CLK, CLR, IPV, OPREC, OPC, START, A,
IPREQ, OP_Z, OP_S, OP_C, OPV);
//--------
input CLK;
input CLR;
input OPREC; // Output Recognized
input START; // Program Start
input IPV; // Input Valid
input OP_S; // Sign-Flag
input OP_C; // Carry-Flag
input OP_Z; // Zero-Flag
input [4:0] OPC; // Opcode
//--------
```

```verilog
output reg OPV; // Output Valid
output reg IPREQ; // Input Request
output reg[16:0] A;
//--------
reg [2:0] next_state, state;
//--------
//Zuordnung der Zustände (binäre Codierung)
parameter s0 = 3'b000;
parameter s1 = 3'b001;
parameter s2 = 3'b010;
parameter s3 = 3'b011;
parameter s4 = 3'b100;
parameter s5 = 3'b101;
parameter s6 = 3'b110;
//--------
always @ (posedge CLK)
state <= next_state;
//--------
always @ (state, CLR, START, IPV, OPREC, OP_Z, OP_S, OP_C, OPC)
begin
if (CLR == 1'b1)
next_state <= s0;
else
begin
//---- case-Anweisung ----
case (state)
//---- S0 ---- // Anfangszustand
s0: if (START == 1'b0)
begin
A <= 17'b00000100000000000; // Ansteuervektor A(11)
OPV <= 1'b0;
IPREQ <= 1'b0;
next_state <= s0;
end
else
if (START == 1'b1)
begin
A <= 17'b00000100001000110; // Ansteuervektor A(11,6,2,1)
next_state <= s1;
end
//---- S1 ----
s1:
```

```verilog
begin
A <= 17'b00000000010000100; // Ansteuervektor A(7,2)
next_state <= s2;
OPV <= 1'b0;
end
//---- S2 ----
s2:
begin
A <= 17'b00001001001000000; // Ansteuervektor A(12,9,6)
next_state <= s3;
end
//---- S3 ----
s3:
if (OPC[0] == 1'b1)
begin
A <= 17'b00000000010000000; // Ansteuervektor A(7)
next_state <= s4;
end
else if (OPC[0] == 1'b0)
begin
A <= 17'b00000000000000000; // Ansteuervektor A = 0
next_state <= s5;
end
//---- S4 ----
s4:
begin
A <= 17'b00000001101000000; // Ansteuervektor A(9,8,6)
next_state <= s5;
end
//---- S5 ----
s5:
if (OPC== 5'b10100) // shift right (SHR)
begin
A <= 17'b11000000001100000; // Ansteuervektor A(16,15,6,5)
next_state <= s1;
end
//--------
else if (OPC==5'b10110) // shift left (SHL)
begin
A <= 17'b11100000001100000; // Ansteuervektor A(16,15,14,6,5)
next_state <= s1;
end
```

```verilog
//--------
else if (OPC==5'b00010 | OPC==5'b00011) // Store ST or STI
begin
  A <= 17'b00010000101100000; // Ansteuervektor A(13,8,6,5)
  next_state <= s1;
end
//--------
else if (OPC==5'b00100 && IPV == 1'b0) // input IN (direkt Adr.)
begin
  A <= 17'b00000100000000000; // Ansteuervektor A(11)
  IPREQ <= 1'b1;
  next_state <= s5;
end
//--------
else if (OPC==5'b00101 && IPV == 1'b0) // input INI (indirekte Adr.)
begin
  A <= 17'b00000100000000000; // Ansteuervektor A(11)
  IPREQ <= 1'b1;
  next_state <= s5;
end
//--------
else if (OPC==5'b00100 && IPV == 1'b1) // input IN (direkte Adr.)
begin
  A <= 17'b00010100001100000; // Ansteuervektor A(13,11,6,5)
  next_state <= s1;
  IPREQ <= 1'b0;
end
//--------
else if (OPC==5'b00101 && IPV==1'b1) // input INI (indirekte Adr.)
begin
  A <= 17'b00010100001100000; // Ansteuervektor A(13,11,6,5)
  next_state <= s1;
  IPREQ <= 1'b0;
end
//--------
else if (OPC==5'b01110) // Jump JU (direkte Adr.)
begin
  A <= 17'b00000001000000110; // Ansteuervektor A(9,2,1)
  next_state <= s1;
end
//--------
```

```verilog
else if (OPC==5'b01111) // Jump JUI (indirekte Adr.)
begin
A <= 17'b00000001100000110; // Ansteuervektor A(9,8,2,1)
next_state <= s1;
end
//--------
else if (OPC==5'b01000 && OP_Z == 1'b0) // Jump Zero JZ (direkte Adr.)
begin
A <= 17'b00000000001100000; // Ansteuervektor A(6,5)
next_state <= s1;
end
//--------
else if (OPC==5'b01001 && OP_Z == 1'b0) // Jump Zero JZI (indirekte Adr.)
begin
A <= 17'b00000000001100000; // Ansteuervektor A(6,5)
next_state <= s1;
end
//--------
else if (OPC==5'b01010 && OP_S == 1'b0) // Jump sign JS (direkte Adr.)
begin
A <= 17'b00000000001100000; // Ansteuervektor A(6,5)
next_state <= s1;
end
//--------
else if (OPC==5'b01011 && OP_S == 1'b0) // Jump sign JSI (indirekte Adr.)
begin
A <= 17'b00000000001100000; // Ansteuervektor A(6,5)
next_state <= s1;
end
//--------
else if (OPC==5'b01100 && OP_C == 1'b0) // Jump carry JC (direkte Adr.)
begin
A <= 17'b00000000001100000; // Ansteuervektor A(6,5)
next_state <= s1;
end
//--------
else if (OPC==5'b01101 && OP_C == 1'b0) // Jump carry JCI (ind. Adr.)
begin
A <= 17'b00000000001100000; // Ansteuervektor A(6,5)
next_state <= s1;
end
```

```verilog
//--------
else if (OPC==5'b01000 && OP_Z==1'b1) // Jump Zero JZ (direkte Adr.)
begin
A <= 17'b00000001000000110; // Ansteuervektor A(9,2,1)
ext_state <= s1;
end
//--------
else if (OPC==5'b01010 && OP_S==1'b1) // Jump sign JS (direkte Adr.)
begin
A <= 17'b00000001000000110; // Ansteuervektor A(9,2,1)
next_state <= s1;
end
//--------
else if (OPC==5'b01100 && OP_C==1'b1) // Jump carry JC (direkte Adr.)
begin
A <= 17'b00000001000000110; // Ansteuervektor A(9,2,1)
next_state <= s1;
end
//--------
else if (OPC==5'b01001 && OP_Z==1'b1) // Jump Zero JZI (indirekte Adr.)
begin
A <= 17'b00000001100000110; // Ansteuervektor A(9,8,2,1)
next_state <= s1;
end
//--------
else if (OPC==5'b01011 && OP_S==1'b1) // Jump sign JSI (indirekte Adr.)
begin
A <= 17'b00000001100000110; // Ansteuervektor A(9,8,2,1)
next_state <= s1;
end
//--------
else if (OPC==5'b01101 && OP_C==1'b1) // Jump carry JCI (indirekte Adr.)
begin
A <= 17'b00000001100000110; // Ansteuervektor A(9,8,2,1)
next_state <= s1;
end
else if (OPC==5'b11110 | OPC==5'b11111) // Load (LO or LOI)
//--------
begin
A <= 17'b00000000010000000; // Ansteuervektor A(7)
next_state <= s6;
end
```

```verilog
//--------
else if (OPC==5'b00000 | OPC==5'b00001) // Output (OU or OUI)
begin
A <= 17'b00000000010000000; // Ansteuervektor A(7)
next_state <= s6;
end
//--------
else if (OPC==5'b11000 | OPC==5'b11001) // ADD (AD or ADI)
begin
A <= 17'b00000000010000000; // Ansteuervektor A(7)
next_state <= s6;
end
//--------
else if (OPC==5'b11010 | OPC==5'b11011) // SUB (SU or SUI)
begin
A <= 17'b00000000010000000; // Ansteuervektor A(7)
next_state <= s6;
end
//--------
else if (OPC==5'b11100 | OPC==5'b11101) // NAND (NA or NAI)
begin
A <= 17'b00000000010000000; // Ansteuervektor A(7)
next_state <= s6;
end
//--------
else if (OPC==5'b00110) // Stop Programm-Ende
begin
A <= 17'b00000000000000000; // Ansteuervektor A = 0
next_state <= s0;
end
//--------
else if (OPC==5'b10010) // Return
begin
A <= 17'b00000000000001111; // Ansteuervektor A(3,2,1,0)
next_state <= s6;
end
//--------
else if (OPC==5'b10000) // CALL (CA, direkte Adr.)
begin
A <= 17'b00000001000011110; // Ansteuervektor A(9,4,3,2,1)
next_state <= s1;
end
```

```verilog
//--------
else if (OPC==5'b10001) // CALLI (CAI, indirekte Adr.)
begin
A <= 17'b000000001100011110; // Ansteuervektor A(9,8,4,3,2,1)
next_state <= s1;
end
//--------
else if (OPC==5'b00111 | OPC==5'b10011) // No Operation NOP (Res.)
begin
A <= 17'b00000000001100000; // Ansteuervektor A(6,5)
next_state <= s1;
end
//--------
else if (OPC==5'b10101 | OPC==5'b10111) // No Operation NOP (Res.)
begin
A <= 17'b00000000001100000; // Ansteuervektor A(6,5)
next_state <= s1;
end
//---- S6 ----
s6:
if (OPC==5'b11000 | OPC==5'b11001) // ADD (AD/ADI)
begin
A <= 17'b01100001101100000; // Ansteuervektor A(15,14,9,8,6,5)
next_state <= s1;
end
//--------
else if (OPC==5'b11010 | OPC==5'b11011) // SUB (SU/SUI)
begin
A <= 17'b00100001101100000; // Ansteuervektor A(14,9,8,6,5)
next_state <= s1;
end
//--------
else if (OPC==5'b11100 | OPC==5'b11101) // NAND (NA/NAI)
begin
A <= 17'b01000001101100000; // Ansteuervektor A(15,9,8,6,5)
next_state <= s1;
end
//--------
else if (OPC==5'b11110 | OPC==5'b11111) // Load (LO/LOI)
begin
A <= 17'b10100001101100000; // Ansteuervektor A(16,14,9,8,6,5)
next_state <= s1;
```

```verilog
end
//--------
else if ((OPC==5'b00000 | OPC==5'b00001)&&OPREC==1'b0) //(OU/OUI)
begin
A <= 17'b00000001101100000; // Ansteuervektor A(9,8,6,5), output
OPV <= 1'b1;
next_state <= s6;
end
//--------
else if ((OPC==5'b00000 | OPC==5'b00001)&& OPREC ==1'b1) // OU/OUI
begin
A <= 17'b00000011101100000; // Ansteuervektor A(10,9,8,6,5) //output
next_state <= s1;
end
//--------
else if (OPC==5'b10010) // Return
begin
A <= 17'b00000000001100000; // Ansteuervektor A(6,5)
next_state <= s1;
end
//--------
default:
begin
OPV <= 1'b0;
IPREQ <= 1'b0;
next_state <= s0;
end
//--------
endcase
end
//--------
end
endmodule
//--------
```

Bei der binären Codierung kann die Zahl der Speicherregister minimiert werden, in der Regel wird aber zusätzliche Schaltungslogik benötigt. Bei der „One-Hot"-Codierung (1-aus-n) wird für jeden Speicherzustand ein Bit, d. h. ein Speicherglied benötigt. Im vorliegenden Fall wurde für das Verilog-Modell die binäre Codierung gewählt. Die Zuordnung des Ansteuervektors A wird über die **case-** und **else-if**-Anweisungen bestimmt. Die erste **always**-Anweisung wird immer bei jeder positiven Taktflanke angestossen. Bei der zweiten **always**-Anweisung werden die Änderungen der jeweiligen

Eingangssignale registriert und die Anweisung aktiviert. Das CLR-Signal arbeitet synchron. Es wird erst auf die Vorderflanke des CLK-Sinals gewartet und dann das CLR-Signal gelesen.

Auszug aus dem Synthese-Bericht des 12-Bit-Steuerwerkes:

```
--------
FPGA: Spartan6 xc6slx4 (Xilinx)
--------
Basic Elements of Logic (BELS)    : 57
--------
# RAMs                            : 1
8x1-bit Read Only RAM             : 1
# Registers                       : 3
Flip-Flops                        : 3
# Multiplexers                    : 317
1-bit 2-to-1 multiplexer          : 270
1-bit 8-to-1 multiplexer          : 1
17-bit 2-to-1 multiplexer         : 24
3-bit 2-to-1 multiplexer          : 22
--------
Slice Logic Utilization:
Number of Slice Registers:        6  out of   4800
Number of Slice LUTs:             52 out of   2400
Number used as Logic:             52 out of   2400
--------
Minimum period: 3.6 ns (Maximum Frequency: 274.7 MHz)
--------
```

Der Auszug aus dem Synthese-Bericht kann für eine Schaltungsanalyse verwendet werden. Bei den angegebenen Taktfrequenzen und Signallaufzeiten ist zu beachten, dass sich die maximalen und minimalen Angaben um den Faktor zwei bis drei unterscheiden können. In diesem Fall sind weitere Analysen notwendig.

3.4 Modell des 12-Bit-Mikroprozessors MPU12_1

Der vorliegende Verilog-Code beschreibt den Mikroprozessor MPU12_1 mit strukturiertem Verhalten mit den Modulen Operationswerk und Steuerwerk. Die Bezeichnungen für die Ein- und Ausgangssignale aus Kapitel 2 sind erhalten geblieben. Die Abb. 3.11 zeigt die synthetisierte Schaltung.

3.4 Modell des 12-Bit-Mikroprozessors MPU12_1 — 89

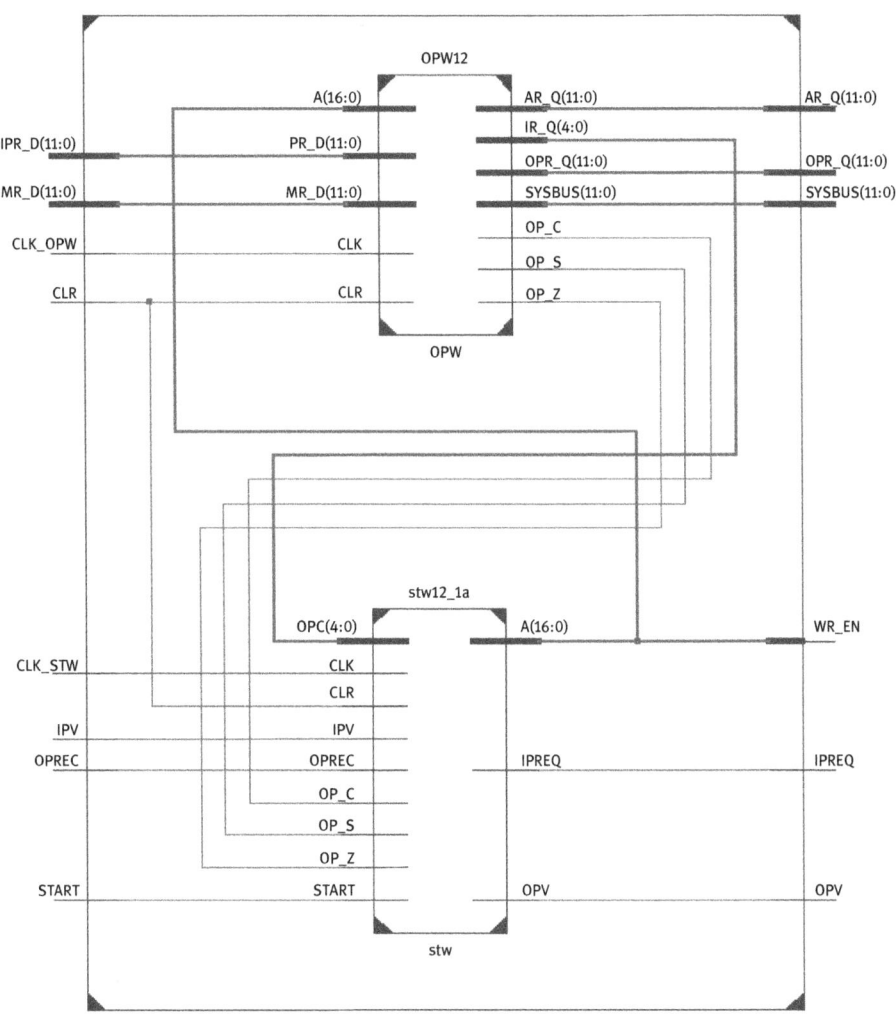

Abb. 3.11: Der 12-Bit-Mikroprozessor MPU12_1

```
//--------
// 12-Bit-Mikroprozessor
//--------
module MPU12_1 (
//--------
input [11:0] IPR_D,
input [11:0] MR_D,
input CLK_STW,
input CLK_OPW,
input CLR,
```

```verilog
    input IPV,
    input START,
    input OPREC,
//--------
    output [11:0] AR_Q,
    output [11:0] OPR_Q,
    output wire[11:0] SYSBUS,
    output IPREQ,
    output OPV,
    output WR_EN);
//--------
wire [4:0] IR_Q;
wire [4:0] IR_Q_IN;
wire [16:0] A_IN;
wire [16:0] A;
wire OP_C;
wire OP_Z;
wire OP_S;
//--------
assign WR_EN = A[13];
assign A[16:0] = A_IN [16:0];
//--------
//---- Operationswerk OPW ----
OPW12 OPW (.IPR_D(IPR_D),.MR_D(MR_D),.CLK(CLK_OPW),.
CLR(CLR),.AR_Q(AR_Q),.OPR_Q(OPR_Q),.SYSBUS(SYSBUS),.A(A_IN),.
IR_Q(IR_Q_IN),.OP_S(OP_S),.OP_C(OP_C),.OP_Z(OP_Z));
//--------
//---- Steuerwerk STW ----
stw12_1a stw (.OPC(IR_Q_IN),.CLR(CLR),.CLK(CLK_STW),.
OP_C(OP_C),.OP_Z(OP_Z),.OP_S(OP_S),.IPV(IPV),.IPREQ(IPREQ),.
OPREC(OPREC),.START(START),.OPV(OPV),.A(A_IN));
//--------
endmodule
//--------
```

Es folgt ein Auszug aus dem Synthese-Bericht für den Mikroprozessor MPU12_1:

```
--------
FPGA: Spartan6 xc6slx4 (Xilinx)
--------
Basic Elements of Logic (BELS)    : 267
--------
# RAMs                            : 1
```

```
8x1-bit Read Only RAM          : 1
# Adders/Subtractors           : 2
13-bit adder                   : 1
13-bit subtractor              : 1
# Counters                     : 1
12-bit up counter              : 1
# Registers                    : 131
Flip-Flops                     : 131
# Multiplexers                 : 374
1-bit 2-to-1 multiplexer       : 319
1-bit 4-to-1 multiplexer       : 1
1-bit 8-to-1 multiplexer       : 1
12-bit 2-to-1 multiplexer      : 5
12-bit 4-to-1 multiplexer      : 1
12-bit 7-to-1 multiplexer      : 1
17-bit 2-to-1 multiplexer      : 24
3-bit 2-to-1 multiplexer       : 22
--------
Slice Logic Utilization:
Number of Slice Registers:     130   out of   4800
Number of Slice LUTs:          190   out of   2400
Number used as Logic:          190   out of   2400
--------
Minimum period: 3.3 ns (Maximum Frequency: 300.1 MHz)
--------
```

Der strukturierte Entwurf des 12-Bit-Mikroprozessors mit Operations- und Steuerwerk führt nach dem Synthese-Bericht zu einer maximalen Taktfrequenz von 300 MHz. Dies steht auch im Einklang mit den maximalen Taktfrequenzen von Operationswerk (300 MHz) und Steuerwerk (274 MHz).

Aus dem Synthese-Bericht geht hervor, dass nur ein kleiner Teil der Ressourcen des gewählten FPGA-Bausteins ausgenutzt wird. Wie schon erwähnt, geht es bei dem Entwurf nicht um einen geeigneten FPGA, sondern um die Änderungen des Schaltungsaufwands der unterschiedlichen Modellierungen. Die Signallaufzeiten bzw. Taktfrequenzen spielen dabei eine wichtige Rolle.

3.4.1 Modell für einen Frequenzteiler mit Delay

Für die Taktbedingungen der Module Steuer- und Operationswerk sowie dem Speicher ist es oft notwendig, eine Anpassung der Taktsignale vorzunehmen. Dabei muss die Reihenfolge der Taktsignale beachtet werden. Die notwendigen Taktbedingungen können mit den Analyse- und Simulationsmethoden der Entwurfssoftware bestimmt werden.

Das Modul für den Frequenzteiler kann mit Verilog-Code leicht erstellt werden. Der folgende Verilog-Code zeigt einen Frequenzteiler mit einer definierten Verzögerung.

Die Frequenz der Ausgänge ist gegenüber dem CLK-Eingang um den Faktor zwei geteilt. Der CLK_2-Ausgang ist gegenüber dem CLK_1-Ausgang um eine $\frac{1}{4}$ Periode verzögert.

Für das vorliegende Mikroprozessor-System(1) wurde kein Frequenzteiler verwendet, da die Taktbedingungen in der Befehlsfolge eingehalten wurden.

Die Abb. 3.12 zeigt die synthetisierte Schaltung des Frequenzteilers.

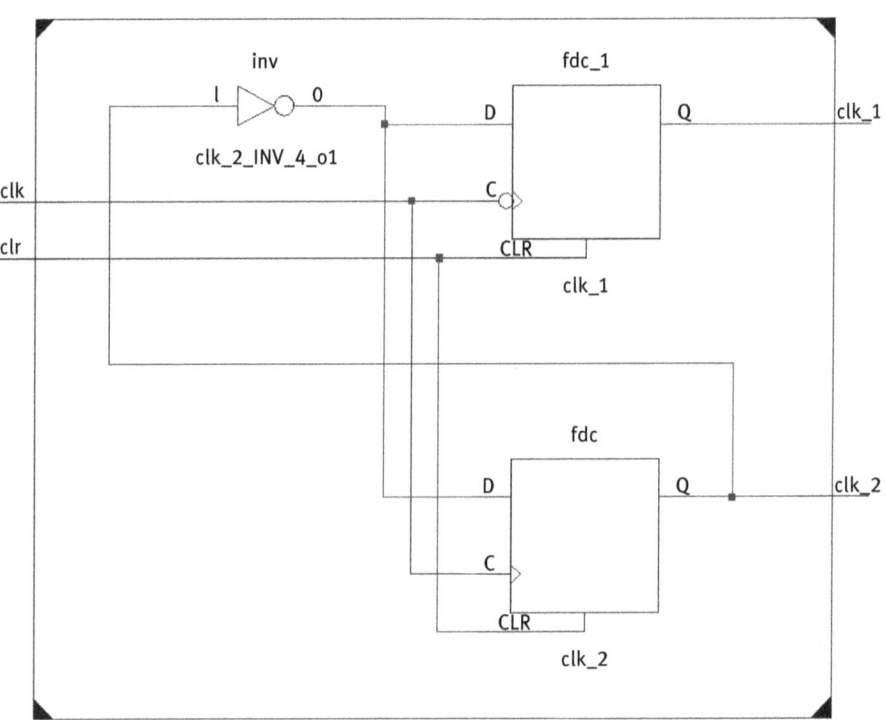

Abb. 3.12: Der Frequenzteiler mit Delay

```verilog
//--------
//-- Frequenzteiler mit Delay
//--------
module CLK_MOD_1 (clk, clr, clk_1, clk_2);
//--------
input clr;
input clk;
output reg clk_1;
output reg clk_2;
//--------
always @ (posedge clk or posedge clr)
begin
if (clr == 1)
begin
clk_2 <= 1'b0;
end
//--------
else
begin
clk_2 <= ~clk_2;
end
//--------
end
//--------
always @ (negedge clk or posedge clr)
begin
if (clr == 1)
begin
clk_1 <= 1'b0;
end
//--------
else
begin
clk_1 <= ~clk_2;
end
//--------
end
endmodule
//--------
```

3.4.2 Speicher für Daten und Befehle

Der folgende Source-Code beschreibt den 12-Bit-Speicher für das Mikroprozessor-System. In dem Speicher befinden sich Daten und Befehle. Mit Hilfe des Moduls Memory12_1 wird das Testfile in den Speicher geladen. Das Lesen des Speichers erfolgt asynchron, das Schreiben in den Speicher synchron, d. h. taktabhängig. Das Testprogramm ist ein einfaches Textfile: ram12_testpro8.txt. Der Speicher ist ein Array mit dem Format: 128 x 12-Bit-Vektoren.

Die Befehle werden mit der Anweisung des System Task $readmemh in Hex-Code aus der Textdatei gelesen. Ist die Textdatei in Binärcode geschrieben, muss der System Task entsprechend in $readmemb geändert werden.

```verilog
//--------
// Memory12_1
//--------
module Memory12_1 (
//--------
input WE,
input CLK,
input [6:0] ADR,
input [11:0] DI,
output [11:0] DO);
//--------
reg[11:0] memory [0:127]; // Array 128 x 12-Bit
//--------
initial
begin
//----- Testfile ----
$readmemh("ram12_testpro8.txt", memory,0,66); // Textfile in Hex
end
//--------
always @ (posedge CLK)
begin
if(WE)
memory[ADR] <= DI; // Schreiben von Daten
end
//--------
assign DO = memory[ADR]; // Lesen von Daten und Befehlen
endmodule
//--------
```

Testfile für das 12-Bit-Mikroprozessor-System(1)

Im Folgenden ist das Testfile im Hex-Format angegeben. Das Testfile enthält den Opcode der Befehle mit den zugehörigen Adressen und Daten. Das Symbol @ steht für die Angabe der Adresse. Das Testfile wurde als Textdatei aus dem Befehlssatz des Mikroprozessors erstellt. Das Testfile kann direkt in der Textdatei editiert werden. In der Tab. 3.1 ist das Testfile als Tabelle dargestellt.

Tab. 3.1: Testfile ram12_testpro8.docx

ADR	OPC	Mnemonics/ Daten	Bedeutung
@1		300	ADR 01: 300
02		600	ADR 02: 600
03		080	ADR 03: 080
04		100	ADR 04: 100
05		010	ADR 05: 010
06		000	ADR 06: 000
07		000	ADR 07: 000
@30	f02	LO 02	LOAD A, 02
31	a00	SHR	Shift right A
32	106	ST 06	STORE 06, A
33	d04	SU 04	SUB A, 04
34	437	JZ 37	JUMP 37 if Z = 1
35	b80	NOP	No Operation
36	731	JU 31	JUMP 31
37	f06	LO 06	LOAD A, 06
38	d05	SU 05	SUB A, 05
39	a00	SHR	Shift right A
3a	107	ST 07	STORE 07, A
3b	c01	AD 01	ADD A, 01
3c	d04	SU 04	SUB A, 04
3d	105	ST 05	STORE 05, A
3e	005	OU 05	OUT, 05, OPR_Q = 278
3f	300	SP	STOP

```
//--------
// Testfile ram12_testpro8.txt
//---- Datenbereich ----
000
300
600
080
100
010
```

050
000
000
// ---- Befehlsbereich ----
// Adr 30
@30
// LOAD A, 02
f02
// SHR A
a00
// STORE 06,A
106
// SUB A, 04
d04
// JZ 37
437
// NOP
b80
// JU 31
731
// LOAD A, 06
f06
// SUB A, 05
d05
// SHR A
a00
// STORE 07, A
107
// ADD A, 01
c01
// SUB A, 04
d04
// STORE 05, A
105
// OUTPUT OPR, 05
005
// STOP
300
//--------

3.5 Modell des 12-Bit-Mikroprozessor-Systems(1)

Der folgende Verilog-Code beschreibt das 12-Bit-Mikroprozessor-System(1). Es enthält die Module Prozessor MPU12_1 und den Speicher Memory12_1. Der Speicher enthält Befehle und Daten. Die Abb. 3.13 zeigt die synthetisierte Schaltung.

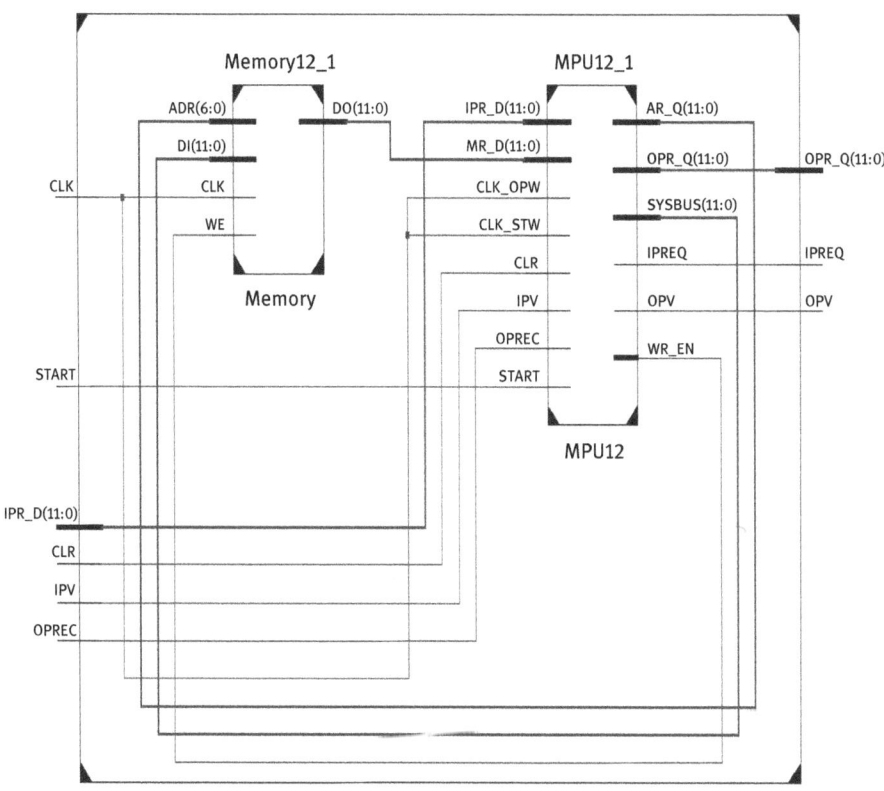

Abb. 3.13: Das 12-Bit-Mikroprozessor-System(1)

```
//--------
// 12-Bit-Mikroprozessor-System(1)
//--------
module MPU12_1S (
//--------
input [11:0]IPR_D,
input CLK,CLR,
input IPV,START,OPREC,
output [11:0]OPR_Q,
```

```verilog
          output IPREQ,OPV);
//--------
wire [11:0] ADR_IN;
wire [11:0] AR_Q,SYS_IN;
wire [11:0] DA_1,MR_D;
wire WR_EN;
wire WR_IN;
//--------
assign AR_Q[11:7] = 5'b00000;
assign AR_Q[6:0] = ADR_IN[6:0];
//--------
//-------- Mikroprozessor MPU12_1--------
MPU12_1 MPU12 (.MR_D(DA_1),.IPR_D(IPR_D),.
CLK_OPW(CLK),.CLK_STW(CLK),.
AR_Q(ADR_IN),.IPREQ(IPREQ),.CLR(CLR),.IPV(IPV),.
START(START),.OPREC(OPREC),.OPR_Q(OPR_Q),.
OPV(OPV),.SYSBUS(SYS_IN),.WR_EN(WR_IN));
//--------
//-------- Memory: Daten,Befehle--------
Memory12_1 Memory (.DO(DA_1),.ADR(ADR_IN[6:0]),.
DI(SYS_IN),.WE(WR_IN),.CLK(CLK));
//--------
endmodule
//--------
```

Auszug aus dem Synthese-Bericht des 12-Bit-Mikropozessor-Systems(1):

```
--------
FPGA: Spartan6 xc6slx4 (Xilinx)
--------
Basic Elements of Logic (BELS)           : 256
//--------
# RAMs                                    : 2
128x12-bit single-port distributed RAM    : 1
8x1-bit single-port distributed Read Only RAM: 1
# Adders/Subtractors                      : 2
13-bit adder                              : 1
13-bit subtractor                         : 1
# Counters                                : 1
12-bit up counter                         : 1
# Registers                               : 133
Flip-Flops                                : 133
# Multiplexers                            : 374
```

```
1-bit   2-to-1 multiplexer              : 319
1-bit   4-to-1 multiplexer              : 1
1-bit   8-to-1 multiplexer              : 1
12-bit  2-to-1 multiplexer              : 5
12-bit  4-to-1 multiplexer              : 1
12-bit  7-to-1 multiplexer              : 1
17-bit  2-to-1 multiplexer              : 24
3-bit   2-to-1 multiplexer              : 22
--------
Slice Logic Utilization:
Number of Slice Registers:      132   out of    4800
Number of Slice LUTs:           203   out of    2400
Number used as Logic:           179   out of    2400
Number used as Memory:           24   out of    1200
Number used as RAM:              24
--------
Minimum period: 4.1 ns (Maximum Frequency: 243.5 MHz)
--------
```

Der Schaltungsaufwand für das Mikroprozessor-System hat sich nach dem Synthese-Bericht gegenüber dem Mikroprozessor nur geringfügig geändert. Es ist nur der Speicher hinzugekommen. Die maximale Taktfrequenz von 244 MHz für das System passt sich an die angegebene Taktfrequenz des Prozessors von 300 MHz an.

3.5.1 Simulation mit Hilfe einer Testbench

Die Abb. 3.14 zeigt die Struktur einer Testbench. Sie besteht aus folgenden Bereichen:
- Erzeugung der Testvektoren (Stimuligenerator)
- Schaltung, die getestet werden soll (Unit Under Test: UUT)
- Auswertung der Ergebnisse

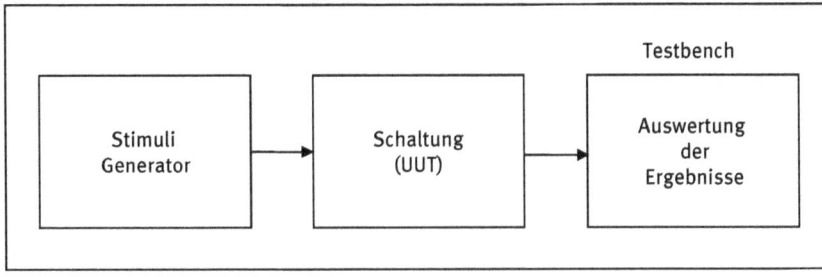

Abb. 3.14: Struktur einer Testbench

Das Verilog-Modell einer Testbench ist eine Kombination aus einer Verhaltens- und einer Strukturbeschreibung. Der Programmaufbau ist im Folgenden dargestellt:

Beispiel für den 1-Bit-Addierer

Die folgende Darstellung zeigt den Source-Code des 1-Bit-Addierers add1. Das Modul soll mit Hilfe einer Testbench simuliert werden.

```verilog
//--------
module add1 (a, b, ci, s, c_out)
//--------
input a,b,ci;
output s,c_out;
wire s1,s2,s3;
//--------
assign s1 = a ^ b;
assign s2 = a & b;
assign s3 = s1 & ci;
assign s = s1 ^ ci;
assign c_out = s3 | s2;
//--------
endmodule
//--------
```

Testbench für den 1-Bit-Addierer

```verilog
//-------- Zeiteinheiten--------
`timescale 1ns / 1ps
//--------
//--------
module add1_tb;
//--------
reg a,b,ci;
wire c_out,s;
//--------
add1 uut (.a(a),.b(b),.ci(ci),.s(s),.c_out(c_out)); // unit under test
//--------
initial
begin
// Stimuligenerator
# 5 a = 0; // Eingangsbeschaltung mit
b = 0; // jeweils 5 Zeiteinheiten
```

```
ci = 0;
# 5 a = 1;
b = 0;
ci = 0;
.........
$finish;
end
```

**Initial
begin**
$monitor (........) // Anzeige des Ergebnisses
**end
endmodule**

Bei der Simulation werden die einzelnen Anweisungen nacheinander ausgeführt. Erst wenn eine Anweisung abgeschlossen ist, kann die nächste gestartet werden. Da in digitalen Schaltungen die Module oft parallel arbeiten, muss für die Funktionsfähigkeit der Schaltung das Simulationsprogramm auch parallel getestet werden. Um dies zu erreichen, wird die Simulationszeit in kleine Zeitabschnitte eingeteilt. Aus der Eingangsbelegung der Schaltung berechnet der Simulator die Werte der Signale für ein Zeitintervall. Erst dann wird das nächste Zeitintervall begonnen. Für den Funktionsablauf der Schaltung entspricht diese Verhaltensbeschreibung einer parallelen Abarbeitung der Schaltung. Der Simulator des Verilog-Programms arbeitet ereignisgesteuert, wobei darunter die Änderung eines Signals verstanden wird. In der zu testenden Schaltung können sich die Ausgangssignale nur ändern, wenn sich die Eingangssignale ändern. Diese Eigenschaft wird bei der Simulation ausgenutzt, um die Simulationszeiten zu verkürzen. Nur wenn in Anweisungen Verzögerungszeiten definiert werden, wie im obigen Beispiel des Addierers, werden die Zeitintervalle geändert. Die Anweisung #5 bedeutet, dass die folgende Anweisung erst nach 5 Zeiteinheiten fortgeführt wird. Ohne diese Anweisung würden die folgenden Anweisungen in einem Zeitintervall ausgeführt und der Addierer könnte nicht auf die Änderung der Eingangsbelegung reagieren. Im obigen Beispiel erfolgt die Ergebnisausgabe über die Anweisung $monitor(...), die den Simulator aktiviert, wenn sich eine Änderung der Signale ergibt. Bei komplexeren Schaltungen ist es oft mühsam, die Ergebnisse manuell zu prüfen. Hier werden z. B. Stimuligeneratoren für die Erzeugung der Eingangsbelegungen sowie spezielle Funktionen für die Auswertung der Ergebnisse eingesetzt.

3.5.2 Simulation des Mikroprozessor-Systems(1)

Das Mikroprozessor-System soll nach der Simulationsmethode getestet werden.

Es wird dabei der Simulator ISIM der ISE-Software von Xilinx verwendet. Getestet wird das Mikroprozessor-System mit der Funktionalen und der Timing Simulation. Für die Simulationen werden Testbenches wie in Kapitel 1.4 beschrieben eingesetzt.

Funktionale Simulation

Die folgende Testbench beschreibt die Funktionale Simulation des Mikroprozessor-Systems(1). Verwendet wird das Testfile ram12_testpro8.txt. Das Testfile wurde aus dem Befehlssatz (Kapitel 2) in einer Textdatei erstellt. Die Textdateien können einfach editiert und verändert werden. Es wird außerdem ein VCD-File für die GTKWave-Darstellung erstellt. Für die Funktionale Simulation wurde eine Taktfrequenz von 100 MHz eingestellt. Die Taktfrequenz für die Funktionale Simulation kann beliebig gewählt werden und muss nur für die Testbench angepasst werden.

```verilog
//--------
// Testbench MPU12_tb2.v
//--------
`timescale 1ns / 1ps
//--------
module MPU12_tb2;
//--------
reg CLR = 0;
reg CLK = 0;
//---- Inputs ----
reg [11:0] IPR_D = 12'b0;
reg IPV = 0; // Input Valid
reg START = 0; // Program Start
reg OPREC = 0; // Output Recognized
//---- Outputs ----
wire [11:0] OPR_Q; // Output-Register
wire IPREQ; // Input Request
wire OPV; // Output Valid
//--------
//---- Mikroprozessor-System MPU12_1S ----
MPU12_1S uut (.CLK(CLK),.CLR(CLR),.IPR_D(IPR_D),.IPV(IPV),.
START(START),.OPR_Q(OPR_Q),.OPV(OPV),.IPREQ(IPREQ),.
OPREC(OPREC));
//--------
//---- Taktbedingung: Periode T = 10 ns ----
always #5 CLK = ~CLK;
```

3.5 Modell des 12-Bit-Mikroprozessor-Systems(1)

```verilog
//--------
initial
begin
//---- Erstellen eines VCD-Files ----
$dumpfile ("MPU12_tb2.vcd");
$dumpvars (0,MPU12_tb2);
//--------
CLK = 0;
CLR = 1;
//--------
#35 CLR = 0;
#3 IPR_D = 12'h030; // Startadresse
//--------
#120 START = 1;
#80 START = 0;
//--------
#850 OPREC = 1; // Output Recognized
#100 OPREC = 0;
//--------
#200 $display("simulation_end");
$finish;
end
endmodule
//--------
```

Timing Simulation

Das Mikroprozessor-System(1) soll mit einer Timing Simulation getestet werden. Dafür wird ebenfalls eine Testbench erstellt. In Kapitel 1.4 wurden die Bedingungen für die Timing Simulation erläutert. Als wichtigste Voraussetzung gilt die erfolgreiche Anwendung des PAR-Tools (PAR: Place and Route). Die Testbench kann manuell oder mit Hilfe der ISE-Software von Xilinx generiert werden. Der folgende Verilog-Code zeigt die generierte Testbench. Die Erstellung der Testbench für die Timing Simulation ist in Kapitel A.1.2 erläutert.

```verilog
//--------
`timescale 1ns / 1ps
//--------
// Testbench: Timing Simulation
//--------
// Verilog Test Fixture created by ISE for module: MPU12_1S
//--------
```

```verilog
module MPU12_tb4;
//--------
// Inputs
reg [11:0] IPR_D;
reg CLK;
reg CLR;
reg IPV;
reg START;
reg OPREC;
//--------
// Outputs
wire [11:0] OPR_Q;
wire IPREQ;
wire OPV;
//--------
// Instantiate the Unit Under Test (UUT)
MPU12_1S uut (
.IPR_D(IPR_D),
.CLK(CLK),
.CLR(CLR),
.IPV(IPV),
.START(START),
.OPREC(OPREC),
.OPR_Q(OPR_Q),
.IPREQ(IPREQ),
.OPV(OPV));
//--------
//-------- Taktbedingung: T = 10 ns
always #5 CLK = ~CLK;
//--------
initial
begin
//---- Erstellen eines VCD-Files ----
$dumpfile ("MPU12_tb4.vcd");
$dumpvars (0,MPU12_tb4);
//--------
// Initialize Inputs
IPR_D = 0;
CLK = 0;
CLR = 0;
IPV = 0;
START = 0;
```

```
OPREC = 0;
//--------
// Wait 100 ns for Global Set/Reset to finish
#100;
//--------
// Add stimulus here
//--------
CLR = 1;
//--------
#35 CLR = 0;
#3 IPR_D = 12'h030;
//--------
#120 START = 1;
#80 START = 0;
//--------
#800 OPREC = 1;
#100 OPREC = 0;
//--------
#200 $display("simulation_end");
$finish;
//--------
end
endmodule
//--------
```

In der Testbench wurde die Periode T = 10 ns eingestellt, das entspricht einer Taktfrequenz von 100 MHz.

Das Mikroprozessor-System(1) wurde mit der Timing Simulation mit 100 MHz erfolgreich getestet.

3.5.3 Der IP-Core-Speicher

Mit dem IP-Core-Generator können einfache und komplexe Module für den Prozessorentwurf bis hin zu fertigen Prozessoren erstellt werden.

Hier soll nur ein RAM-Speicher für den 12-Bit-Mikroprozessor betrachtet werden.
Die Generierung des RAM-Speichers erfolgt dabei in drei Schritten:
- Daten in den Texteditor eingeben
- Erstellen eines Datenfiles
- Generieren des RAM-Speichers

Mit Hilfe eines Texteditors werden die Adressen und Befehle für das Maschinenprogramm des Prozessors in den Editor eingegeben. Dann wird ein Datenfile mit dem ent-

sprechenden Format erstellt. Für den IP-Core-Generator von Xilinx haben die Datenfiles folgende Formate:
- **filename.cgf**
- **filename.coe**

Das cgf-Datenfile kann mit dem Memory-Editor erstellt werden (siehe Kapitel A.1.4). Der Mikroprozessor benötigt jedoch ein binäres Datenfile, d. h. das cgf-Datenfile muss in ein coe-Format umgewandelt werden. Mit dem Memory-Editor kann die Umwandlung in das coe-Format durchgeführt werden. Anschließend wird der RAM-Speicher generiert. Das Datenfile filename.coe wird mit Hilfe des Core-Generators in den RAM-Speicher geladen. Der Core-Generator liefert eine fertige Netzliste für den Speicher mit den notwendigen Daten. Der Core-Generator ist in diesem Fall an die Hardware-Ressourcen angepasst, d. h. es werden bei der Generierung des RAMs die reservierten Speicherblöcke der FPGA-Bausteine verwendet.

Der Umgang mit dem IP-Core-Generator wird in Kapitel A.1.4 behandelt.

Im Folgenden ist ein Auszug der verwendeten Dateien in Binär- und Hex-Format dargestellt [18].

12-Bit-Hex-Format (Auszug cgf-Datei)

```
--------
MEMORY_INITIALIZATION_RADIX = 16
MEMORY_INITIALIZATION_VECTOR
#data=
@1
300
001
100
200
.........
@30
F02
A00
106
D04
........
@50
333
001
b00
f80
#end
--------
```

12-Bit-Binärformat (Auszug coe-Datei)

```
--------
MEMORY_INITIALIZATION_RADIX=2;
MEMORY_INITIALIZATION_VECTOR=
000000000000,
000000000000,
000000000000,
000011000000,
000000010001,
000000100011,
000000010000,
000011000100,
.....................,
000000000000;
--------
```

Bei der coe-Datei werden die Daten durch Kommas getrennt. Am Ende der Datei muss ein Semikolon stehen. Bei der cgf-Datei werden die Daten durch Leerzeichen getrennt. Die Adressangabe erfolgt direkt oder mit dem @-Symbol. Am Ende des Datenfiles muss ein #end stehen. Das Arbeiten mit dem Hex-Datenfile ist überschaubarer als im binären Format. Die Datenfiles können direkt editiert werden, indem die Daten und Befehle entsprechend eingegeben werden. Der IP-Core-Generator stellt meistens auch einen Memory-Editor zur Verfügung.

3.5.4 Mikroprozessor-System(1) mit IP-Core-Speicher

Das Mikroprozessor-System enthält die Module Mikroprozessor MPU12_1, den IP-Core-Speicher und den Frequenzteiler mit Delay.

Die folgende Darstellung zeigt den Verilog-Code für das 12-Bit-Mikroprozessor-System(1) mit IP-Core-Speicher. Der Speicher wurde mit dem IP-Core-Generator erstellt. Die Parameter für den Speicher, d. h. die Datenformate und die Taktbedingungen können im Core-Generator gewählt werden. Für den verwendeten Speicher ist das Lesen der Daten taktunabhängig und das Schreiben taktabhängig. Die Taktbedingungen für die Module des Mikroprozessor-Systems können bei der Simulation überprüft werden.

Hier wird der Frequenzteiler verwendet, um dem Steuerwerk ein verzögertes Taktsignal zu liefern.

```
//--------
// 12-Bit-Mikroprozessorsystem(1)
//--------
module MPU12_2S (
```

```verilog
//--------
input [11:0] IPR_D,
input CLK,
input CLR,
input START,
input IPV,
input OPREC,
output [11:0] OPR_Q,
output IPREQ,
output OPV);
//--------
wire [11:0] ADR_IN;
wire [11:0] AR_Q;
wire [11:0] SYS_IN;
wire [11:0] MR_D;
wire [11:0] DA_1;
wire WR_EN;
wire IN_CLK_OPW;
wire IN_CLK_STW;
wire WR_IN;
//--------
assign AR_Q[11:7] = 5'b00000;
assign AR_Q[6:0] = ADR_IN[6:0];
//--------
//---- Mikroprozessor MPU12_1 ----
MPU12_1 MPU12 (.MR_D(DA_1),.IPR_D(IPR_D),
.CLK_OPW(IN_CLK_OPW),.CLK_STW(IN_CLK_STW),
.AR_Q(ADR_IN),.IPREQ(IPREQ),.CLR(CLR),.IPV(IPV),
.START(START),.OPREC(OPREC),.OPR_Q(OPR_Q),
.OPV(OPV),.SYSBUS(SYS_IN),.WR_EN(WR_IN));
//--------
//---- IP-Core-RAM für Daten und Befehle ----
ram12_veri5 ram12 (.spo(DA_1),.a(ADR_IN[6:0]),.
d(SYS_IN),.we(WR_IN),.clk(IN_CLK_OPW));
//--------
//---- Frequenzteiler mit Delay ----
CLK_MOD_1 CLK_MOD (.clk(CLK),.clr(CLR),.clk_1(IN_CLK_OPW),.
clk_2(IN_CLK_STW));
//--------
endmodule
//--------
```

3.5.5 Testbench: Mikroprozessor-System(1) mit IP-Core-Speicher

Die folgende Testbench zeigt den Source-Code für das Testfile ram12_test100.cgf.

Es ist zu beachten, dass das Testfile ein cgf-Format hat, das in ein coe-Format konvertiert werden muss. Bei IP-Core-Speichern müssen Änderungen im Testfile mit dem IP-Core-Generator neu generiert werden.

Für die Simulation wurde der Speicher des Mikroprozessor-Systems(1) durch einen IP-Core-Speicher mit einem anderen Testfile ersetzt. In der Testbench wurde für die Simulation eine Taktperiode von T = 40 ns gewählt.

Die Funktionale Simulation wurde mit dem Simulator ISIM von Xilinx durchgeführt. Mit Hilfe der Testbench kann auch ein VCD-File für eine andere wave-Form Darstellung erstellt werden (siehe Kapitel A.1.3).

```verilog
//--------
// Testbench mit IP-Core
//--------
`timescale 1ns / 1ps
//--------
module MPU12_tb3;
//--------
reg CLR = 0;
reg CLK = 0;
reg [11:0] IPR_D = 12'b0;
reg IPV = 0;
reg START = 0;
reg OPREC = 0;
//--------
wire [11:0] OPR_Q;
wire IPREQ;
wire OPV;
//--------
//---- Mikroprozessor-System MPU12_2S ----
MPU12_2S uut (.CLK(CLK),.CLR(CLR),.IPR_D(IPR_D),.IPV(IPV),.
START(START),.OPR_Q(OPR_Q),.OPV(OPV),.IPREQ(IPREQ),.
OPREC(OPREC));
//--------
//---- Taktbedingung: Periode T = 20ns ----
//---- mit dem Frequenzteiler gilt T = 40 ns ----
always #10 CLK = ~CLK;
//--------
initial
begin
```

```
//---- Erstellen eines VCD-Files ----
$dumpfile ("MPU12_tb3.vcd");
$dumpvars (0,MPU12_tb3);
//--------
CLK = 0;
CLR = 1;
//--------
#15 CLR = 0;
#2 IPR_D = 12'h030; // Startadresse 30 hex
//--------
#80 START = 1;
#80 START = 0;
//--------
#3350 OPREC = 1; // Output Recognized
#100 OPREC = 0;
//--------
#200 $display("simulation_end");
$finish;
//--------
end
endmodule
//--------
```

cgf-Datenfile: ram12_test100.cgf

Das Testfile im cgf-Format wurde mit dem Memory-Editor wie bereits beschrieben erstellt. Im Folgenden ist das Testfile aufgelistet. Die Tab. 3.2 zeigt dazu das Testfile in übersichtlicher Form. Mit dem @-Symbol können die Startadressen verändert werden.

```
//--------
#version3.0
#memory_block_name=ram12_test100
#block_depth=128
#data_width=12
#default_word=0
#default_pad_bit_value=0
#pad_direction=left
#data_radix=16
#address_radix=16
#coe_radix=MEMORY_INITIALIZATION_RADIX
#coe_data=MEMORY_INITIALIZATION_VECTOR
#data=
```

@1
300
100
150
050
@30
f01
d02
105
435
731
f03
c02
d04
106
a00
107
007
300
#end
//--------

Tab. 3.2: Testfile ram12_test100.docx

ADR	Opcode	Mnemonic/Daten	Bedeutung
@1		300	ADR 01: 300
02		100	ADR 02: 100
03		150	ADR 03: 150
04		050	ADR 04: 050
05		000	ADR 05: 000
06		000	ADR 06: 000
07		000	ADR 07: 000
@30	f01	LO 01	LOAD A, 01
31	d02	SU 02	SUB A, 02
32	105	ST 05	STORE 05, A
33	435	JZ 35	JUMP 35 if Z = 1
34	731	JU 31	JUMP 35
35	f03	LO 03	LOAD A, 03
36	c02	AD 02	ADD A, 02
37	d04	SU 04	SUB A, 04
38	106	ST 06	STORE 06, A
39	a00	SHR	SHIFT RIGHT A
3a	107	ST 07	STORE 07, A
3b	007	OU 07	OUPUT OPR, 07
3c	300	SP	STOP

4 Das 12-Bit-Mikroprozessor-System(2)

In Kapitel 2 wurde ein 12-Bit-Mikroprozessor entworfen, der zwischen vier und sechs CPU-Takte pro Befehl benötigt. Er hat einen gemeinsamen Arbeitsspeicher für die Befehle und Daten. Es existiert eine Ein- und Ausgabe-Einheit über Input- und Output-Register. Für das System wurde ein strukturierter Entwurf verwendet. Dadurch können leichter Fehler beim Entwurf erkannt werden. Auch Änderungen am System können leichter vorgenommen werden. Es gibt einen einfachen Befehlssatz aus logischen und arithmetischen Befehlen. Die Akku-Einheit besteht aus nur einem Zentralregister.

In diesem Kapitel geht es um den Entwurf eines 12-Bit-Mikroprozessor-Systems mit einem einfachen Single-Cycle-Prozessor. Für den Entwurf müssen bestimmte Bedingungen erfüllt werden, damit die Befehle in einem Taktzyklus ablaufen können.

Eine wichtige Bedingung ist, dass es einen getrennten Arbeitsspeicher für die Befehle und die Daten gibt. Weitere Bedingungen müssen noch festgelegt werden.

Als Erstes muss ermittelt werden, welche Spezifikationen das digitale System erfüllen soll. Als allgemeine Anforderung an das Mikroprozessor-System soll gelten, dass es ein strukturierter Entwurf wird. Ein wichtiges Kriterium ist dabei auch der Punkt, dass der Entwurf, d. h. die Eigenschaften des Systems, leicht verändert werden kann. Dabei werden folgende Kriterien festgelegt:
- Single-Cycle-Prinzip: ein Befehl pro Zyklus;
- strukturierter Entwurf für das Mikroprozessor-System;
- für Instruktionen und Daten existieren getrennte Speicher;
- einfacher Befehlssatz mit arithmetischen und logischen Befehlen;
- einfache Adressierung;
- Befehls- und Datenfomat sind einheitlich.

Die Modellierung des Mikroprozessor-Systems wird mit Verilog-Code durchgeführt.

Dazu werden Module mit unterschiedlichen Modellierungen betrachtet. Es werden dabei auch Module des Entwurfs aus Kapitel 2 verwendet.

Die Vor- und Nachteile der betrachteten Module werden aufgezeigt und anhand von Synthese-Berichten verglichen. Die Auszüge aus den Synthese-Berichten können für eine geeignete Modellierung herangezogen werden. Hier können schon Entscheidungen über den weiteren Verlauf des Entwurfs getroffen werden. Es werden nur synthetisierbare Module betrachtet, die in Logik-Gatter realisiert werden können.

4.1 Der 12-Bit-Single-Cycle-Prozessor

Der Single-Cycle-Prozessor soll mit den obigen Kriterien entworfen werden. Dazu müssen noch weitere Spezifikationen getroffen werden:
- Befehlssatz
- Befehlsformat
- Register-Struktur
- Adressierung
- Datenformat
- Akku-Struktur

Der Prozessor wird vereinfacht als cpu12 bezeichnet, das Mikroprozessor-System mit cpu12_s. Es werden zunächst das Befehls- und Datenformat definiert.

Befehlsformat (12 Bit)

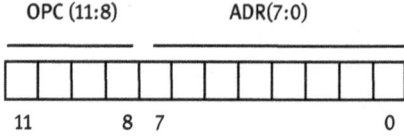

Opcode OPC 4 Bit, Adressierung 8 Bit

Datenformat (12 Bit)

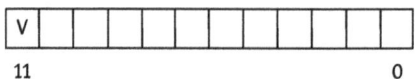

Es sollen vorzeichenbehaftete Zahlen verwendet werden. Das oberste Bit (MSB) ist für das Vorzeichen reserviert. Der Datenbereich ist 11 Bit breit. Für die Adressierung sind 8 Bit reserviert.

Der Befehlssatz der cpu12 ist in Tab. 4.1 zusammengestellt. In der ersten Spalte steht der 4-Bit-Opcode OPC(3:0) für die Befehle. Es können insgesamt 16 Befehle definiert werden, davon sind 12 Befehle zugeordnet, die 4 restlichen werden als „No Operation" (NOP) behandelt. Die nächsten zwei Spalten geben die Kürzel (Mnemonics) für die einzelnen Befehle sowie ihre Bedeutung an.

Abkürzungen in Tab. 4.1:
OPC : Opcode für Befehl
m : 8-Bit-Adresse
M(m) : Operand von Adresse m
Q : 12-Bit-Akku-Register

SUB : Subtraktion
ADD : Addition
NAND : NAND-Funktion
NOM : Negation von M(m)
LOAD : Akku-Register Q Laden
SHR : Shift right
SHL : Shift left
JUZ : Jump, wenn Akku-Register Q = 0
STR : Speichern von Akku-Register Q
JU   : JUMP ohne Bedingung
NOP : No Operation
STOP : Programm-Ende

Zum Verständnis des Befehlssatzes werden einige Befehle erläutert. Bei den Befehlen für die Subtraktion und Addition werden vom Akku-Register die Inhalte der Adresse m subtrahiert bzw. addiert und im Akku-Register gespeichert. Bei der NAND-Funktion gilt der NAND-Befehl für das Akku-Register mit dem Inhalt der Adresse m, das Ergebnis wird ebenfalls im Akku-Register gespeichert. Beim NOM-Befehl wird der Inhalt von Adresse m negiert und im Akku-Register abgelegt. Bei den Shift-Befehlen werden die Inhalte des Akku-Registers verschoben. Bei der Modellierung von Shift-Befehlen mit Verilog werden noch weitere Shift-Befehle diskutiert.

Tab. 4.1: Befehlssatz der cpu12

OPC(3:0)	Mnemonics	Funktion
0000	NOP	PC ← PC +1
0001	SUB m	Q ← Q − M(m)
0010	NAND m	Q ← Q nand M(m)
0011	ADD m	Q ← Q + M(m)
0100	NOM M(m)	Q ← NOT M(m)
0101	LOAD m	Q ← M(m)
0110	SHR	Q ← SHR(Q)
0111	SHL	Q ← SHL(Q)
1000	JUZ m	EQ = 1: PC ← m
1001	STR m	M(m) ← Q
1010	JU m	PC ← m
1011	STOP	Programm-Ende

Adressierung (8 Bit)
Für die Adressierung soll eine direkte 8-Bit-Adressierung mit einem Adressbereich von 0 bis 255 verwendet werden.

Registerstruktur (12 Bit)
Die folgenden Register werden für den Datentransfer im Operationswerk benötigt:
- Program-Counter: PC
- Akku-Register: Q (Universal-Register)

Akku-Struktur (12 Bit)
Im Akku-Register werden alle arithmetischen und logischen Operationen durchgeführt und das Ergebnis im zentralen Register Q abgelegt. Das Befehlsformat ist bewusst einfach gewählt mit einem 12-Bit-Format, d. h. 4 Bit für den Opcode und 8 Bit für die direkte Adressierung.

Es bleiben also 4 Bit für die Codierung von 16 Befehlen übrig. Man kann jetzt diesen 16 Kombinationen beliebige arithmetische und logische Operationen zuordnen. Die Auswahl hängt natürlich davon ab, welche Anwendungen mit dem Prozessor durchgeführt werden sollen. Hier sollen nur einfache arithmetische und logische Funktionen verwendet werden.

4.2 Entwurf des 12-Bit-Single-Cycle-Prozessors

Die Abb. 4.1 zeigt das Mikroprozessor-System(2). Die Abbildung ist noch unvollständig und soll den Datentransfer zwischen den Modulen verdeutlichen. Das System besteht aus den Komponenten Operationswerk, Control Unit und den Speichern für Daten und Befehle. Entscheidend für den Single-Cycle-Prozessor ist die Bedingung, dass die Befehle und Daten in getrennten Speichern gehalten werden.

Es wird zunächst ein grober Befehlsablauf des Mikroprozessor-Systems betrachtet.

Der Befehlsablauf soll in einem Taktzyklus erfolgen:
- Befehl holen (Instruction Fetch)
- Befehl interpretieren (Instruction Decode)
- Befehl ausführen (Execute)

Nach einem Reset wird der Ausgang des Programm-Zählers (OPW) auf null gesetzt, d. h., es gilt Adr_im = 0. Die Startadresse liegt jetzt am Eingang der Instruction-Memory. Der erste Befehl aus Adresse Null wird zum Operationswerk (OPW) gegeben (Data_op). Der Befehl wird in den 4-Bit-Opcode und die 8-Bit-Datenadresse (Adr_dm) aufgespalten. Der Opcode geht zur Control Unit (CNTR) und wird decodiert. Der Ansteuervektor A der Control Unit gibt ein Steuersignal an das Operationswerk (Ansteuervektor A siehe Kapitel 2.3). Das OPW gibt die Datenadresse (Adr_dm) an den Datenspeicher und holt sich den Operanden.

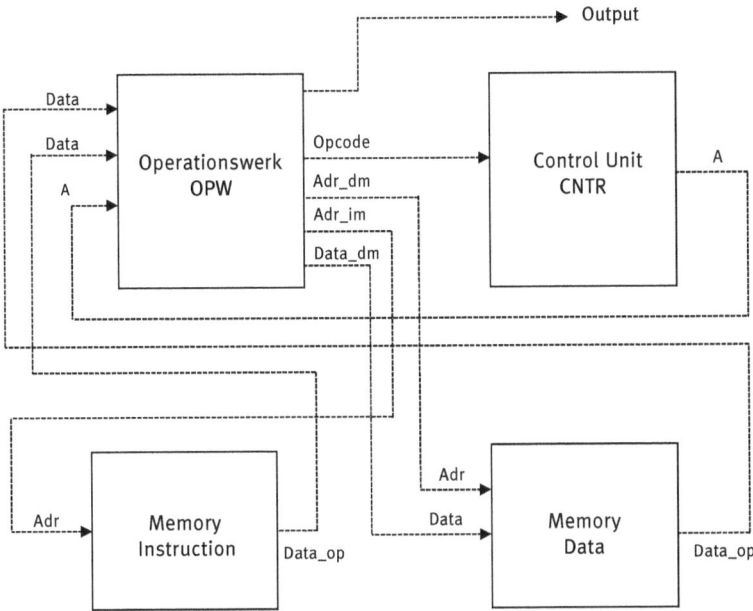

Abb. 4.1: Das 12-Bit-Mikroprozessor-System(2)

Das OPW führt den Befehl in der Akku-Einheit aus (z. B. Addition). Das Ergebnis wird im Akku-Register gespeichert und erscheint am Ausgang des Operationswerkes (Output).

In Abb. 4.2 ist das vollständige Mikroprozessor-System mit den Ein- und Ausgangssignalen dargestellt. Hier sind noch das EQ-Signal und der Ansteuervektor A für den Datenspeicher (data_mem1) ergänzt worden.

Das OPW gibt ein Steuersignal EQ an die Control Unit, ob das Ergebnis null oder ungleich null ist. Die Control Unit gibt ein Steuersignal A (Ansteuervektor) nicht nur an das Operationswerk, sondern auch an den Datenspeicher (data_mem1). Der Datenspeicher wird über den Vektor A informiert, ob es sich um einen Lese- oder Schreibbefehl handelt. Anschließend werden neue Befehle von der Instruction-Memory (instr_mem1) zum OPW gegeben.

Die Abb. 4.2 zeigt schon die Strukturierung des Systems in die Komponenten Prozessor und Befehls- und Datenspeicher. Bei der Modellierung auf System-Ebene wird diese Strukturierung erhalten. Die Bezeichnungen der Ein- und Ausgangssignale werden bei der Modellierung mit Verilog beibehalten.

Die Abb. 4.3 zeigt das Blockschaltbild für den Mikroprozessor.

Das Operationswerk wird als getakteter Automat aufgebaut. Die Control Unit wird als Schaltnetz, d. h. als nicht getaktete kombinatorische Logik, entworfen. In Kapitel 6 wird die Control Unit in einem anderen Entwurf als Steuerwerk, d. h. als getaktete Schaltung, entworfen.

118 — 4 Das 12-Bit-Mikroprozessor-System(2)

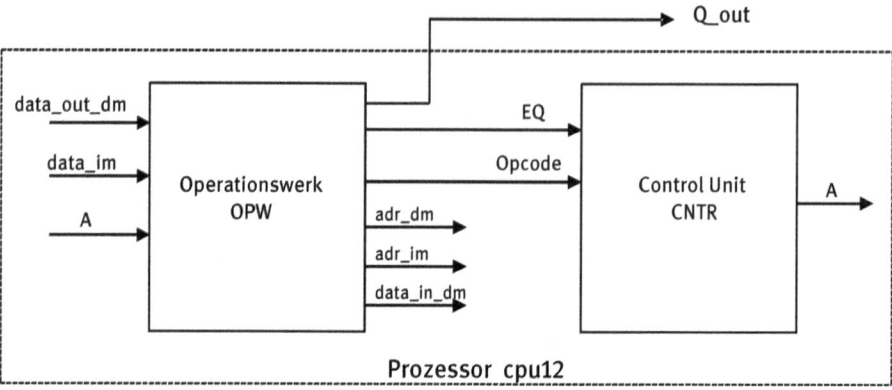

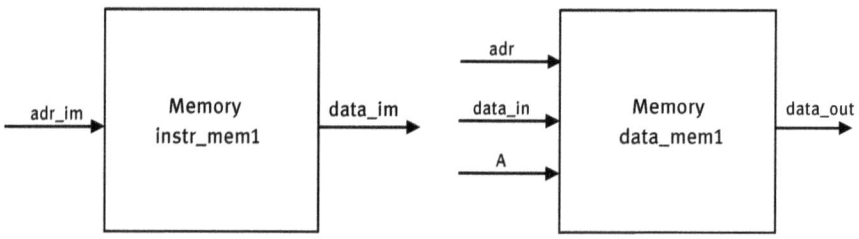

Abb. 4.2: Mikroprozessor_System(2) (cpu12_s)

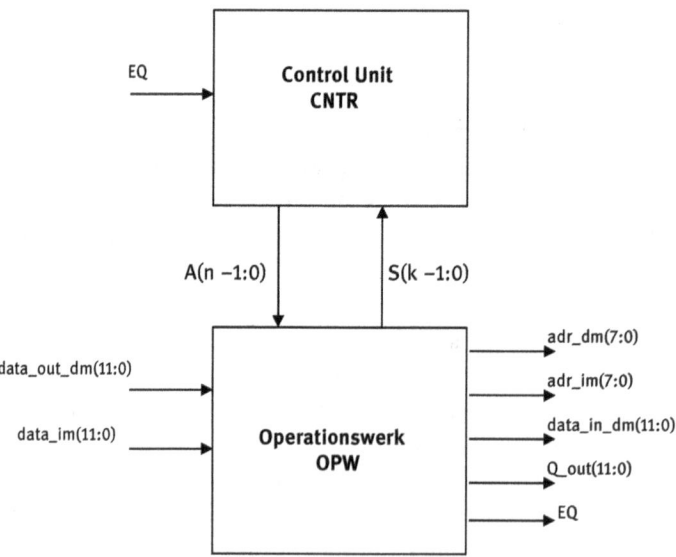

Abb. 4.3: 12-Bit-Mikroprozessor cpu12

4.2 Entwurf des 12-Bit-Single-Cycle-Prozessors

Allgemein kann man die Schnittstelle zwischen dem Operationswerk (OPW) und der Control Unit (CNTR) durch zwei Vektoren definieren:
- Ansteuervektor A (n – 1:0)
- Statusvektor S (k – 1:0)

Die Bitbreite beträgt allgemein beim Ansteuervektor n und beim Statusvektor k. Die beiden Vektoren steuern den Datenaustausch zwischen dem Operationswerk und der Control Unit. Die beiden Module sind miteinander gekoppelt und müssen in der richtigen zeitlichen Reihenfolge die erforderlichen Mikrooperationen durchführen.

Der Statusvektor S beinhaltet alle Statusmeldungen und den Operationscode des Prozessors. Er kann für das Operationswerk direkt angegeben werden, da die Parameter bekannt sind. Im allgemeinen hängt die Bitbreite des Ansteuervektors davon ab, wie viele Mikrooperationen im Operationswerk ablaufen. Für die Ansteuertabelle können beliebige Zuordnungen für den Ansteuervektor gemacht werden. Die gemachten Zuordnungen steuern den Datentransfer im Operationswerk. Die Tab. 4.2 zeigt die Zuordnungen für den Datentransfer. In dem vorliegenden Fall ergibt sich eine einfache Form für die Schnittstelle. Der Ansteuervektor A besteht nur aus 3 Bit (n = 3) und der Statusvektor S aus 4 Bit (k = 4). Der Statusvektor besteht nur aus dem Opcode. Die erste Zeile in Tab. 4.2 ist der STOP- bzw. Ausgangszustand. In Zeile zwei werden die Operanden aus dem Datenspeicher (data_mem1) gelesen. In Zeile drei werden Operanden in den Datenspeicher geschrieben. Die Zeilen vier und fünf steuern die Jump-Befehle JUZ mit Sprungbedingung und JU ohne Sprungbedingung. Die Ein- und Ausgangssignale sind in Abb. 4.2 zugeordnet.

Tab. 4.2: Tabelle für den Ansteuervektor

A(2)	A(1)	A(0)	Funktion/Datentransfer
0	0	0	STOP/Ausgangszustand
0	0	1	rd_mem/data_out[15:0] ← mem(adr)
0	1	0	wr_mem/data_in[15:0] ← mem(adr)
1	0	0	Jump: mux1_out ← data_im[7:0]
1	0	0	Jump: d_out(PC) ← d_in[7:0]

Die Tab. 4.3 zeigt die Funktionstabelle für den Controller. Die Tabelle enthält alle definierten Befehle mit dem zugeordneten Opcode. Das EQ-Signal wird vom Operationswerk zum Controller geleitet. Der Output A(2:0) ist identisch mit dem Ansteuervektor A.

Der JUMP-Befehl JUZ benötigt das EQ-Signal für die Sprungbedingung. Es werden nur 11 Befehle genutzt, die restlichen 5 sind NOP-Befehle (No Operation).

Tab. 4.3: Funktionstabelle für den Controller CNTR

Funktion	Opcode(3:0)	EQ	Output A(2:0)
NOP	0000	x	001
SUB	0001	x	001
NAND	0010	x	001
ADD	0011	x	001
NOT M(m)	0100	x	001
LOAD	0101	x	001
SHR	0110	x	001
SHL	0111	x	001
JUZ	1000	1	100
JUZ	1000	0	001
STR	1001	x	010
JU	1010	x	100
STOP	1011	x	000

4.3 Entwurf des 12-Bit-Operationswerkes

Das Operationswerk kann formal nach folgenden Methoden beschrieben werden:
- Verhaltensbeschreibung
- Strukturbeschreibung

Nach den Anforderungen für den Prozessorentwurf bietet sich die Strukturbeschreibung für das Operationswerk an. Die einzelnen Module können jedoch als Struktur- oder Verhaltensbeschreibung modelliert werden. Der strukturierte Entwurf soll auch hier angewendet werden. Für den Entwurf der cpu12 werden folgende Komponenten für das Operationswerk in einer Minimalkonfiguration verwendet:
- 12-Bit-Program-Counter: PC
- 12-Bit-Akku-Einheit: AKKU12
- 12-Bit-Multiplexer: mux1

Die Abb. 4.4 zeigt das Operationswerk mit den drei Komponenten. Die Takt- und Reset-Verbindungen sind zur besseren Übersicht weggelassen. Außerdem sind nicht alle Verbindungen durchgezogen. Der alu_out-Ausgang wird auf den alu_out-Eingang zurückgeführt. Durch diesen Trick kommt man mit einem Akku-Register aus. Der pc_out-Ausgang des Zählers wird über den Multiplexer mux1 auf den Zählereingang d_in zurückgeführt. Dadurch wird die Schaltung für den Programmzähler PC besonders einfach. Die Steuerung für den Ansteuervektor A ist auf zwei Funktionen reduziert: die Auswahl für den Multiplexer i0 und i1 sowie das Laden eines neuen Zählwertes für den Program Counter PC. Der Ausgang des Program Counters adr_im ist die Adresse

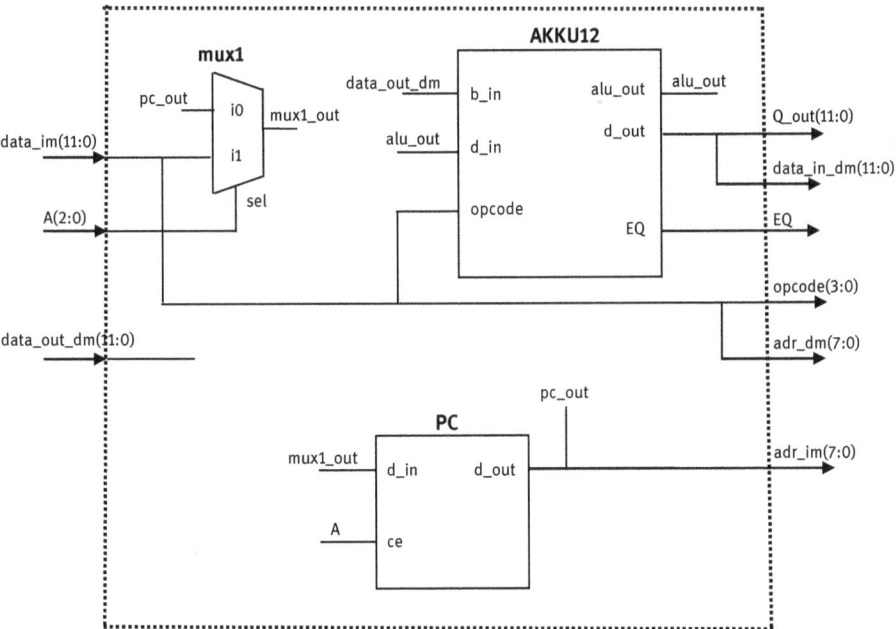

Abb. 4.4: Das 12-Bit-Operationswerk

für die einzelnen Befehle in der Memory (instr_mem1). Die Schaltung für das OPW stellt eine Mimimalkonfiguration dar.

4.3.1 Beschreibung der Komponenten des Operationswerkes

Bevor man mit der Modellierung mit Verilog-Code beginnt, müssen die einzelnen Funktionen für die Module des Operationswerkes noch definiert werden. Es sind die Module Akku-Einheit, Program-Counter und Multiplexer.

Zunächst wird die Akku-Einheit behandelt. Es ist ein einfaches Modul und besteht nur aus den Komponenten 12-Bit-ALU und 12-Bit-Universal-Register. Die Tab. 4.4 zeigt die Funktionstabelle für die 12-Bit-ALU.

Der Befehlssatz wurde bei den Anforderungen des Mikroprozessor-Entwurfs bewusst klein gehalten. Nach Bedarf soll der Befehlssatz leicht erweitert werden können, ohne die Bitbreite des Opcodes zu verändern.

Bei der Modellierung werden die Steuereingänge der Akku-Einheit deshalb einheitlich auf 4 Bit gelegt.

Bei den Steuereingängen der Opcodes (0,0,0), (1,1,0) und (1,1,1) für die ALU-Einheit gilt F = a, d. h. ein Durchschalten von a nach F. Das Gleiche gilt für die Schiebefunktionen.

Tab. 4.4: Funktionstabelle der 12-Bit-ALU

Opcode(2:0)			Funktion F	Bedeutung
0	0	0	F = a	Durchschalten von a
0	0	1	F = a – b	Subtraktion
0	1	0	F = ~(a & b)	NAND-Fkt
0	1	1	F = a + b	Addition
1	0	0	F = ~b	b negiert
1	0	1	F = b	Durchschalten von b
1	1	0	F = a	Durchschalten von a (SHR)
1	1	1	F = a	Durchschalten von a (SHL)

Die Tab. 4.5 zeigt die Funktionstabelle der Akku-Einheit. Die Funktionen aus der ALU-Einheit sind in der Akku-Einheit eingebunden. Der 3-Bit-Opcode in Tab. 4.4 wird bei der Modellierung der Akku-Einheit auf 4 Bit geschaltet.

Tab. 4.5: Funktionstabelle der Akkumulator-Einheit

CLR	Opcode(3:0)				Funktion	Bedeutung
1	x	x	x	x	d_out = 0	Register löschen
0	0	0	0	0	d_out = konst	Akku konstant
0	0	0	0	1	d_out = d_out – b_in	Subtraktion
0	0	0	1	0	d_out = ~(d_out & b_in)	NAND-Funktion
0	0	0	1	1	d_out = d_out + b_in	Addition
0	0	1	0	0	d_out = ~b_in	not b_in
0	0	1	0	1	d_out = b_in	Akku laden
0	0	1	1	0	d_out = SHR (d_out)	Shift right
0	0	1	1	1	d_out = SHL (d_out)	Shift left

Die Tab. 4.6 für das 12-Bit-Universal-Register enthält vier Funktionen: Laden des Registers, Shift right, Shift left und Löschen. Der CLR-Eingang hat die höchste Priorität für das Löschen des Inhalts. Das Shiften gilt für den Inhalt des Registers.

Tab. 4.6: Funktionstabelle für das 12-Bit-Universal-Register

CLR	S1	S0	Funktion Q	EQ	Wirkung
1	x	x	Q = 0	1	Löschen
0	0	0	Q = D	x	Laden
0	0	1	Q = D	x	Laden
0	1	0	Q(i) = Q(i + 1)	x	Shift right
0	1	1	Q(i) = Q(i – 1)	x	Shift left

5 Modellierung des Mikroprozessor-Systems(2)

Auf der Systemebene erfolgt die Modellierung in der Regel mit einer strukturierten Beschreibung im Verilog-Code. Die einzelnen Module werden strukturiert oder als Verhaltensbeschreibung modelliert. Die Strukturierung des Systems erfolgt in die Module Mikroprozessor und die Speicher für Befehle und Daten. Der Mikroprozessor wird in die Module Operationswerk und Control Unit strukturiert. Für den gesamten Entwurf entsteht somit eine Hierarchie mit unterschiedlichen Entwurfsebenen (siehe auch Kapitel 1.2).

5.1 Modellierung des Single-Cycle-Prozessors

Zunächst werden die zuvor definierten Komponenten für das Operationswerk in Verilog beschrieben.

Die Modellierung von Universal-Registern wurde bereits in Kapitel 3 beschrieben. Hier wurde nur der Steuereingang S von 3 auf 4 Bit geändert, um die Modellierung in der Akku-Einheit zu vereinfachen. Das folgende Listing zeigt die geänderte Version an. Bei der Modellierung von Schieberegistern mit Verilog sind die Shift-Funktionen zu beachten. Es kann entweder der Inhalt des Registers oder der D-Eingang geschoben werden. Bei diesem Source-Code wird der Inhalt verändert. Der Reset-Eingang ist asynchron. Das EQ-Signal ist für die Zero-Abfrage des Registers. Für die nicht zugeordneten Kombinationen des Steuereingangs S gilt: Q <= D.

5.1.1 Modell für das 12-Bit-Universal-Register

```verilog
//--------
//-- 12-Bit-Universal-Register
//--------
module ureg12_1 (Q, D, clr, clk, S, EQ);
//--------
parameter ZERO = 12'h000;
//--------
input[11:0] D;
input clr;
input clk;
input [3:0] S;
output reg [11:0] Q;
output EQ;
//--------
```

```verilog
always @ (posedge clk or posedge clr)
begin
if (clr == 1'b1)
Q <= ZERO;
//---- shift right ----
else if (S == 4'b0110)
begin
Q[10:0] <= Q[11:1];
Q[11] <= 0;
end
//---- shift left ----
else if (S == 4'b0111)
begin
Q[11:1] <= Q[10:0];
Q[0] <= 0;
end
else
begin
Q <= D;
end
end
//---- Zero-Abfrage ----
assign EQ = (Q == 12'b0) ? 1'b1 : 1'b0;
endmodule
//--------
```

5.1.2 Modell für die 12-Bit-ALU-Einheit

Das Listing zeigt den Verilog-Code für die 12-Bit-ALU-Einheit. Für die Fallunterscheidungen wird eine **case**-Anweisung verwendet. Damit alle Änderungen der Eingangssignale erfasst werden, müssen sie in der **always**-Anweisung angegeben werden. Die Abb. 5.1 zeigt die synthetisierte Schaltung. Die kombinatorische Schaltung besteht nur aus Multiplexern und Basiselementen (BELS). Die maximale Signallaufzeit beträgt 8.0 ns. Der Auszug aus dem Synthese-Bericht gibt einen groben Überblick der Modellierung. Der Opcode für die Module in der Akku-Einheit wird auf 4 Bit belassen, um die Modellierung zu vereinfachen. Es können außerdem Erweiterungen des Befehlssatzes leichter durchgeführt werden. Für alle nicht zugeordneten Kombinationen des Opcodes gilt: F = a.

5.1 Modellierung des Single-Cycle-Prozessors — 125

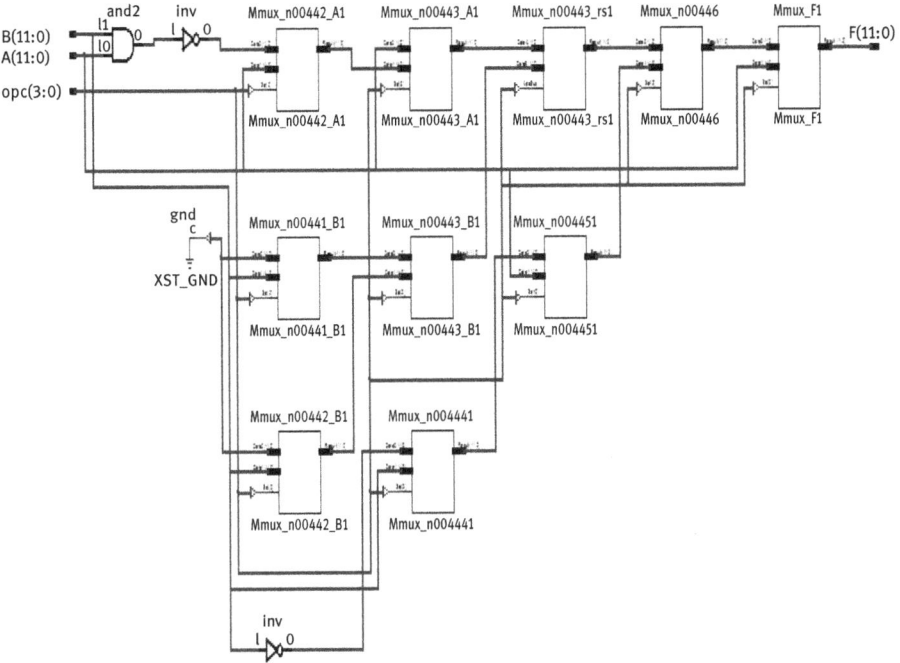

Abb. 5.1: 12-Bit-ALU-Einheit

```
//--------
//-- 12-Bit-ALU-Einheit
//--------
module alu12_1(
//--------
input [11:0] a,
input [11:0] b,
input [3:0] opcode,
output reg [11:0] F);
//--------
always @ (opcode or a or b)
//--------
case(opcode)
4'b0000:
F = a; // Durchschalten von a
4'b0001:
F = a - b; // Subtraktion
4'b0010:
F = ~(a & b); // NAND-Funktion
```

```
4'b0011:
F = a + b; // Addition
4'b0100:
F = ~b; // not b
4'b0101:
F = b; // Durchschalten von b
4'b0110:
F = a; // Durchschalten von a
4'b0111:
F = a; // Durchschalten von a
//--------
default:
F = a; // Durchschalten von a
endcase
endmodule
//--------
```

Auszug aus dem Synthese-Bericht für die 12-Bit-ALU-Einheit:

```
--------
FPGA: Spartan6 xc6slx4 (Xilinx)
--------
Basic Elements of Logic (BELS)    : 71
--------
# Adders/Subtractors              : 1
12-bit addsub                     : 1
# Multiplexers                    : 9
12-bit 2-to-1 multiplexer         : 9
--------
Slice Logic Utilization:
Number of Slice LUTs:          48   out of    2400
Number used as Logic:          48   out of    2400
--------
Maximum combinational path delay: 8.0 ns
--------
```

5.1.3 Modell für die 12-Bit-Akku-Einheit

Das Listing zeigt den Verilog-Code für die 12-Bit-Akku-Einheit. Die einfache Strukturbeschreibung besteht nur aus dem Universal-Register und der ALU-Einheit. Die Abb. 5.2 zeigt die synthetisierte Schaltung. Nach dem Synthese-Bericht kann die Akku-Einheit mit einer maximalen Taktfrequenz von 614 MHz getaktet werden.

5.1 Modellierung des Single-Cycle-Prozessors — 127

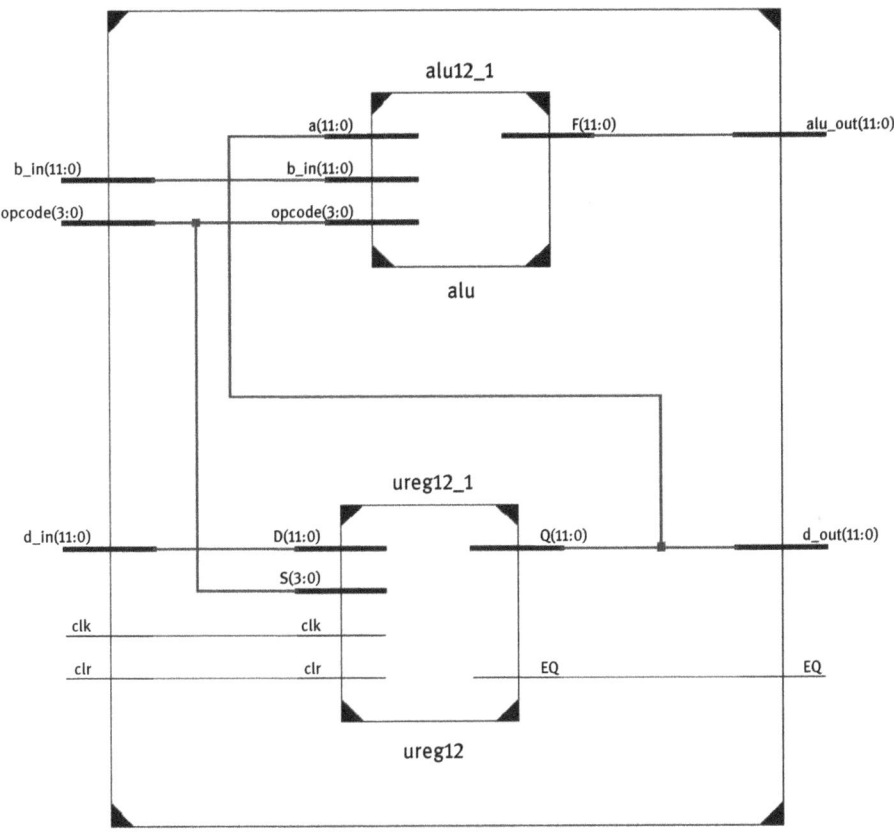

Abb. 5.2: Die 12-Bit-Akku-Einheit

```verilog
//--------
//-- 12-Bit-Akku-Einheit
//--------
module akku12_1 (
//--------
input clk,
input clr,
input [11:0] d_in,
input [11:0] b_in,
input [3:0] opcode,
output [11:0] d_out,
output wire[11:0] alu_out,
output EQ);
//--------
```

```
//---- Universal-Register ----
ureg12_1 ureg12 (.D(d_in),.clk(clk),.Q(d_out),.
clr(clr),.S(opcode),.EQ(EQ));
//--------
//---- 12-Bit-ALU-Einheit ----
alu12_1 alu (.a(d_out),.b(b_in),.opcode(opcode),.F(alu_out));
//--------
endmodule
//--------
```

Auszug aus dem Synthese-Bericht für die 12-Bit-Akku-Einheit:

```
--------
FPGA: Spartan6 xc6slx4 (Xilinx)
--------
Basic Elements of Logic (BELS)    : 87
--------
# Adders/Subtractors              : 1
12-bit addsub                     : 1
# Registers                       : 12
Flip-Flops                        : 12
# Multiplexers                    : 11
12-bit 2-to-1 multiplexer         : 11
--------
Slice Logic Utilization:
Number of Slice Registers:        12   out of    4800
Number of Slice LUTs:             64   out of    2400
Number used as Logic:             64   out of    2400
--------
Minimum period: 1.6 ns (Maximum Frequency: 613.6 MHz)
--------
```

Der 12-Bit-Program-Counter

Der Verilog-Code zeigt einen einfachen 8-Bit-Zähler mit synchronem Reset. Der Zähler hat nur die Funktionen *Laden des Zählwertes* und *Zählwert inkrementieren*. Die beiden Funktionen werden über den CE-Eingang gesteuert. Der Program-Counter gehört mit zu den Modulen für das Operationswerk.

Die Abb. 5.3 zeigt die synthetisierte Schaltung. Die Schaltung ist durch die Inkrement-Funktion besonders einfach.

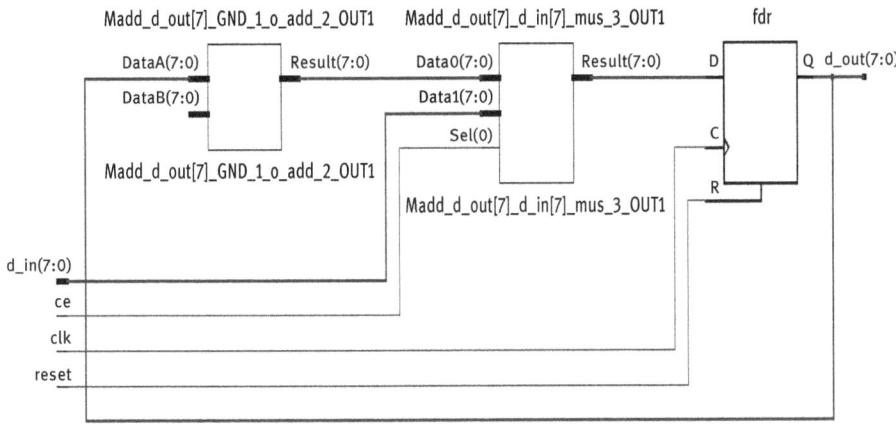

Abb. 5.3: 12-Bit-Program-Counter

```
//--------
//-- 12-Bit-Program-Counter
//--------
module program_count1(
//--------
input [7:0] d_in,
input reset,
input clk,
input ce,
output reg [7:0] d_out);
//--------
always @ (posedge clk)
begin
if (reset)
d_out <= 8'h00;
else if (ce == 1'b1)
d_out <= d_in;
else
d_out <= d_out + 1;
end
endmodule
//--------
```

5.2 Modell des 12-Bit-Operationswerkes

Der Verilog-Code zeigt die strukturierte Beschreibung für das 12-Bit-Operationswerk. Die Modellierung für Multiplexer wurde bereits in Kapitel 3.1 behandelt. Die Abb. 5.4 zeigt die synthetisierte Schaltung. Aus dem Synthese-Bericht ergibt sich die maximale Taktfrequenz von 349 MHz. Der Schaltungsaufwand zeigt, dass der verwendete FPGA-Baustein überdimensioniert ist. Es wurde bereits erwähnt, dass das FPGA willkürlich gewählt wurde und nur die unterschiedlichen Modellierungen gezeigt werden sollen.

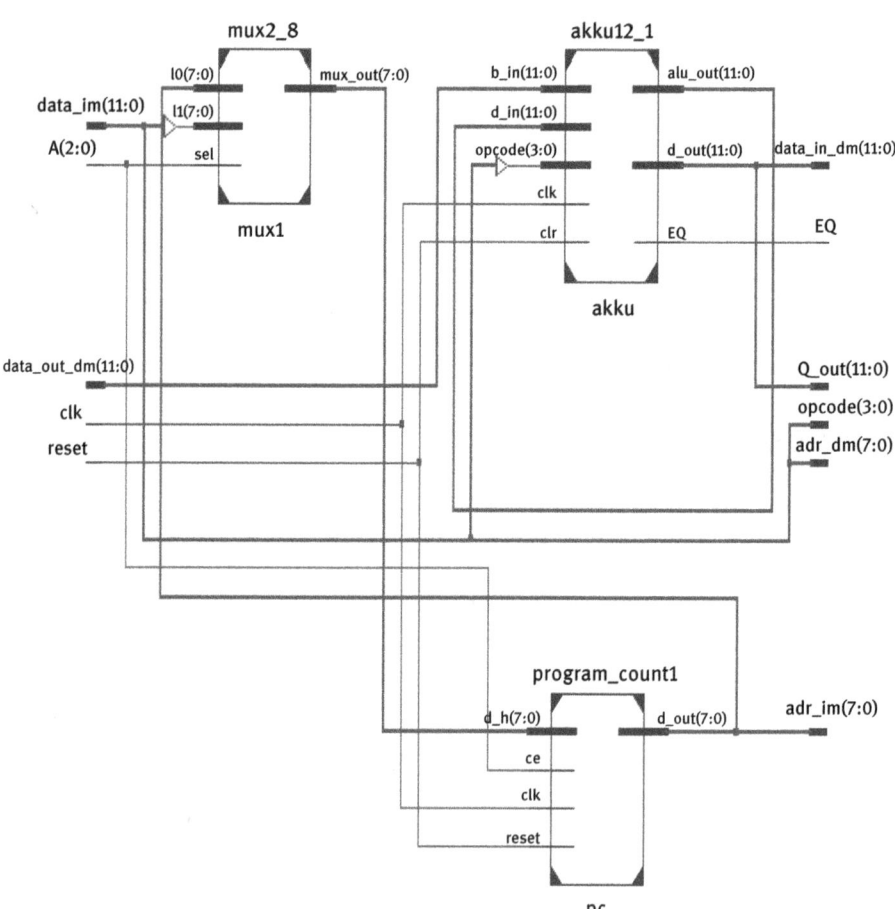

Abb. 5.4: Das 12-Bit-Operationswerk

```verilog
//--------
// 12-Bit-Operationswerk
//--------
module opw12_1(
//--------
input reset,
input clk,
input [2:0] A,
input [11:0] data_im,
input [11:0] data_out_dm,
//--------
output [3:0] opcode,
output [7:0] adr_dm,
output [11:0] data_in_dm,
output [11:0] Q_out,
output [7:0] adr_im,
output wire EQ);
//--------
wire [11:0]alu_out;
wire [7:0] pc_out;
wire [7:0] mux1_out;
//--------
//---- Program-Counter ----
program_count1 pc (.d_in(mux1_out),.reset(reset),.
clk(clk),.d_out(pc_out),.ce(A[2]));
//--------
//---- MUX8_1 ----
mux2_8 mux1 (.i0(pc_out),.i1(data_im[7:0]),.
sel(A[2]),.mux_out(mux1_out));
//--------
//---- 12-Bit-AKKU-Einheit ----
akku12_1 akku (.d_in(alu_out),.clk(clk),.
d_out(Q_out),.clr(reset),.b_in(data_out_dm),.
opcode(opcode),.alu_out(alu_out),.EQ(EQ));
//--------
//---- Abkürzungen für die Memory ----
//---im: instruction memory
//---dm: data memory
//--------
assign adr_im = pc_out;
assign opcode = data_im[11:8];
assign data_in_dm = Q_out;
```

```
assign adr_dm = data_im[7:0];
//--------
endmodule
//--------
```

Auszug aus dem Synthese-Berichts des 12-Bit-Operationswerkes:

```
--------
FPGA: Spartan6 xc6slx4 (Xilinx)
--------
Basic Elements of Logic (BELS)     : 111
--------
# Adders/Subtractors               : 1
12-bit addsub                      : 1
# Counters                         : 1
8-bit up counter                   : 1
# Registers                        : 12
Flip-Flops                         : 12
# Multiplexers                     : 12
12-bit 2-to-1 multiplexer          : 11
8-bit 2-to-1 multiplexer           : 1
--------
Slice Logic Utilization:
Number of Slice Registers:      20   out of   4800
Number of Slice LUTs:           72   out of   2400
Number used as Logic:           72   out of   2400
--------
Minimum period: 2.9 ns (Maximum Frequency: 349.1 MHz)
--------
```

5.3 Modell für die 12-Bit-Control-Unit

Der Verilog-Code beschreibt die 12-Bit-Control-Unit. Die Unit ist ein Schaltnetz, d. h. eine kombinatorische Logik im Gegensatz zu einem getakteten Steuerwerk. Der Entwurf der Control Unit mit Hilfe einer Ansteuertabelle wurde in Kapitel 4.2 behandelt. Der 3-Bit-Ansteuervektor A ist in diesem Fall besonders einfach.

Die Fallunterscheidungen für die einzelnen Funktionen werden mit **case**-Anweisungen beschrieben. Die Abb. 5.5 zeigt die synthetisierte Schaltung für das RTL-Design.

Die maximale Signallaufzeit wird für die Control Unit nach dem Synthese-Bericht mit 5,6 ns angegeben. Das entspricht einer minimalen Taktfrequenz von 179 MHz. Die minimalen und maximalen Taktfrequenzen können, wie bereits erwähnt, stark voneinander abweichen, was in weiteren Analysen untersucht werden muss.

5.3 Modell für die 12-Bit-Control-Unit — **133**

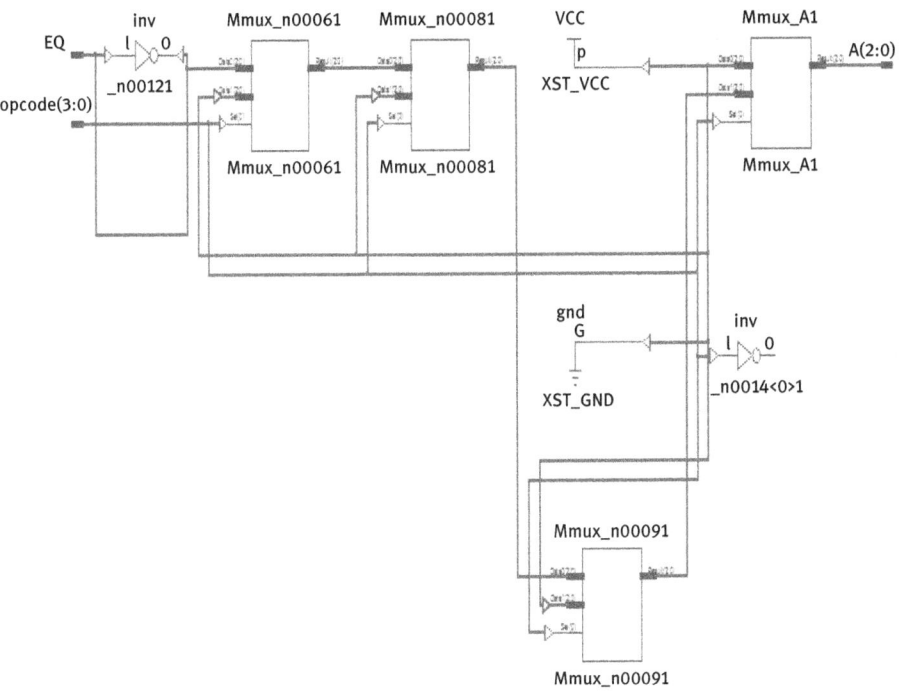

Abb. 5.5: Die 12-Bit-Control-Unit (RTL-Design)

```
//--------
// 12-Bit-Control-Unit
//--------
module cntr_12 (
//--------
input [3:0] opcode,
input EQ,
output reg [2:0] A);
//--------
always @ (opcode or EQ)
begin
//---- Start ----
A <= 3'b000;
case(opcode)
//--------
4'b0000:
begin
A <= 3'b001;
end
```

```verilog
//---- Subtraktion ----
4'b0001:
begin
A <= 3'b001;
end
//---- NAND-Funktion ----
4'b0010:
begin
A <= 3'b001;
end
//---- Addition ----
4'b0011:
begin
A <= 3'b001;
end
//-------- F = ~B --------
4'b0100:
begin
A <= 3'b001;
end
//---- F = B ----
4'b0101:
begin
A <= 3'b001;
end
//---- shift right ----
4'b0110:
begin
A <= 3'b001;
end
//---- shift left ----
4'b0111:
begin
A <= 3'b001;
end
//---- JUMP if Zero ----
4'b1000:
if (EQ == 1'b1)
begin
A <= 3'b100;
end
```

```
//---- not Zero ----
else
begin
A <= 3'b001;
end
//---- Store ----
4'b1001:
begin
A <= 3'b010;
end
//---- JUMP ----
4'b1010:
begin
A <= 3'b100;
end
//---- STOP ----
4'b1011:
begin
A <= 3'b000;
end
//--------
default:
begin
A <= 3'b000;
end
//--------
endcase
end
endmodule
//--------
```

Auszug aus dem Synthese-Bericht für die 12-Bit-Control-Unit:

```
--------
FPGA: Spartan6 xc6slx4 (Xilinx)
--------
Basic Elements of Logic (BELS)   : 3
--------
# Multiplexers                   : 4
3-bit 2-to-1 multiplexer         : 4
Slice Logic Utilization:
Number of Slice LUTs:          3  out of   2400
Number used as Logic:          3  out of   2400
```

```
--------
Maximum combinational path delay: 5.6 ns
--------
```

Die Abb. 5.6 zeigt die synthetisierte Schaltung der Control Unit für die Darstellung der Ressourcen des verwendeten FPGAs. Dabei wird die technische Umsetzung und die Verwendung von LUTs (Look Up Tables) und Basiselementen aufgezeigt. Mit Hilfe von LUTs, die auch als Wahrheitstabellen bezeichnet werden, lassen sich beliebige kombinatorische Schaltungen realisieren.

Die Abb. 5.6 ist lediglich eine andere Darstellung der Ressourcen des FPGAs [7].

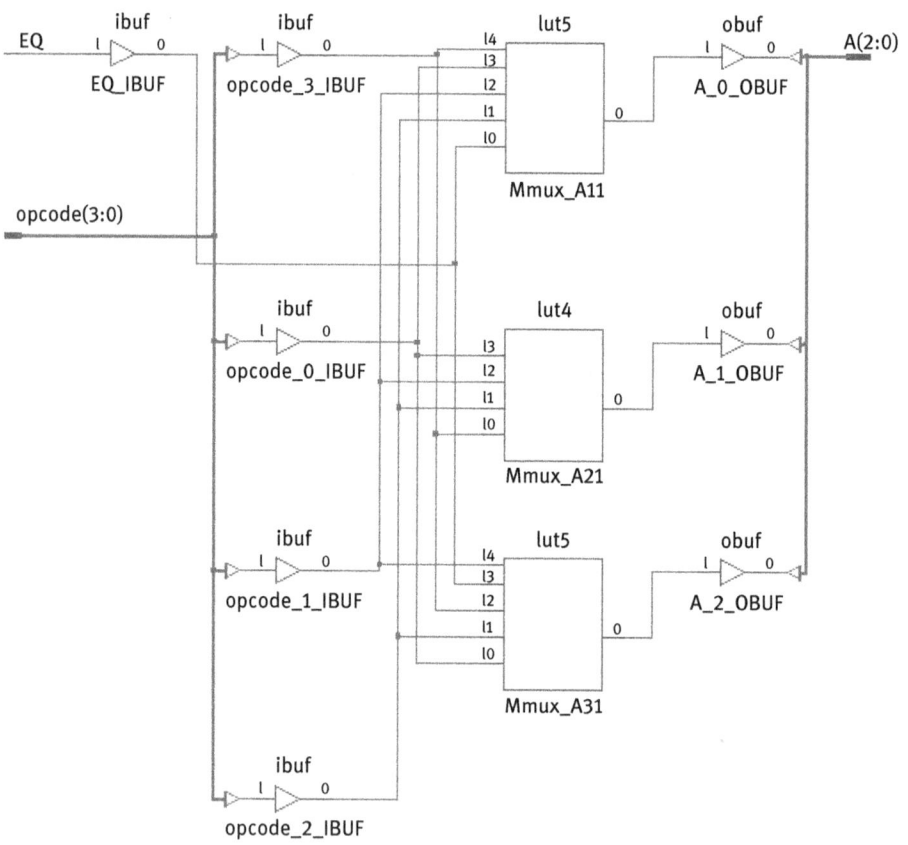

Abb. 5.6: Die 12-Bit-Control-Unit (LUT-Design)

5.4 Modell des 12-Bit-Single-Cycle-Prozessors cpu12_1

Die Abb. 5.7 zeigt den synthetisierten Funktionsblock des Prozessors. Die Bezeichnungen der Ein- und Ausgangssignale, die beim Entwurf des Mikroprozessors verwendet wurden, sind bis auf wenige Ausnahmen erhalten geblieben. Das ist besonders wichtig bei den durchzuführenden Simulationen und der Fehlersuche. Die Abb. 5.8 zeigt die synthetisierte Schaltung des Prozessors. Er ist strukturiert in die Module Operationswerk und Control Unit.

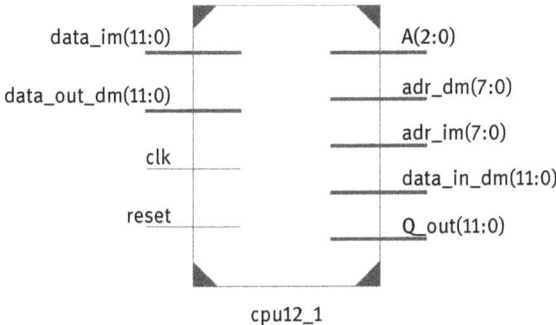

Abb. 5.7: Blockschaltbild des Single-Cycle-Prozessors

Die maximale Taktfrequenz wird vom Synthese-Bericht mit 251 MHz angegeben.
    Der folgende Verilog-Code zeigt die Beschreibung des Single-Cycle-Prozessors.

```verilog
//--------
// 12-Bit-Single-Cycle-Prozessor
//--------
module cpu12_1 (
//--------
input reset,
input clk,
input [11:0] data_im,
input[11:0] data_out_dm,
output wire [11:0] data_in_dm,
output wire [7:0] adr_dm,
output wire [7:0] adr_im,
output wire[11:0] Q_out,
output wire [2:0] A);
//--------
wire [3:0]opcode;
wire EQ;
```

```
//--------
//---- 12-Bit-Operationswerk ----
opw12_1 opw (.reset(reset),.A(A),.clk(clk),.opcode(opcode),.
adr_im(adr_im),.data_im(data_im),.adr_dm(adr_dm),.
data_in_dm(data_in_dm),.data_out_dm(data_out_dm),.
Q_out(Q_out),.EQ(EQ));
//--------
//---- 12-Bit-Control-Unit ----
cntr_12 cntr (.opcode(opcode),.A(A),.EQ(EQ));
//--------
endmodule
//--------
```

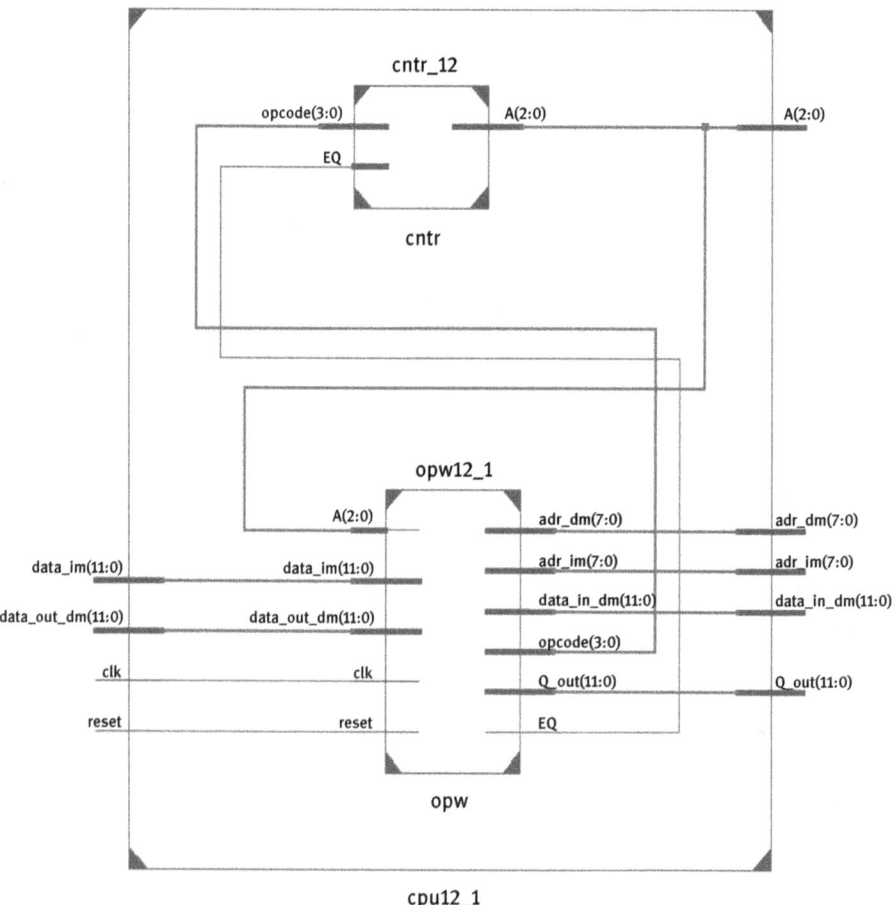

Abb. 5.8: Der 12-Bit-Single-Cycle-Prozessor cpu12_1

Auszug aus dem Synthese-Bericht des Single-Cycle-Prozessors:

```
--------
FPGA: Spartan6 xc6slx4 (Xilinx)
--------
Basic Elements of Logic (BELS)    : 113
--------
# Adders/Subtractors              : 1
12-bit addsub                     : 1
# Counters                        : 1
8-bit up counter                  : 1
# Registers                       : 12
Flip-Flops                        : 12
# Multiplexers                    : 15
12-bit 2-to-1 multiplexer         : 10
3-bit 2-to-1 multiplexer          : 4
8-bit 2-to-1 multiplexer          : 1
--------
Slice Logic Utilization:
Number of Slice Registers:        20   out of   4800
Number of Slice LUTs:             74   out of   2400
Number used as Logic:             74   out of   2400
--------
Minimum period: 4.0 ns (Maximum Frequency: 251.2 MHz)
--------
```

5.4.1 Der 12-Bit-Speicher für Befehle

Der folgende Verilog-Code beschreibt den Speicher für das Testfile testprog1.txt. Die Befehle werden mit der Anweisung des System Task $readmemh in Hex-Code aus der Textdatei gelesen. Der Speicher ist als ROM-Speicher für 256 Adressen (8 Bit) eingerichtet. Hier ist er auf 51 Adressen eingestellt, d. h. 51 x 12-Bit-Vektoren. Das Testfile testprog1.txt ist für 31 Einträge definiert. Es kann leicht im Eintrag für den System Task $readmemh geändert werden.

Die Befehle werden taktunabhängig aus dem Speicher gelesen.

```verilog
//--------
//-- 12-Bit-Instruction-Memory
//--------
module instr_mem1 (
//--------
input [7:0] adr,
```

```verilog
  output reg [11:0] data_im);
//--------
reg [11:0] rom [0:50]; // array 51 x 12-Bit-Vektoren
//--------
initial
begin
//---- Lesen der Befehle in Hex ----
$readmemh ("testprog1.txt", rom, 0,30);
end
//--------
always @ (adr)
//--------
begin
//---- Ausgeben der Befehle ----
data_im <= rom[adr];
end
//--------
endmodule
//--------
```

5.4.2 Der 12-Bit-Speicher für Daten

Der Source-Code zeigt das Modul für den Datenspeicher. Die Daten werden in Hex-Code eingelesen. Das Lesen der Daten erfolgt asynchron, d. h. taktunabhängig, das Schreiben in den Speicher taktabhängig. Damit alle Änderungen der Eingangssignale registriert werden, müssen alle in der **always**-Anweisung angegeben werden.

```verilog
//--------
//-- 12-Bit-Data-Memory
//--------
module data_mem1 (
//--------
input rd,
input wr,
input clk,
input [7:0] adr,
input [11:0] data_in,
output reg [11:0] data_out);
//--------
reg [11:0] memory [0:30]; // array 31 x 12-Bit-Vektoren
//--------
```

```verilog
initial
//---- Startadresse 0, Endadresse 30 ----
$readmemh ("datatest1.txt", memory, 0, 30);
//--------
always @ (adr or rd or wr or data_in)
begin
if(rd)
//---- Daten lesen ----
data_out <= memory[adr];
end
//---- Daten speichern ----
always @ (posedge clk)
begin
if (wr)
memory[adr] <= data_in;
end
endmodule
//--------
```

5.4.3 Testfiles für Daten- und Befehlsspeicher

Das einfache Testfile testprog1.txt soll die Funktionsfähigkeit des Mikroprozessor-Systems(2) überprüfen. In dem Testfile sind alle Befehle mindestens einmal vorhanden. Das Testfile wird von der Instruction Memory (instr_mem1) aufgerufen. Ein weiteres Testfile datatest1.txt wird von der Data Memory (data_mem1) für die Daten aufgerufen.

Testfile testprog1.txt

```
--------
// Befehle: testprog1.txt
// LOAD A,02
502
// Add A,03
303
// LOAD A,04
504
// LOAD A,01
501
// ADD A,02
302
// SUB A,07
```

107
// SHR
600
// SHL
700
// NAND A,02
202
// NOM 03
403
// LOAD A,04
504
// STR 06,A
906
// JUZ 03
803
// LOAD A,05
505
// SUB A,05
105
// JUZ 11
811
// LOAD A,01
501
// LOAD A,02
502
// NOP
000
// JU 00
a00
// STOP
b00

Testfile datatest1.txt

Das Testfile datatest1.txt enthält 12-Bit-Daten im Hex-Format, die vom Testfile testprog1.txt verwendet werden. Die Befehle und Daten der Testfiles können in den Textdateien editiert und verändert werden. Die Daten werden ab Adresse 0 gelesen.

// Daten: datatest1 (Hex)
010
030

```
050
060
070
080
090
100
110
088
099
040
030
000
000
000
--------
```

5.5 Modell des Mikroprozessor-Systems(2)

Das folgende Listing zeigt den Verilog-Code für das Mikroprozessor-System(2). Die synthetisierte Schaltung in Abb. 5.9 zeigt die strukturierte Beschreibung in die Module Prozessor (cpu12_1) und Speicher für die Befehle (instr_mem1) und Daten (data_mem1). Der Auszug aus dem Synthese-Bericht gibt einen Überblick über den Schaltungsaufwand und die maximale Taktfrequenz des Systems.

```verilog
//--------
//-- 12-Bit-Prozessor-System(2)
//--------
module cpu12_1s (
//--------
input reset,
input clk,
output wire[11:0] Q_out);
//--------
wire [11:0] data_out_dm;
wire [11:0] data_im;
wire [2:0] A;
wire [11:0] data_in_dm;
wire [7:0]adr_dm;
wire [7:0] adr_im;
//--------
```

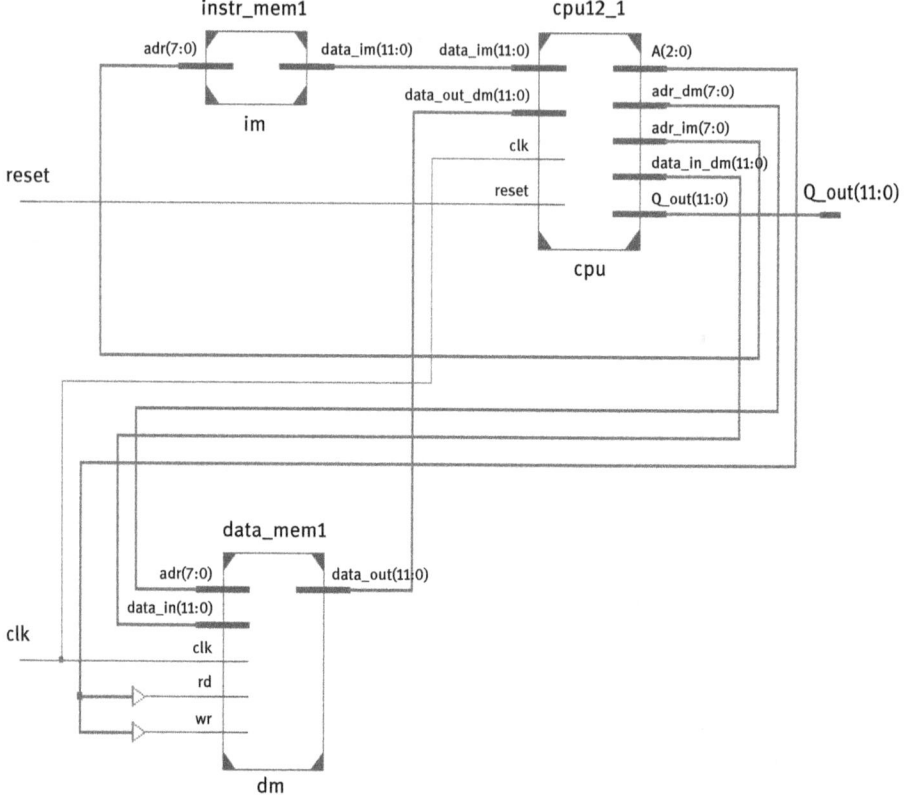

Abb. 5.9: Das 12-Bit-Mikroprozessor-System(2)

```
//---- Single Cycle Processor ----
cpu12_1 cpu (.reset(reset),.clk(clk),
.adr_im(adr_im),.data_im(data_im),.adr_dm(adr_dm),
.data_in_dm(data_in_dm),.data_out_dm(data_out_dm),
.Q_out(Q_out),.A(A));
//--------
//---- Instruction Memory ----
instr_mem1 im (.adr(adr_im),.data_im(data_im));
//--------
//---- Data Memory ----
data_mem1 dm (.rd(A[0]),.wr(A[1]),.adr(adr_dm),.data_in(data_in_dm),
.data_out(data_out_dm),.clk(clk));
//--------
endmodule
//--------
```

Auszug aus dem Synthese-Bericht des 12-Bit-Mikroprozessor-Systems(2):

```
--------
FPGA: Spartan6 xc6slx4 (Xilinx)
--------
Basic Elements of Logic (BELS)   : 115
--------
# RAMs                           : 2
31x12-bit RAM                    : 1
51x12-bit Read Only RAM          : 1
# Adders/Subtractors             : 1
12-bit addsub                    : 1
# Counters                       : 1
8-bit up counter                 : 1
# Registers                      : 12
Flip-Flops                       : 12
# Multiplexers                   : 16
12-bit 2-to-1 multiplexer        : 11
3-bit 2-to-1 multiplexer         : 4
8-bit 2-to-1 multiplexer         : 1
--------
Slice Logic Utilization:
Number of Slice Registers:       29    out of    4800
Number of Slice LUTs:            94    out of    2400
Number used as Logic:            82    out of    2400
Number used as Memory:           12    out of    1200
Number used as RAM:              12
--------
Minimum period: 5.1 ns (Maximum Frequency: 195.7 MHz)
--------
```

Nach dem Synthese-Bericht liegt die maximale Taktfrequenz des Mikroprozessor-Systems(2) bei 196 MHz. Die maximale Taktfrequenz des Mikroprozessors (cpu12_1) wird mit 251 MHz angegeben. Betrachtet man die möglichen Abweichungen der Signallaufzeiten bei der Modellierung, sind die Taktfrequenzen in einem vertretbaren Rahmen.

5.5.1 Testbench für das Mikroprozessor-System(2)

Der folgende Source-Code zeigt die einfache Testbench für das Mikroprozessor-System(2). Es wurden die Testfiles testprog1.txt und datatest1.txt für die Befehle und Daten für die Funktionale Simulation verwendet. Das Single-Cycle-Prinzip und der Befehlssatz des Prozessors wurden erfolgreich getestet

Es wird auch ein VCD-File erstellt (siehe Kapitel 1.4). Er kann nach Bedarf mit dem Programm GTKWave aufgerufen werden.

```verilog
//--------
//-- Testbench für das Mikroprozessor-System(2)
//--------
`timescale 1ns / 1ps
//--------
module testbench1;
//--------
reg reset;
reg clk;
//--------
wire [11:0] Q_out;
//--------
//---- 12-Bit-Single-Cycle-Prozessor-System ----
cpu12_1s cpu_s (.reset(reset),.clk(clk),.Q_out(Q_out));
//--------
initial
begin
//---- Erstellen eines VCD-Files ----
$dumpfile ("testbench1.vcd");
$dumpvars (0,testbench1);
//--------
clk = 0;
reset = 1;
# 25 reset = 0;
//--------
#1000 $display("simulation_end");
$finish;
//--------
end
// Taktbedingungen: Periode = 20 ns
always #10 clk = ~clk;
//--------
endmodule
//--------
```

6 Das 12-Bit-Mikroprozessor-System(3)

In Kapitel 4 wurde ein Mikroprozessor-System mit einem Single-Cycle-Prozessor entworfen. Dabei wurden der Befehlssatz und die Adressierung möglichst einfach gewählt, um Änderungen leicht vornehmen zu können. In diesem Kapitel geht es darum, den Prozessor mit anderen Modulen aufzubauen. Die festgelegten Kriterien wie Register-Struktur und Befehlssatz bleiben erhalten.

Es werden zwei Prozessor-Modelle betrachtet:
- cpu12_1: Operationswerk und Control Unit aus Kapitel 5
- cpu12_2: Operationswerk und Steuerwerk aus Kapitel 6

Die beiden Prozessor-Modelle werden anhand von Synthese-Berichten miteinander verglichen.

6.1 Entwurf des Single-Cycle-Prozessors cpu12_2

Wie erwähnt, geht es bei dem neuen Entwurf um eine andere Modellierung. Dabei werden einige Module ausgetauscht. Anstelle der Control Unit aus Kapitel 4 wird ein getakteter Automat als Steuerwerk eingesetzt. Die Bezeichnungen der Signalein- und -ausgänge für die Module sind bis auf das Steuerwerk erhalten geblieben.

Die Abb. 6.1 zeigt das Mikroprozessor-System in der geänderten Form. Durch die neue Strukturierung hat sich auch der Befehlsablauf geändert. Das Steuerwerk bekommt das Startsignal und gibt über den Ansteuervektor A das Signal an das Operationswerk weiter. Das OPW gibt die Startadresse (adr_im) an die Instruction-Memory (instr_mem2) für den ersten Befehl. Der Speicher gibt über den Ausgang (data_im) den Befehl (Daten und Adresse) an das OPW zurück. Das OPW teilt das 12-Bit-Befehlsformat in den 4-Bit-Opcode und die 8-Bit-Adresse (adr_im). Den Opcode bekommt das Steuerwerk und die Adresse der Datenspeicher (data_mem2). Der Datenspeicher gibt über die Adresse den Operanden an das OPW. Das OPW führt den Befehl aus und das Ergebnis erscheint am Ausgang (Q_out).

In Abb. 6.1 ist die Control Unit durch einen Automaten ersetzt. Der Automat wird nach dem Mealy-Modell erstellt. Das Modell wurde bereits ausführlich in Kapitel 2.4 behandelt.

Die Tab. 6.1 zeigt die Automatentabelle für das Steuerwerk. Der Automat hat hier nur zwei Zustände, S0 und S1. In der Tab. 6.1 sind die Zustände mit Z und die Folgezustände mit V vereinfacht dargestellt. Der Ausgang des Automaten ist identisch mit dem 3-Bit-Ansteuervektor A. Der Ansteuervektor aus Kapitel 4.3 ist erhalten geblieben. Die erste Spalte in der Tabelle für Bedingung/Funktion gehört i. a. nicht zur Automatentabelle und ist hier zusätzlich angegeben. Für den Input ist nicht der Binärcode, sondern es sind die Symbole für die Eingangssignale des Automaten verwendet.

6 Das 12-Bit-Mikroprozessor-System(3)

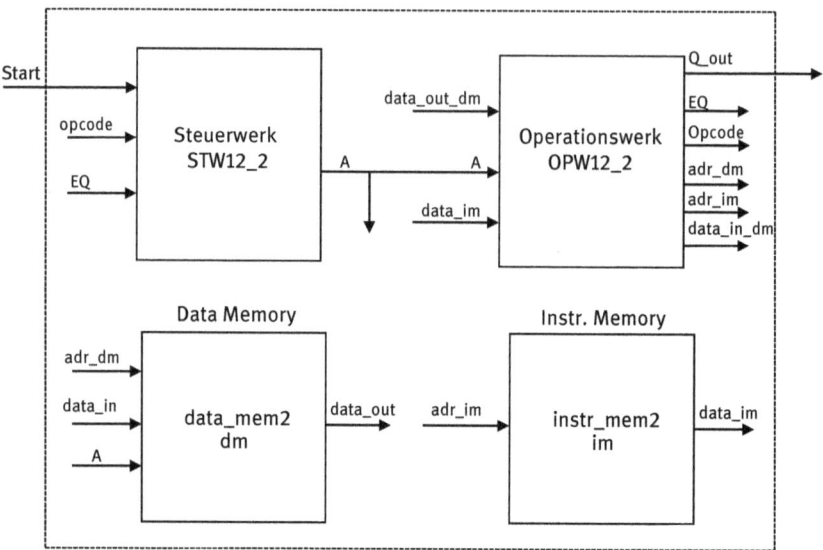

Abb. 6.1: Das Mikroprozessor-System(3)

Tab. 6.1: Automatentabelle für das 12-Bit-Steuerwerk

Bedingung/Funktion	Input	Z	V	Output A(2:0)
Ausgangspunkt	Start = 0	S0	S0	000
Startsignal	Start = 1	S0	S1	001
No Operation	OPC = NOP	S1	S1	001
Subtraktion	OPC = SUB	S1	S1	001
NAND-Funktion	OPC = NAND	S1	S1	001
Addition	OPC = ADD	S1	S1	001
Not M(m)	OPC = NOM	S1	S1	001
Akku-Reg. laden	OPC = LOAD	S1	S1	001
Shift right	OPC = SHR	S1	S1	001
Shift left	OPC = SHL	S1	S1	001
Jump if EQ = 1	OPC = JUZ	S1	S1	100
No Jump if EQ = 0	OPC = JUZ	S1	S1	001
M(m) ← Akku-Reg.	OPC = STR	S1	S1	010
Jump ohne Beding.	OPC = JU	S1	S1	100
Programm-Ende	OPC = STOP	S1	S0	000

6.2 Modellierung des Mikroprozessor-Systems(3)

Die Modellierung auf der Systemebene erfolgt mit einer strukturierten Beschreibung. Die einzelnen Module werden als Struktur- oder als Verhaltensbeschreibung modelliert. Die Module des Mikroprozessor-Systems werden strukturiert in den Single-Cycle-Prozessor und den Befehls- und Datenspeicher. Der Prozessor cpu12_2 bekommt wie schon erwähnt das Steuerwerk anstatt der Control Unit. Es werden auch beim Operationswerk Änderungen durch die Modellierung auftreten.

6.2.1 Modellierung von 12-Bit-Universal-Registern

Die zuvor definierten Komponenten für das Operationswerk werden in Verilog beschrieben.

Zunächst werden die zwei Universal-Register aus Kapitel 3.1 unterschiedlich modelliert. Die Shift-Funktionen werden mit Verilog-Syntax geändert. Die Funktionen werden in der Form D << 1 bzw. D >> 1 für „Shift left" und „Shift right" modelliert. Diese Anweisung beschreibt das bitweise Shiften um jeweils eine Bitposition des D-Eingangs. Es werden beim logischen Shiften jeweils Nullen nachgeschoben. Für den Steuereingang S werden nur zwei Anweisungen für die Shift-Funktionen benötigt. Für die restlichen Kombinationen wird der D-Eingang auf den Ausgang Q durchgeschaltet. Der folgende Verilog-Code beschreibt das 12-Bit-Universal-Register(3) in geänderter Form.

Das 12-Bit-Universal-Register(3)

```
//--------
//-- 12-Bit-Universal-Register
//--------
module ureg12_3 (Q, D, clr, clk, S, EQ);
//--------
parameter ZERO = 12'h000;
//--------
input[11:0] D;
input clr,
input clk;
input [3:0] S;
output reg [11:0] Q;
output EQ;
//--------
always @ (posedge clk or posedge clr)
begin
```

```
if (clr == 1'b1)
Q <= ZERO;
else if (S == 4'b0110)
begin
//---- Shift right ----
Q <= (D >> 1);
Q[11] <= 0;
end
else if (S == 4'b0111)
begin
//---- Shift left ----
Q <= (D << 1);
Q[0] <= 0;
end
else
begin
Q <= D;
end
end
//---- Zero-Abfrage ----
assign EQ = (Q == 12'b0) ? 1'b1 : 1'b0;
endmodule
//--------
```

Auszug aus dem Synthese-Bericht für das 12-Bit-Universal-Register(3):

```
--------
FPGA: Spartan6 xc6slx4 (Xilinx)
--------
Basic Elements of Logic (BELS)    : 16
--------
# Registers                       : 12
Flip-Flops                        : 12
# Multiplexers                    : 2
12-bit 2-to-1 multiplexer         : 2
--------
Slice Logic Utilization:
Number of Slice Registers:        12   out of    4800
Number of Slice LUTs:             16   out of    2400
Number used as Logic:             16   out of    2400
--------
Minimum period: 1.5 ns (Maximum Frequency: 680.7 MHz)
--------
```

Das 12-Bit-Universal-Register(4)

Das bitweise Shiften kann auch variabel gestaltet werden. Dies zeigt das nächste Beispiel für das Universal-Register(4).

Es werden dazu zwei Eingangsvariable SL und SR für Shift left und Shift right eingeführt. Die Variablen SL und SR wurden als 3-Bit-Vektoren definiert. Die Shift-Funktionen können in diesem Fall bis zu sieben Shift right oder Shift left Anweisungen durchführen. Werden diese Anweisungen für den Mikroprozessor verwendet, müssen sie in das Befehlsformat integriert werden. Hier wird nur das Universal-Register als einzelnes Register betrachtet.

Für die nicht benötigten **else**-Anweisungen wird der D-Eingang auf den Ausgang Q durchgeschaltet.

```
//--------
//-- 12-Bit-Universal-Register(4)
//--------
//--------
module UREG12_4 (Q, CLR, D, CLK, S, EQ, SL, SR);
//--------
parameter ZERO = 12'h000;
//--------
input[11:0] D;
input CLR;
input CLK;
input [2:0] S;
input [2:0] SL;
input [2:0] SR;
output reg [11:0] Q;
output EQ;
//--------
always @ (posedge CLK or posedge CLR)
//--------
begin
if (CLR == 1'b1)
Q <= ZERO;
else if (S == 3'b110)
begin
//---- Shift right um SR Bits ----
Q <= (D >> SR);
Q[11] <= 0;
end
else if (S == 3'b111)
begin
```

```
//---- Shift left um SL Bits ----
Q <= (D << SL);
Q[0] <= 0;
end
else
begin
Q <= D;
end
end
//---- Zero-Abfrage ----
assign EQ = (Q == 12'b0) ? 1'b1 : 1'b0;
endmodule
//--------
```

Auszug aus dem Synthese-Bericht des 12-Bit-Universal-Registers(4):

```
--------
FPGA: Spartan6 xc6slx4 (Xilinx)
--------
Basic Elements of Logic (BELS)  : 15
# Registers                     : 13
Flip-Flops                      : 13
--------
Slice Logic Utilization:
Number of Slice Registers:    13   out of   4800
Number of Slice LUTs:         15   out of   2400
Number used as Logic:         15   out of   2400
--------
Minimum period: 2.6 ns (Maximum Frequency: 387.2 MHz)
--------
```

Vergleich der modellierten Universal-Register

Im Folgenden werden die Modellierungen der Universal-Register aus dem Kapitel 3.1 und Kapitel 6.2 miteinander verglichen.

Bei der Modellierung der Universal-Register werden unterschiedliche Funktionen beschrieben. Bei den Registern aus Kapitel 3.1 werden die Inhalte verschoben. Die D-Eingänge werden nicht registriert.

Bei den Registern(3) und (4) werden die D-Eingänge verschoben und die Inhalte verändert.

Die Taktfrequenzen zeigen bei den unterschiedlichen Modellierungen z. T. große Abweichungen.

Beim Schaltungsaufwand ergeben sich bei allen Registern minimale Unterschiede.

Die folgende Zusammenfassung zeigt noch einmal die Unterschiede.

```
--------
Register(1) aus Kap. 3.1:
Universal-Register ureg12_1
Maximale Taktfrequenz: 649 MHz
--------
Register(2) aus Kap. 3.1:
Universal-Register ureg12_ms (mit Master-Slave)
Maximale Taktfrequenz: 417 MHz
--------
Register(3) aus Kap. 6.2:
Universal-Register ureg12_3
Maximale Taktfrequenz: 680 MHz
--------
Register(4) aus Kap. 6.2:
Universal-Register ureg12_4 (shift variabel)
Maximale Taktfrequenz: 387 MHz
--------
```

6.2.2 Modell für die 12-Bit-ALU-Einheit

Der folgende Verilog-Code beschreibt die 12-Bit-ALU-Einheit. Der 4-Bit-Opcode wird hier als Beispiel der Modellierung auf 3 Bit reduziert.

Damit die Änderungen der Eingangssignale registriert werden, müssen alle Eingangssignale in der **always**-Anweisung enthalten sein. Die ALU-Funktionen aus Kapitel 4.3 sind erhalten geblieben.

```verilog
//--------
//-- 12-Bit-ALU-Einheit
//--------
//--------
module alu12_2 (
//--------
input [11:0] a,
input [11:0] b,
input [3:0] opcode,
output reg [11:0] F);
//--------
wire [2:0] opcode1;
//--------
assign opcode1 = opcode[2:0];
```

```verilog
//--------
always @ (opcode1 or a or b)
case(opcode)
3'b000:
F = a; // Durchschalten von a
3'b001:
F = a - b; // Subtraktion
3'b010:
F = ~(a & b); // NAND-Funktion
3'b011:
F = a + b; // Addition
3'b100:
F = ~b; // not b
3'b101:
F = b; // Durchschalten von b
3'b110:
F = a; // Durchschalten von a
3'b111:
F = a; // Durchschalten von a
default:
F = a; // Durchschalten von a
endcase
endmodule
//--------
```

6.2.3 Modell für die 12-Bit-Akku-Einheit

Die Akku-Struktur ist gegenüber dem Mikroprozessor-System(2) erhalten geblieben. Es wurde jedoch das Universal-Register (ureg12_3) mit veränderten Shift-Funktionen ausgetauscht. Wie in Kapitel 6.1 angekündigt, sollten einige Module des Operationswerkes ausgetauscht werden, um die Unterschiede bei der Modellierung aufzuzeigen.

Durch die veränderten Shift-Funktionen hat sich eine geringe Erhöhung der Taktfrequenz (ca. 5 %) für das Universal-Register ergeben.

```verilog
//--------
//-- 12-Bit-Akku-Einheit
//--------
module akku12_2 (
//--------
input clk,
input clr,
```

```verilog
input [11:0] d_in,
input [11:0] b_in,
input [3:0] opcode,
output [11:0] d_out,
output wire[11:0] alu_out,
output EQ);
//--------
//---- Universal-Register ----
ureg12_3 ureg12 (.D(d_in),.clk(clk),.Q(d_out),.
clr(clr),.S(opcode),.EQ(EQ));
//--------
//---- 12-Bit-ALU ----
alu12_2 alu (.a(d_out),.b(b_in),.opcode(opcode),.F(alu_out));
endmodule
//--------
```

Der 12-Bit-Program-Counter

Der Program-Counter wurde nicht geändert. Er ist für 8-Bit-Daten definiert und in einer minimalen Konfiguration. Der Counter ist ein Modul im Operationswerk. Er ist nur der Vollständigkeit halber mit angegeben.

```verilog
//--------
//-- 12-Bit-Program-Counter
//--------
module program_count1 (
input [7:0] d_in,
input reset,
input clk,
input ce,
output reg [7:0] d_out);
//--------
always @ (posedge clk)
begin
if (reset)
d_out <= 8'h00;
else if (ce == 1'b1)
d_out <= d_in;
else
d_out <= d_out + 1;
end
endmodule
//--------
```

6.3 Modell des 12-Bit-Operationswerkes

Beim Verilog-Code für das Operationswerk haben sich in der Strukturierung der Module keine Änderungen ergeben. Es entstand nur eine geringe Erhöhung der Taktfrequenz durch das ausgetauschte Universal-Register.

```verilog
//--------
// 12-Bit-Operationswerk
//--------
module opw12_2 (
//--------
input reset,
input clk,
input [2:0] A,
input [11:0] data_im,
input [11:0] data_out_dm,
output [3:0] opcode,
output [7:0] adr_dm,
output [11:0] data_in_dm,
output [11:0] Q_out,
output [7:0] adr_im,
output wire EQ);
//--------
wire [11:0] alu_out;
wire [7:0] pc_out;
wire [7:0] mux1_out;
//--------
//---- Program Counter ----
program_count1 pc (.d_in(mux1_out),.reset(reset),.
clk(clk),.d_out(pc_out),.ce(A[2]));
//--------
//---- 8-Bit-Multiplexer 2_1 ----
mux2_8 mux1 (.i0(pc_out),.i1(data_im[7:0]),.
sel(A[2]),.mux_out(mux1_out));
//--------
//---- Akku12_2 ----
akku12_2 akku(.d_in(alu_out),.clk(clk),.d_out(Q_out),.
clr(reset),.b_in(data_out_dm),.opcode(opcode),.
alu_out(alu_out),.EQ(EQ));
//--------
//---- Abkürzungen der Memory ----
// im: instruction memory
```

```verilog
// dm: data memory
//--------
assign adr_im = pc_out;
assign opcode = data_im[11:8];
assign data_in_dm = Q_out;
assign adr_dm = data_im[7:0];
//--------
endmodule
//--------
```

6.4 Modell des 12-Bit-Steuerwerkes

Der Verilog-Code zeigt die Modellierung des getakteten Steuerwerkes nach dem Mealy-Modell. Der Automat hat nur zwei Zustände, S0 und S1. Der CLR-Eingang ist synchron, d. h. taktabhängig. Die Funktionen der Control Unit aus Kapitel 5.3 wurden in das Steuerwerk übernommen.

Die Bedingungen für den Single-Cycle-Prozessor sind erhalten geblieben. Beim Vergleich der Synthese-Berichte der Module Control Unit und Steuerwerk ergeben sich nur geringe Unterschiede im Schaltungsaufwand. Beim Vergleich der absoluten Werte ergibt sich zwar eine Verdoppelung des Schaltungsaufwandes beim Steuerwerk, insgesamt können diese Vergleiche jedoch vernachlässigt werden. Anders sieht es bei den Signallaufzeiten bzw. Taktfrequenzen aus. Hier sollten die Unterschiede beachtet werden. Für das Steuerwerk wird die maximale Taktfrequenz von 680 MHz angegeben, für die Control Unit die maximale Signallaufzeit von 5,6 ns, das entspricht einer minimalen Taktfrequenz von 179 MHz. Beim Vergleich zwischen minimalen und maximalen Taktfrequenzen hat das Steuerwerk die dreifache Taktfrequenz. Diese Vergleiche zeigen, dass die Modellierung beim Entwurf eine wichtige Rolle spielt und oft weitere Analysen notwendig sind.

```verilog
//--------
//-- 12-Bit-Steuerwerk
//--------
module stw12_2 (
//--------
input [3:0] opcode, input clk, start, clr, EQ,
output reg [2:0] A);
//--------
reg state;
reg next_state;
//--------
always @ (posedge clk)
```

```verilog
state <= next_state;
//--------
parameter s0 = 1'b0;
parameter s1 = 1'b1;
//--------
always @ (opcode,state,clr,start,EQ)
begin
if (clr == 1'b1)
A <= 3'b000;
next_state <= s0;
//--------
case(state)
//--------
s0:
if (start == 1'b1)
begin
next_state <= s1;
A <= 3'b001;
end
//--------
s1:
begin
next_state <= s1;
if (opcode == 4'b0000) // F = konst
begin
A <= 3'b001;
end
//--------
else if (opcode == 4'b0001) // Subtraktion
begin
A <= 3'b001;
end
//--------
else if (opcode == 4'b0010) // NAND-Funktion
begin
A <= 3'b001;
end
//--------
else if (opcode == 4'b0011) // Addition
begin
A <= 3'b001;
end
```

```verilog
//--------
else if (opcode == 4'b0100) // NOT B
begin
A <= 3'b001;
end
//--------
else if (opcode == 4'b0101) // LOAD B
begin
A <= 3'b001;
end
//--------
else if (opcode == 4'b0110) // Shift right (SHR)
begin
A <= 3'b001;
end
//--------
else if (opcode == 4'b0111) // Shift left (SHL)
begin
A <= 3'b001;
end
//--------
else if (opcode == 4'b1000) // JUMP if Zero
if (EQ == 1'b1)
begin
A <= 3'b100;
end
//--------
else
begin
A <= 3'b001;
end
//--------
else if (opcode == 4'b1001) // STORE
begin
A <= 3'b010;
end
//--------
else if (opcode == 4'b1010) // JUMP
begin
A <= 3'b100;
end
//--------
```

```
else if (opcode == 4'b1011) // STOP
begin
A <= 3'b000;
next_state <= s0;
end
//--------
end
default:
begin
A <= 3'b000;
next_state <= s0;
end
//--------
endcase
end
endmodule
//--------
```

Auszug aus dem Synthese-Bericht für das 12-Bit-Steuerwerk:

```
--------
FPGA: Spartan6 xc6slx4 (Xilinx)
--------
Basic Elements of Logic (BELS)   : 7
--------
# Registers                      : 1
Flip-Flops                       : 1
# Multiplexers                   : 16
1-bit 2-to-1 multiplexer         : 10
3-bit 2-to-1 multiplexer         : 6
--------
Slice Logic Utilization:
Number of Slice Registers:       1    out of    4800
Number of Slice LUTs:            7    out of    2400
Number used as Logic:            7    out of    2400
--------
Minimum period: 1.5 ns (Maximum Frequency: 680.7 MHz)
--------
```

6.5 Modell des 12-Bit-Single-Cycle-Prozessors cpu12_2

Der folgende Verilog-Code beschreibt den Single-Cycle-Prozessor.

Der Prozessor wird in Operations- und Steuerwerk strukturiert. Die Abb. 6.2 zeigt die synthetisierte Schaltung. Es sollten zwei Mikroprozessor-Modelle anhand der Synthese-Berichte verglichen werden (siehe Kapitel 6.1).

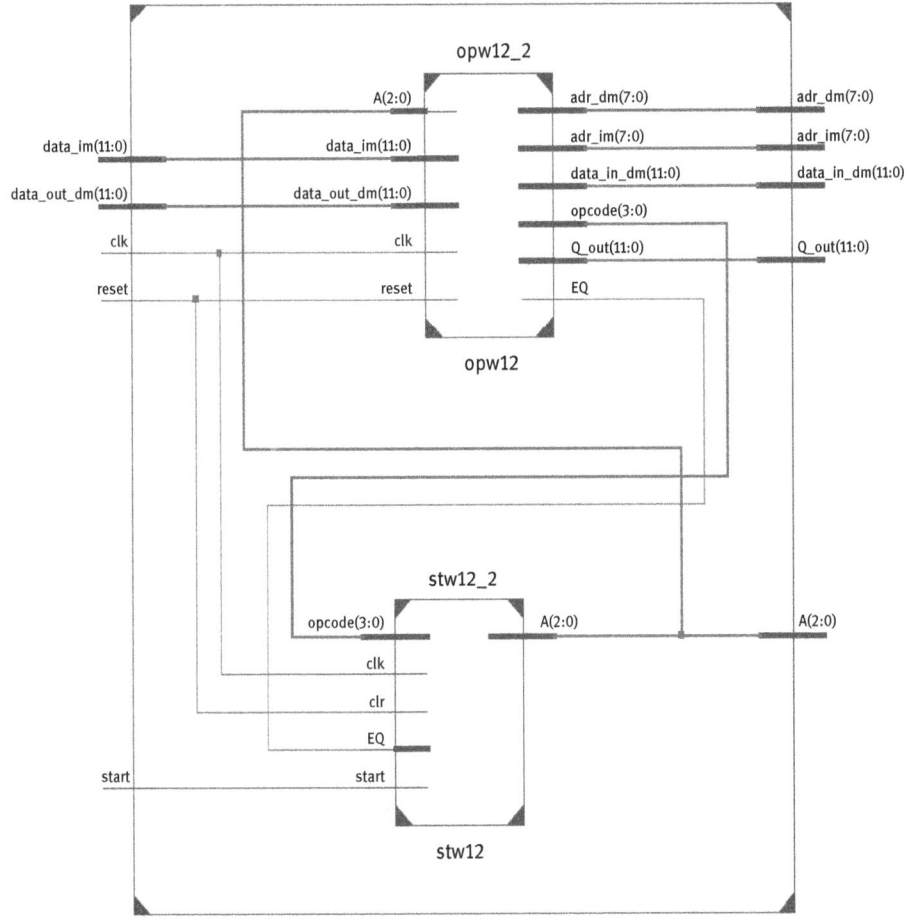

Abb. 6.2: Der 12-Bit-Single-Cycle-Prozessor cpu12_2

```
//--------
//-- Der 12-Bit-Single-Cycle-Prozessor
//--------
module cpu12_2
```

```verilog
//--------
(input reset, clk,
input [11:0]data_im,
input[11:0]data_out_dm,
input start,
//--------
output wire [11:0]data_in_dm,
output wire [7:0]adr_dm,
output wire [7:0] adr_im,
output wire[11:0] Q_out,
output wire [2:0] A);
//--------
wire [3:0] opcode;
wire EQ;
//--------
//---- 12-Bit-Operationswerk ----
opw12_2 opw12
(.reset(reset),.A(A),.clk(clk),.opcode(opcode),.
adr_im(adr_im),.data_im(data_im),.adr_dm(adr_dm),.
data_in_dm(data_in_dm),.data_out_dm(data_out_dm),.
Q_out(Q_out),.EQ(EQ));
//--------
//---- 12-Bit-Steuerwerk ----
stw12_2 stw12
(.opcode(opcode),.A(A),.EQ(EQ),.clk(clk),.clr(reset),.
start(start));
//--------
endmodule
//--------
```

Auszug aus dem Synthese-Bericht des 12-Bit-Single-Cycle-Prozessors:

```
--------
FPGA: Spartan6 xc6slx4 (Xilinx)
--------
Basic Elements of Logic (BELS)    : 117
--------
# Adders/Subtractors              : 1
12-bit addsub                     : 1
# Counters                        : 1
8-bit up counter                  : 1
# Registers                       : 13
Flip-Flops                        : 13
```

```
# Multiplexers                    : 30
1-bit 2-to-1 multiplexer          : 12
12-bit 2-to-1 multiplexer         : 11
3-bit 2-to-1 multiplexer          : 6
8-bit 2-to-1 multiplexer          : 1
--------
Slice Logic Utilization:
Number of Slice Registers:     22   out of    4800
Number of Slice LUTs:          78   out of    2400
Number used as Logic:          78   out of    2400
--------
Minimum period: 2.9 ns (Maximum Frequency: 349.1 MHz)
Maximum combinational path delay: 4.4 ns
--------
```

Vergleich der Prozessormodelle

Es stehen zwei Prozessor-Modelle zum Vergleich. Der Single-Cycle-Prozessor cpu12_1 (Kapitel 5) und der Single-Cycle-Prozessor cpu12_2 (Kapitel 6) wurden anhand der Synthese-Berichte verglichen. Der Vergleich ergibt zwar einen Unterschied im Schaltungsaufwand, die Unterschiede können jedoch von der Grössenordnung vernachlässigt werden.

Die Taktfrequenzen der beiden Prozessoren sollten jedoch beachtet werden. Die maximalen Taktfrequenzen betragen 251 MHz (cpu12_1) und 349 MHz (cpu12_2). Diese Ergebnisse zeigen, dass die Modellierung einen großen Einfluss auf die Realisierung des Prozessor-Entwurfs hat.

6.5.1 Der 12-Bit-Speicher für Befehle

Der Verilog-Code zeigt das Listing für den Befehlsspeicher (instr_mem2). Das Modul hat sich gegenüber dem Mikroprozessor-System(2) nicht geändert. Das Testfile testprog2.txt wurde für einige Befehle geändert und ist abgebildet. Die Daten sind wieder im Hex-Format angegeben. Sie werden mit dem System Task $readmemh aus dem Testfile testprog2.txt eingelesen.

```verilog
//--------
//-- 12-Bit-Instruction Memory
//--------
module instr_mem2 (
//--------
input [7:0] adr,
output reg [11:0] data_im);
```

```verilog
//---- Array 51 x 12 Bit-Vektor ----
reg [11:0] rom [0:50];
//--------
initial
begin
//---- Testprogramm testprog2.txt ----
$readmemh ("testprog2.txt", rom, 0,30);
end
//--------
always @ (adr)
begin
data_im <= rom [adr];
end
endmodule
//--------
```

Testfile testprog2.txt für Befehle

Das Befehlsformat besteht aus 12 Bit mit einem 4-Bit-Opcode und einer 8-Bit-Adresse. Die Startadresse beginnt bei Adresse 0. Sie kann mit dem @-Symbol verändert werden.

```
--------
// Befehle: testprog2.txt
// NOP
000
// LOAD A,01
501
// LOAD A,02
502
// Add A,03
303
// LOAD A,04
504
// LOAD A,01
501
// ADD A,02
302
// SUB A,07
107
// SHR
600
// SHL
```

```
700
// NAND A,02
202
// NOM 03
403
// LOAD A,04
504
// STR 06,A
906
// JUZ 03
803
// SUB A,08
108
// LOAD A,05
505
// SUB A,05
105
// JUZ 01
801
// LOAD A,02
502
// LOAD A,03
503
// JU 00
a00
// STOP
b00
--------
```

6.5.2 Der 12-Bit-Speicher für Daten

Der Source-Code für den Datenspeicher (data_mem2) sowie die Daten für das Testfile datatest2.txt haben sich gegenüber dem Mikroprozessor-System(2) nicht geändert. Der Vollständigkeit halber werden die Testdaten noch einmal angegeben.

```
//--------
//-- 12-Bit-Data-Memory
//--------
module data_mem2 (
//--------
input rd,
```

```verilog
input wr,
input clk,
input [7:0] adr,
input [11:0] data_in,
output reg [11:0] data_out);
//--------
reg [11:0] memory [0:50];
//--------
//---- Lesen des Daten-Files ----
initial
$readmemh ("datatest2.txt",memory, 0, 30);
//--------
always @ (adr or rd or wr or data_in)
begin
if(rd)
data_out <= memory [adr];
end
//--------
always @ (posedge clk)
begin
//---- Speichern der Daten ----
if (wr)
memory[adr] <= data_in;
end
endmodule
//--------
```

Testfile datatest2.txt für Daten

Das Testfile besteht aus 12-Bit-Daten. Das oberste Bit (MSB) ist für das Vorzeichen reserviert. Der Datenbereich ist 11 Bit breit. Negative Werte werden als Zweier-Komplement dargestellt. Die Startadresse beginnt bei Adresse 0. Mit dem @-Symbol können die Startadressen verändert werden.

```
--------
// Daten: datatest2 (Hex)
010
030
050
060
070
080
```

090
100
110
088
099
040
030
000
000
000

6.6 Modell des 12-Bit-Mikroprozessor-Systems(3.1)

Es werden im Folgenden zwei Mikroprozessor-Systeme erstellt, die auf Systemebene unterschiedlich strukturiert sind:
– Mikroprozessor-System(3.1)
– Mikroprozessor-System(3.2)

Anschließend werden die beiden Systeme anhand von Synthese-Berichten miteinander verglichen.

Das Mikroprozessor-System(3.1) ist strukturiert in die Module Single-Cycle-Prozessor, Befehls- und Datenspeicher. Der Single-Cycle-Prozessor cpu12_2 ist aus dem Operations- und Steuerwerk zu einem Modul aufgebaut. Befehls- und Datenspeicher sind getrennte Speicher.

Die Abb. 6.3 zeigt die synthetisierte Schaltung. Das folgende Listing zeigt den zugehörigen Verilog-Code.

```verilog
//--------
//-- Single-Cycle-Prozessor-System(3.1)
//--------
module cpu12_1s
//--------
(input reset, clk,start,
output wire[11:0]Q_out);
//--------
wire [11:0]data_out_dm;
wire [11:0]data_im;
wire [2:0] A;
wire [11:0]data_in_dm;
wire [7:0]adr_dm;
```

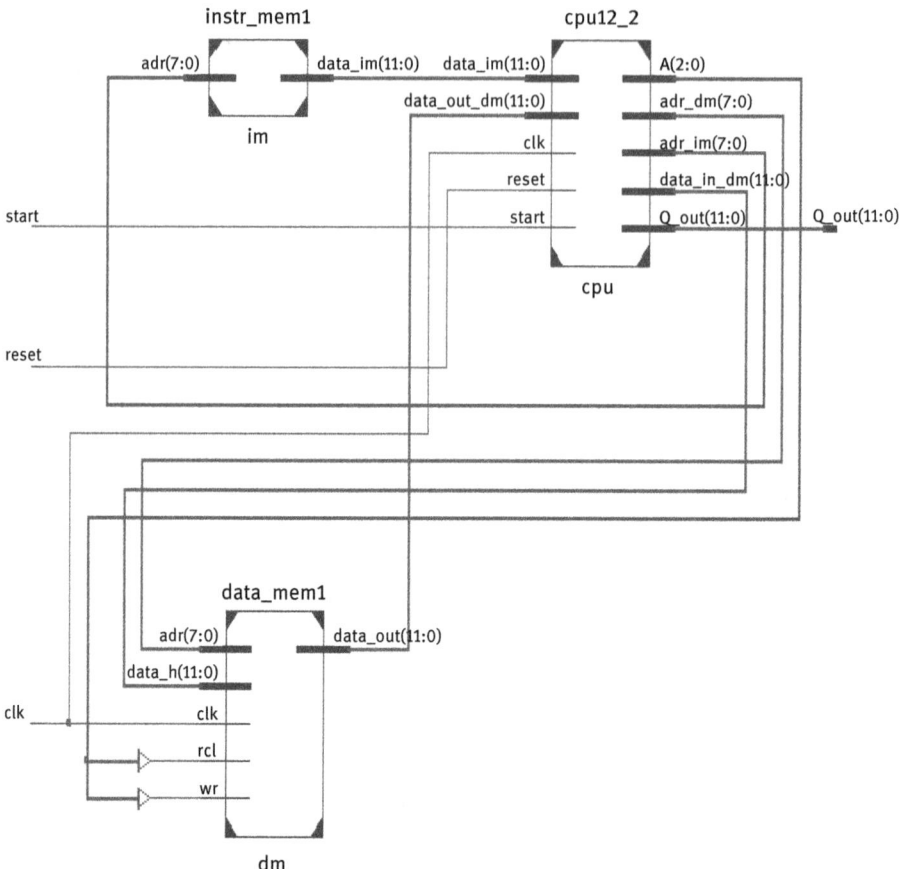

Abb. 6.3: Das 12-Bit-Mikroprozessor-System(3.1)

```
wire [7:0]adr_im;
//--------
//--- 12-Bit-Single-Cycle-Prozessor----
cpu12_2 cpu
(.reset(reset),.clk(clk),.start(start),.
adr_im(adr_im),.data_im(data_im),.adr_dm(adr_dm),.
data_in_dm(data_in_dm),.data_out_dm(data_out_dm),.
Q_out(Q_out),.A(A));
//---- Instruction Memory ----
instr_mem1 im
(.adr(adr_im),.data_im(data_im));
//--------
//---- Data Memory ----
```

```
data_mem1 dm
(.rd(A[0]),.wr(A[1]),.adr(adr_dm),.data_in(data_in_dm),.
data_out(data_out_dm),.clk(clk));
//--------
```
endmodule
```
//--------
```

Auszug aus dem Synthese-Bericht des 12-Bit-Mikroprozessor-System(3.1):

```
--------
FPGA: Spartan6 xc6slx4 (Xilinx)
--------
Basic Elements of Logic (BELS)           : 126
--------
# RAMs                                   : 2
51x12-bit single-port distributed RAM    : 1
51x12-bit single-port distributed Read Only RAM : 1
# Adders/Subtractors                     : 1
12-bit addsub                            : 1
# Counters                               : 1
8-bit up counter                         : 1
# Registers                              : 13
Flip-Flops                               : 13
# Multiplexers                           : 30
1-bit 2-to-1 multiplexer                 : 12
12-bit 2-to-1 multiplexer                : 11
3-bit 2-to-1 multiplexer                 : 6
8-bit 2-to-1 multiplexer                 : 1
--------
Slice Logic Utilization:
Number of Slice Registers:      34    out of    4800
Number of Slice LUTs:          103    out of    2400
Number used as Logic:           91    out of    2400
Number used as Memory:          12    out of    1200
Number used as RAM:             12
--------
Minimum period: 4.7 ns (Maximum Frequency: 213.6 MHz)
--------
```

6.7 Modell des 12-Bit-Mikroprozessor-Systems(3.2)

Der folgende Verilog-Code zeigt die Modellierung des Mikroprozessor-Systems(3.2). Es ist eine strukturelle Beschreibung in die Module Operationswerk, Steuerwerk, Datenspeicher und Befehlsspeicher. Es wird dabei die unterschiedliche Strukturierung auf Systemebene gegenüber dem System(3.1) betrachtet. Die Befehls- und Datenspeicher haben sich nicht geändert.

Die Abb. 6.4 zeigt die synthetisierte Schaltung mit den vier Modulen.

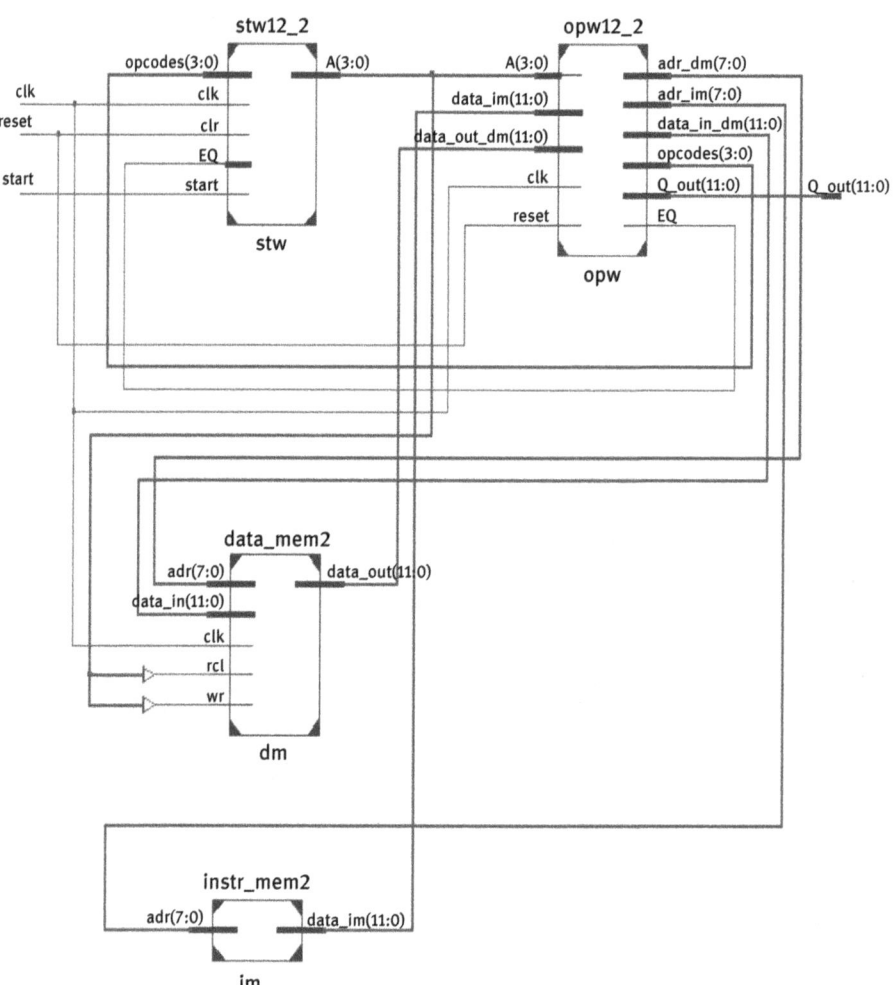

Abb. 6.4: Das 12-Bit-Mikroprozessor-System(3.2)

```verilog
//--------
//-- 12-Bit-Mikroprozessor-System(3.2)
//--------
module cpu12_2s (
//--------
input reset,
input clk,
input start,
output wire[11:0] Q_out);
//--------
wire [11:0] data_out_dm;
wire [11:0] data_im;
wire [3:0] opcode;
wire [3:0] A;
wire [11:0] data_in_dm;
wire [7:0] adr_dm;
wire [7:0] adr_im;
wire EQ;
//--------
//---- Operationswerk opw12_2 ----
opw12_2 opw (.reset(reset),.A(A),.clk(clk),.opcode(opcode),.
adr_im(adr_im),.data_im(data_im),.adr_dm(adr_dm),.
data_in_dm(data_in_dm),.data_out_dm(data_out_dm),.
Q_out(Q_out),.EQ(EQ));
//--------
//---- Steuerwerk stw12_2 ----
stw12_2 stw (.opcode(opcode),.A(A),.EQ(EQ),.clk(clk),.clr(reset),.
start(start));
//--------
//---- Instruction Memory ----
instr_mem1 im (.adr(adr_im),.data_im(data_im));
//--------
//---- Data Memory ----
data_mem1 dm (.rd(A[0]),.wr(A[1]),.adr(adr_dm),.data_in(data_in_dm),.
data_out(data_out_dm),.clk(clk));
endmodule
//--------
```

Auszug aus dem Synthese-Bericht für das Mikroprozessor-System(3.2):

```
--------
FPGA: Spartan6 xc6slx4 (Xilinx)
--------
Basic Elements of Logic (BELS)            : 129
--------
# RAMs                                    : 2
 51x12-bit single-port distributed RAM    : 1
 51x12-bit single-port distributed Read Only RAM : 1
# Adders/Subtractors                      : 1
 12-bit addsub                            : 1
# Counters                                : 1
 8-bit up counter                         : 1
# Registers                               : 13
 Flip-Flops                               : 13
# Multiplexers                            : 28
 1-bit 2-to-1 multiplexer                 : 10
 12-bit 2-to-1 multiplexer                : 11
 3-bit 2-to-1 multiplexer                 : 6
 8-bit 2-to-1 multiplexer                 : 1
--------
Slice Logic Utilization:
Number of Slice Registers:     33   out of    4800
Number of Slice LUTs:         106   out of    2400
 Number used as Logic:         94   out of    2400
 Number used as Memory:        12   out of    1200
  Number used as RAM:          12
--------
Minimum period: 5.8 ns (Maximum Frequency: 171.3 MHz)
--------
```

Ein Vergleich der Synthese-Berichte der beiden Mikroprozessor-Systeme(3.1) und (3.2) ergibt folgendes Ergebnis: Der Schaltungsaufwand ist bei beiden Mikroprozessor-Systemen in etwa gleich. Es ergeben sich jedoch Unterschiede in den Taktfrequenzen. Die maximale Taktfrequenz liegt bei System(3.1) um 20 % höher als bei System(3.2). Die Vergleiche zeigen, dass unterschiedliche Strukturierungen gleicher Module zu unterschiedlichen Ergebnissen führen können.

6.8 Testbench für das Mikroprozessor-System(3.1)

Es werden zwei Simulationsstufen angewendet:
1. Funktionale Simulation
2. Timing Simulation

Funktionale Simulation

Der folgende Verilog-Code zeigt die Testbench für die Funktionale Simulation des Mikroprozessor-Systems(3.1). Es werden die Testfiles für die Befehle (testprog2.txt) und die Daten (datatest2.txt) verwendet.

Es wird außerdem ein VCD-File für die GTKWave-Darstellung erstellt.

```verilog
//--------
//-- Testbench für das Mikroprozessor-System(3.1)
//--------
module testbench1;
//--------
reg reset;
reg start;
reg clk;
//--------
wire [11:0] Q_out;
//--------
// Mikroprozessor-System(3.1)
//--------
cpu12_1s cpu_s (.reset(reset),.clk(clk),.Q_out(Q_out),.start(start));
//--------
initial
begin
//---- VCD-File erstellen ----
$dumpfile ("testbench1.vcd");
$dumpvars (0,testbench1);
//--------
start = 0;
clk = 0;
reset = 1;
#20 reset = 0;
#15 start = 1;
#20 start = 0;
//--------
#500 $display("simulation_end");
$finish;
```

```verilog
end
//--------
//---- Taktbedingung: Periode = 20 ns ----
always #10 clk = ~clk;
//--------
endmodule
//--------
```

Das Mikroprozessor-System(3.1) wurde mit den einfachen Testfiles mit einer Funktionalen Simulation erfolgreich getestet. Das Testfile für die Befehle enthielt den zu testenden gesamten Befehlssatz. Die Simulation hat gezeigt, dass das Mikroprozessor-System(3.1) das Single-Cycle-Prinzip erfüllt.

Timing Simulation des Mikroprozessor-Systems(3.1)
Für die Timing Simulation ist es notwendig, dass das (PAR)-Tool (PAR: Place and Route) erfolgreich durchgelaufen ist (Kapitel 1.4). Die Testbench kann mit der ISE-Entwurfssoftware von Xilinx generiert werden [1, 7].

Der folgende Verilog-Code zeigt das Listing für die generierte Testbench der Timing Simulation. Im Anhang Kapitel A.1.2 wird auf das Erstellen einer Testbench für die Timing Simulation eingegangen.

Die generierte Testbench muss noch an die Testbench für das Mikroprozessor-System angepasst werden.

```verilog
//--------
// Verilog Test Fixture created by ISE for module: cpu12_1s
//--------
module testbench2;
//--------
// Inputs
reg reset;
reg clk;
reg start;
//--------
// Outputs
wire [11:0] Q_out;
//--------
// Instantiate the Unit Under Test (UUT)
cpu12_1s uut (
.reset(reset),
.clk(clk),
.start(start),
.Q_out(Q_out));
```

```
//--------
initial
begin
// Initialize Inputs
reset = 0;
clk = 0;
start = 0;
//--------
// Wait 100 ns for global reset to finish
#100;
//--------
// Add stimulus here
end
endmodule
//--------
```

Testbench für das Mikroprozessor-System(3.1)

Die folgende Testbench beschreibt die Timing Simulation des Mikroprozessor-Systems(3.1). Es werden wieder die gleichen Testfiles wie bei der Funktionalen Simulation verwendet.

```
//--------
//-- testbench2.tf für die Timing Simulation
//--------
`timescale 1ns / 1ps
//--------
module testbench2;
//--------
reg reset;
reg clk;
reg start;
//--------
wire [11:0]Q_out;
//--------
cpu12_1s cpu
(.reset(reset),.clk(clk),.Q_out(Q_out),.start(start));
//--------
initial
begin
//---- VCD-File erstellen ----
$dumpfile ("testbench2.vcd");
```

```
$dumpvars (0,testbench2);
//--------
start = 0;
clk = 0;
reset = 0;
//--------
// Wait 100 ns for global Set/Reset to finish
#100;
// ---- Add stimulus here ----
reset = 1;
#60 reset = 0;
#15 start = 1;
#60 start = 0;
//--------
#500 $finish;
//--------
```
end
```
//---- Taktbedingung: Periode T = 10 ns ----
//---- Taktfrequenz = 100 MHz ----
```
always `#5 clk = ~clk;`
```
//--------
```
endmodule
```
//--------
```

Das PAR-Tool ist fehlerfrei gelaufen. Bevor die Testbedingungen (stimuli) zugeordnet werden, muss eine Verzögerung von 100 ns für das „Global Set/Reset" (GSR) für die Testbench vorgesehen werden.

Das Mikroprozessor-System(3.1) wurde mit einer Taktfrequenz von 100 MHz erfolgreich getestet.

7 Das 16-Bit-Mikroprozessor-System(4)

Im Folgenden wird ein 16-Bit-Single-Cycle-Prozessor entworfen. Für die CPU sollen RISC-Strukturen (RISC: Reduced Instruction Set Computer) angestrebt werden. Der Befehlssatz und die Register-Struktur werden besonders einfach gewählt, um Änderungen und Erweiterungen leicht zu ermöglichen. Die Register-Strukturen des 12-Bit-Single-Cycle-Prozessors aus Kapitel 6.1 werden z. T. mit übernommen. Der Befehlssatz der 12-Bit-CPU bleibt formal erhalten, es kommt jedoch eine Register-Adressierung hinzu. Der Prozessor wird vereinfacht als cpu16 bezeichnet, das Mikroprozessor-System mit cpu16_s. Es müssen zunächst die konkreten Anforderungen an das System definiert werden.

Das digitale 16-Bit-System soll in der folgenden Form strukturiert werden:
- Mikroprozessor (cpu16)
- Getrennte Speicher für Daten und Befehle

Die 16-Bit-CPU soll folgende Eigenschaften haben:
- Single-Cycle-Prinzip
- Akku-Einheit mit Registerblock
- Register- Adressierung
- Einfacher Befehlssatz
- RISC-Strukturen
- Strukturierung in Operationswerk und Steuerwerk

Wie schon erwähnt, bleibt der Befehlssatz des 12-Bit-Single-Cycle-Prozessors erhalten, der Befehlsablauf wird sich jedoch verändern. Die Speicher für die Daten und Befehle bleiben erhalten und werden an 16 Bit angepasst.

Bei der Modellierung des Mikroprozessor-Systems in Kapitel 8 wird eine andere Strukturierung des Systems betrachtet. Dabei werden die vier Module Operations- und Steuerwerk, Befehls- und Datenspeicher auf Systemebene strukturiert. Für einen Überblick der Modellierung werden Auszüge aus den Synthese-Berichten mit ausgewertet.

7.1 Der 16-Bit-Single-Cycle-Prozessor

Die Anforderungen an den Prozessor müssen noch genauer definiert werden. Eine problemlose Änderung der Eigenschaften des Prozessors wird als ein Schwerpunkt angesehen, um ihn an neue Anwendungen anzupassen. Es werden die Adress- und Datenformate sowie die Register-Strukturen festgelegt.

Adressformat

Alle Speicheradressen haben ein 8-Bit-Format und können entsprechend von 0 bis 255 adressiert werden. Es werden verschiedene Adressierungsarten der Speicher- und Register-Adressierung verwendet.

Datenformat

Das Datenformat besteht durchgehend aus einem 16-Bit-Operanden, wobei das oberste Bit (MSB) als Vorzeichen reserviert ist. Es sollen vorzeichenbehaftete Zahlen verwendet werden. Der Datenbereich ist 15 Bit breit. Negative Operanden werden als Zweier-Komplement dargestellt.

```
              Operand (15:0)
┌─┬─┬─┬─┬─┬─┬─┬─┬─┬─┬─┬─┬─┬─┬─┬─┐
└─┴─┴─┴─┴─┴─┴─┴─┴─┴─┴─┴─┴─┴─┴─┴─┘
15 14                           0
```

- Daten: Bit 0,...,14
- Vorzeichen V: Bit 15

Befehlsformat (16 Bit)

Das Befehlsformat besteht aus einem 16-Bit-Befehlswort, dem 4-Bit-Opcode, den Registern RA, RB, RD und der 8-Bit-Adresse. Es können Ein- und Drei-Adress-Befehle ausgeführt werden.

Das Befehlsformat unterteilt sich in:
1) Registerbefehle
2) Load/Store-Befehle
3) Jump-Befehle

1) Registerbefehle

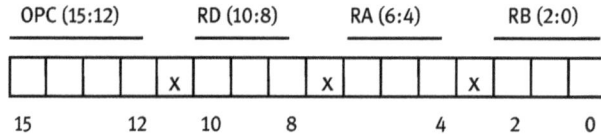

- OPC(15:12): 4-Bit-Opcode
- RD(10:8), RA(6:4), RB(2:0): Arbeitsregister
- RD, RA, RB: Registerauswahl R0,..., R7

Die Bit-Positionen 11, 7 und 3 sind don't-care-Werte und können für Erweiterungen genutzt werden.

Für den 4-Bit-Opcode können insgesamt 16 Befehle definiert werden.

Für die Arbeitsregister RD, RA und RB können jeweils 8 Register adressiert werden. Diese Befehlsstruktur folgt einer RISC-Architektur, in der Drei-Adress-Befehle verwendet werden können. Die Reihenfolge der Abarbeitung für Registerbefehle muss genau festgelegt werden, da sie in die Registerstruktur der Akku-Einheit eingeht. Für die Ein- und Drei-Adress-Befehle gilt:
- OPC RD   Ein-Adress-Befehl
- OPC RD ← RA, RB   Drei-Adress-Befehl

Für einen Ein-Adress-Befehl wird nur das Zielregister adressiert. Beim Drei-Adress-Befehl verknüpft der Opcode OPC die Inhalte der Register RA und RB miteinander und legt das Ergebnis im Zielregister RD ab.

2) Load-/Store-Befehl

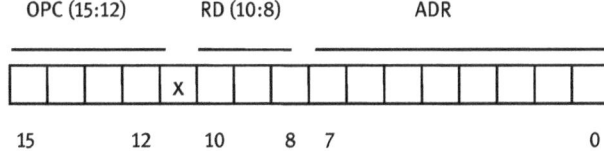

Das Befehlsformat besteht aus dem 4-Bit-Opcode, dem 3-Bit-Zielregister RD und einer 8-Bit-Adresse. Das Bit 11 wird nicht genutzt und kann für Erweiterungen verwendet werden. Es wird entweder ein Zielregister RD mit den Daten der Adresse m aus dem Datenspeicher geladen (Load-Befehl) oder es wird der Inhalt eines Zielregisters RD in dem Datenspeicher mit der Adresse m abgelegt (Store-Befehl).
- RD ← m: Load-Befehl (m: Adresse im Speicher)
- m ← RD: Store-Befehl

3) JUMP- Befehl

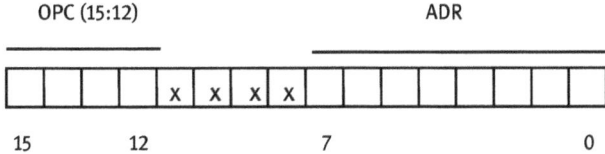

Es wird nur eine 8-Bit-Speicher-Adresse m bestimmt. Die Jump-Befehle unterteilen sich in Befehle mit oder ohne Sprungbedingung. Die Sprungbedingung muss dabei noch festgelegt werden. Ist die Sprungbedingung nicht erfüllt, wird der nächste Befehl im Programm aufgerufen.
- PC ← PC + 1   Sprungbedingung nicht erfüllt, PC: Program-Counter
- PC ← m   Sprungbedingung erfüllt

Die Bit-Positionen 8 bis 11 sind don't-care-Werte und können für Erweiterungen verwendet werden.

Der Befehlssatz der cpu16 ist in Tab. 7.1 zusammengestellt. In der ersten Spalte steht der 4-Bit-Opcode OPC(3:0) für die Befehle. Es können insgesamt 16 Befehle definiert werden, davon sind 12 Befehle zugeordnet, die 4 restlichen werden als „No Operation" (NOP) behandelt. Die nächsten zwei Spalten geben die Kürzel (Mnemonics) für die einzelnen Befehle sowie ihre Bedeutung an.

Tab. 7.1: Befehlssatz der cpu16

OPC(3:0)	Mnemonic	Funktion
0000	NOP	PC ← PC + 1
0001	SUB RD,RA,RB	RD ← RA − RB
0010	NAND RD,RA,RB	RD ← RA NAND RB
0011	ADD RD,RA,RB	RD ← RA + RB
0100	CPL RD	RD ← not (RA)
0101	LOAD RD, m	RD ← M(m)
0110	SHR RD	RD ← SHR(RA)
0111	SHL RD	RD ← SHL(RA)
1000	JUZ, m	EQ = 1 : PC ← m
1001	STR m, RD	M(m) ← RD
1010	JUMP, m	PC ← m
1011	STOP	Program End

Abkürzungen in Tab. 7.1:

OPC	: 4-Bit-Opcode
m	: 8-Bit-Adresse
M(m)	: Operand von Adresse m
RA,RB,RD	: 16-Bit-Akku-Register
SUB	: Subtraktion
ADD	: Addition
NAND	: NAND-Funktion
CPL	: Negation von (RA)
LOAD	: Akku-Register RD Laden
SHR	: Shift right
SHL	: Shift left
JUZ	: Jump wenn EQ = 1
STR	: Speichern von Akku-Register RD
JUMP	: Jump ohne Bedingung
NOP	: No Operation
STOP	: Programm-Ende

Der geänderte Befehlsablauf der cpu16 ergibt sich im Wesentlichen durch die erweiterte Akku-Einheit im Operationswerk. Der formale Befehlsablauf gegenüber der cpu12 ist erhalten geblieben, die Registerstruktur hat sich jedoch erheblich geändert. Es ergeben sich auch Änderungen im Steuerwerk durch die zusätzlichen Steuersignale. Der Daten- und Befehlsspeicher muss auf 16 Bit angepasst werden.

7.2 Entwurf des 16-Bit-Single-Cycle-Prozessors

Die Abb. 7.1 zeigt das Blockschaltbild des Mikroprozessor-Systems(4). Die vier Module des Mikroprozessor-Systems sind auf einer Entwurfsebene. Bei der Modellierung in Verilog-Modelle können weitere Hierarchie-Ebenen gewählt werden. Es bietet sich dabei an, die Module Operations- und Steuerwerk sowie die Speichermodule für Befehle und Daten unterschiedlich zu strukturieren [12].

In Abb. 7.1 sind die Verbindungen zwischen den Modulen zur besseren Übersicht nicht mit eingezeichnet. Die Ein- und Ausgangssignale sind gegenüber dem 12-Bit-Single-Cycle-Prozessor erhalten geblieben. Die Daten- und Befehlsformate sind an 16 Bit angepasst. Der Ansteuervektor A ist auf 7 Bit erweitert.

Durch die zusätzlichen Register in der Akku-Einheit ändert sich auch der Datentransfer im Operationswerk. Das liegt im Wesentlichen an der Register-Adressierung, die bei der Behandlung der Akku-Register erläutert wird. Das Operationswerk soll in einer Minimalkonfiguration, d. h. mit minimalem Schaltungsaufwand erstellt werden. Es enthält die Komponenten Program-Counter, Multiplexer und Akku-Einheit. Multiplexer und Program-Counter wurden bereits in mehreren Kapiteln behandelt. Es bleiben somit der Entwurf der Akku-Einheit und die Modellierung des Operationswerkes.

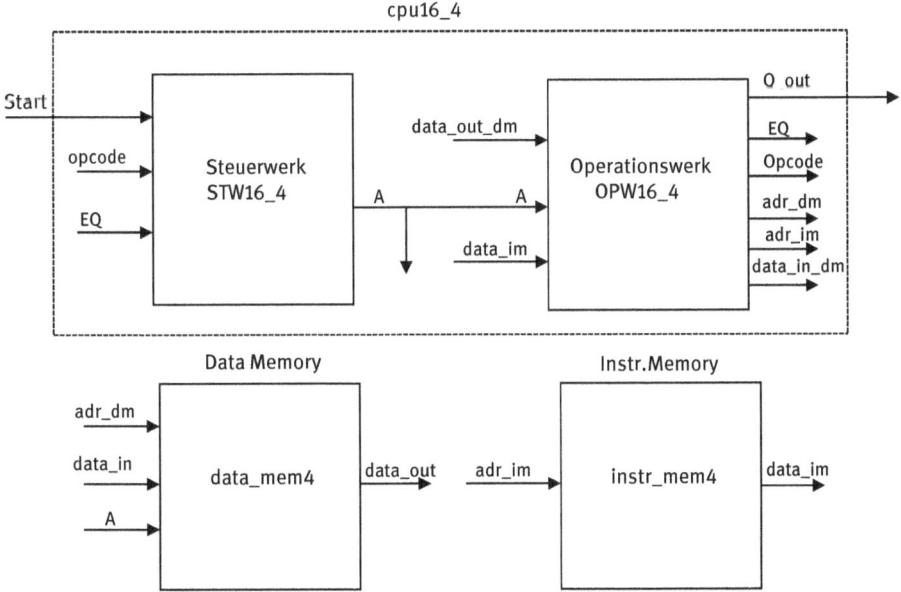

Abb. 7.1: Das Mikroprozessor-System(4)

7.3 Entwurf des 16-Bit-Operationswerkes

Die Abb. 7.2 soll den Befehlsablauf im Operationswerk OPW verdeutlichen. Die Clock- und Reset-Signale sind nicht eingezeichnet.

Das OPW erhält über das 16-Bit-Befehlsformat (data_im) die Befehle vom Befehlsspeicher. Der 4-Bit-Opcode im Befehlsformat entscheidet, welcher Befehl gewählt ist (Decodierung). Bei einem Drei-Registerbefehl werden die Register-Adressen für die Register RA, RB und RD der Akku-Einheit zugeführt. Die Akku-Einheit führt den Befehl aus und das Ergebnis erscheint am Ausgang Q_out. Bei dem Ein-Adress-Befehl (Load-Befehl) enthält das Befehlsformat die Zieladresse RD und die 8-Bit-Speicheradresse (adr_dm). Bei dem Ein-Adress-Befehl (Store-Befehl) wird der Inhalt des Registers RD in der 8-Bit-Speicheradresse (adr_dm) gespeichert. Die jeweiligen Operanden werden im Datenspeicher unter der 8-Bit-Adresse adr_dm ausgelesen oder gespeichert. Die Registerbefehle werden nur in der Akku-Einheit ausgeführt. Damit der Datentransfer im Operationswerk durchgeführt werden kann, müssen die Steuersignale für die Module richtig zugeordnet werden. Das kann mit Hilfe eines n-Bit-Vektors realisiert werden. Diese Methode wurde bereits in Kapitel 2 angewendet. Man er-

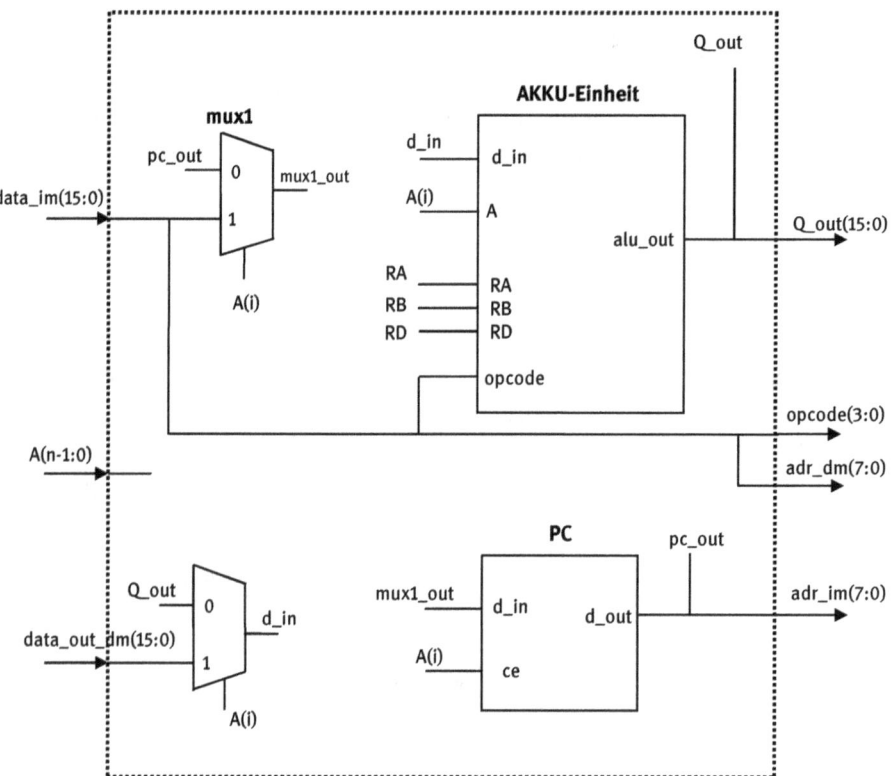

Abb. 7.2: Das 16-Bit-Operationswerk

stellt eine Tabelle für den internen Datentransfer (Ansteuertabelle) und erhält so einen Ansteuervektor für die Zuordnungen. Die Steuersignale für die Zuordnungen sind mit A(i) bezeichnet. Die Werte für die Komponenten A(i) werden bei der Realisierung des Operationswerkes zugeordnet. Die Adressen für den Befehlsspeicher (adr_im) werden vom Program-Counter zugeordnet (pc_out).

Mit Hilfe des Ansteuervektors A soll der Datentransfer im Operationswerk realisiert werden. Die Tab. 7.2 zeigt die einfache Ansteuertabelle für die Funktionen und den Datentransfer.

Tab. 7.2: Ansteuertabelle der cpu16

Ansteuervektor A(6:0)							
Nr	6	5	4	3	2	1	0	Funktion/Datentranfer
1	0	0	0	0	0	0	1	rd_mem/data_out[15:0] ← mem(adr)
2	0	0	0	0	0	1	0	wr_mem/data_in[15:0] ← mem(adr)
3	0	0	0	0	1	0	0	Jump: mux1_out ← data_im[7:0]
4	0	0	0	0	1	0	0	Jump: d_out(PC) ← d_in[7:0]
5	0	0	0	1	0	0	0	d_in[15:0] ← data_out_dm
6	0	0	1	0	0	0	0	Q_A,Q_B ← d_in[15:0]
7	0	1	0	0	0	0	0	RA ← RD
8	1	0	0	0	0	0	0	Q_out[15:0] ← alu_out[15:0]

Die Zeile1 beschreibt die read-Funktion des Datenspeichers (data_mem1). Es wird der Wert mit der Adresse (adr) ausgelesen. Die Zeile2 beschreibt die write-Funktion. Es wird ein neuer Wert mit der Adresse (adr) in den Datenspeicher geschrieben. Die Zeilen3 und 4 beschreiben die Jump-Funktion. In Zeile3 wird die 7-Bit-Adresse (data_im) zum Multiplexer Ausgang (mux1) geleitet. In Zeile4 wird der Eingang des Program-Counters (d_in) auf den Ausgang (d_out) geschaltet. Zeile5 ist der Datentransfer vom Datenausgang des Datenspeichers (data_mem4) zum Akku-Register (d_in). Zeile6 ist der Datentransfer vom Akku-Eingang (d_in) zu den Ausgängen der Register-Einheit (Q_A und Q_B). In Zeile7 wird das Zielregister RD über den Multiplexer zum Register RA durchgeschaltet. Beim Entwurf der Akku-Einheit wird der jeweilige Datentransfer deutlich (siehe Abb. 7.4 und Abb. 7.5).

In Zeile8 wird der Ausgang (alu_out) der Akku-Einheit auf den Ausgang (Q_out) des Operationswerkes durchgeschaltet. In der Abb. 7.3 ist dieser Datentransfer noch nicht eingezeichnet. Der Datentransfer data_im(15:0) nach adr_dm(7:0) ist vereinfacht dargestellt. Die Verbindungen werden bei der Modellierung des Operationswerkes in Kapitel 8 zugeordnet.

Die Abb. 7.3 zeigt das vollständige 16-Bit-Operationswerk. Die Zuordnungen des Ansteuervektors A aus der Ansteuertabelle sind vervollständigt, die Signale für den Datentransfer zwischen den Modulen sind zur besseren Übersicht nicht alle durchgezogen.

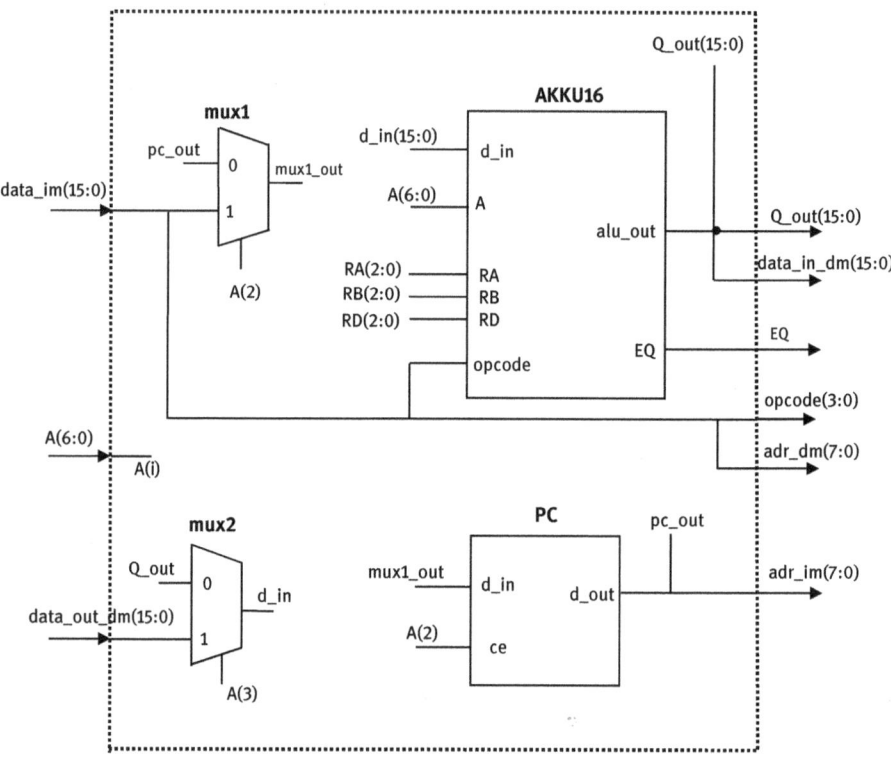

Abb. 7.3: Das 16-Bit-Operationswerk

7.3.1 Entwurf der 16-Bit-Akku-Einheit

Die Abb. 7.4 zeigt das Blockschaltbild der Akku-Einheit. Sie besteht wie bei dem 12-Bit-Single-Cycle-Prozessor aus den beiden Komponenten Register- und ALU-Einheit.

Die Register-Struktur hat sich jedoch grundlegend geändert. Statt eines Zentralregisters wird jetzt ein Register-Block verwendet. Die Register werden entsprechend adressiert. Die ALU-Einheit ist mit den Shift-Funktionen erweitert. Bei dieser Verilog-Syntax ist zu beachten, dass die Register-Eingänge verschoben werden.

In Tab. 7.3 ist die Funktionstabelle der ALU-Einheit abgebildet. Bei dem Opcode (0,0,0,0) wird der Alu-Eingang A auf den Ausgang F durchgeschaltet. Von den 16 möglichen Kombinationen sind nur 8 definiert. Für die restlichen 8 Funktionen können neue Funktionen definiert werden. Ansonsten muss für die nicht definierten Zuordnungen ein Wert für den Ausgang F angegeben werden.

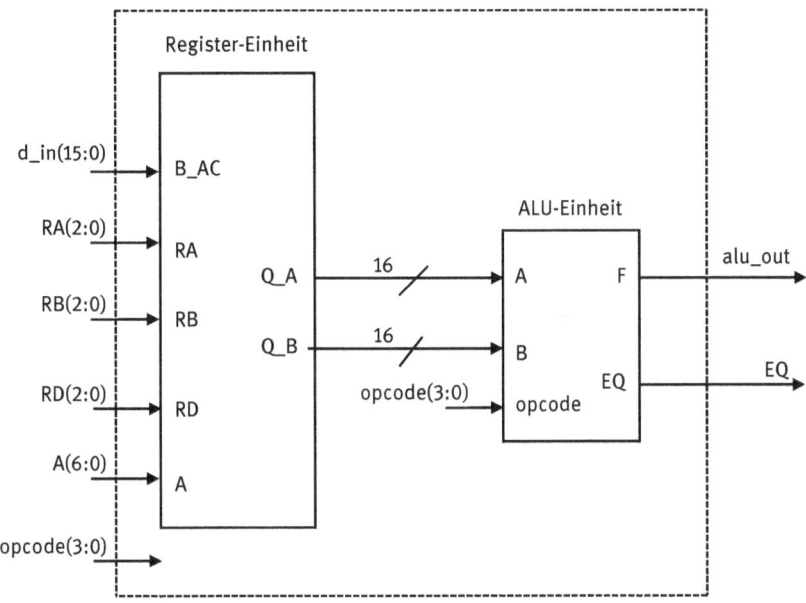

Abb. 7.4: Die 16-Bit-Akku-Einheit

Tab. 7.3: Funktionstabelle für die ALU-Einheit

Opcode(3:0)	Funktion F	Bedeutung
0 0 0 0	F = A	Durchschalten von A
0 0 0 1	F = A − B	Subtraktion
0 0 1 0	F = ~(A & B)	NAND-Fkt
0 0 1 1	F = A + B	Addition
0 1 0 0	F = ~A	A negiert
0 1 0 1	F = B	Durchschalten von B
0 1 1 0	F = A >> 1	Shift right
0 1 1 1	F = A << 1	Shift left

7.3.2 Die 16-Bit-Register-Einheit

In Abb. 7.5 ist das Blockschaltbild der Register-Einheit abgebildet. Sie besteht aus einem Registerblock von acht 16-Bit-Registern sowie Multiplexern und Demultiplexern. Die Register-Einheit stellt eine Minimalkonfiguration für die Register-Adressierung dar. Es können Drei-Adress-Befehle realisiert werden. Für die Arbeitsregister RA, RB und RD können jeweils acht Register adressiert werden, d. h. es gilt:
- RA = (R0, R1,..., R7)
- RB = (R0, R1,..., R7)
- RD = (R0, R1,..., R7)

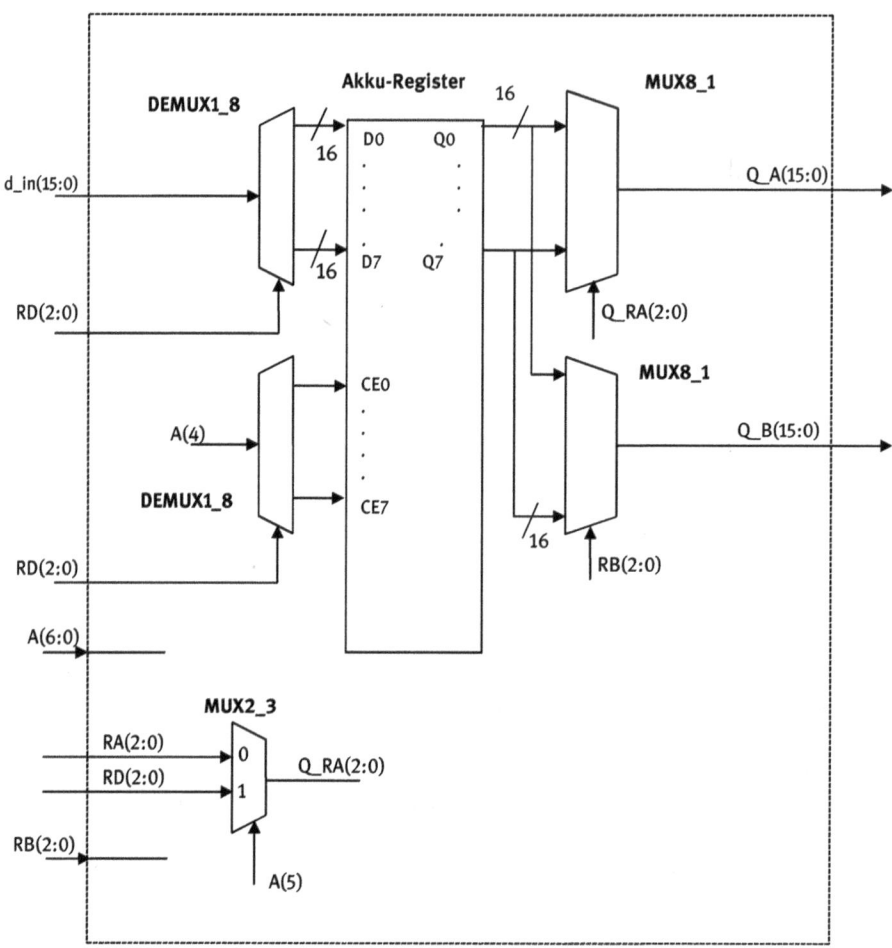

Abb. 7.5: Die 16-Bit Register-Einheit

Die Auswahl der Arbeitsregister im Registerblock wird über die 16-Bit-Multiplexer und Demultiplexer gesteuert. Der Demultiplexer DEMUX1_8 und die Multiplexer MUX8_1 selektieren die 16-Bit-Daten. Die beiden Demultiplexer sind mit dem Steuereingang für das Zielregister RD verbunden. Der untere Demultiplexer selektiert die CE-Eingänge der Arbeitsregister. Der obere Demultiplexer schaltet den Inhalt des selektierten Zielregisters in den Registerblock. Der Multiplexer MUX2_3 selektiert mit dem Ansteuervektor A(5) die Registeradressen RA und RD.

7.4 Das 16-Bit-Steuerwerk

Die Tab. 7.4 zeigt die Automatentabelle für das Steuerwerk. Der Automat wird nach dem Mealy-Modell erstellt. Das Modell wurde bereits in Kapitel 2.4 ausführlich behandelt. Der Automat hat nur zwei Zustände, S0 und S1. In der Tab. 7.4 sind die Zustände mit Z und die Folgezustände mit V vereinfacht dargestellt. Der Ausgang des Automaten ist identisch mit dem 7-Bit-Ansteuervektor A. Die erste Spalte in der Tabelle für Bedingung/Funktion gehört i. a. nicht zur Automatentabelle und ist hier zusätzlich angegeben. Für den Input ist nicht der Binärcode, sondern es sind die Symbole für die Eingangssignale des Automaten verwendet. Die beiden Zustände des Steuerwerkes stehen für Ruhezustand S0 und Arbeitszustand S1. Jeder Befehl muss in einem Taktzyklus abgearbeitet werden. Nach jedem Befehl geht das Steuerwerk formal vom Zustand S1 in den Zustand S1, d. h. der Zustand S1 bleibt erhalten. Anschließend liest das Steuerwerk den nächsten Befehl über den Opcode. Das Steuerwerk geht erst am Programmende in den Zustand S0 zurück.

Tab. 7.4: Automatentabelle für das 16-Bit-Steuerwerk

Bedingung/Funktion	Input	Z	V	Output A(6:0)
Ausgangspunkt	Start = 0	S0	S0	0 0 0 0 0 0 0
Startsignal	Start = 1	S0	S1	0 0 0 0 0 0 0
NOP PC ←PC + 1	OPC = NOP	S1	S1	0 0 0 0 0 0 0
SUB RD ← RA,RB	OPC = SUB	S1	S1	1 0 1 0 0 0 0
NAND RD ← RA,RB	OPC = NAND	S1	S1	1 0 1 0 0 0 0
ADD RD ← RA,RB	OPC = ADD	S1	S1	1 0 1 0 0 0 0
CPL RD ← not (RA)	OPC = CPL	S1	S1	1 1 1 0 0 0 0
LOAD RD ← (m)	OPC = LOAD	S1	S1	0 1 1 1 0 0 1
SHR RD ← SHR(RA)	OPC = SHR	S1	S1	1 1 1 0 0 0 0
SHL RD ← SHL(RA)	OPC = SHL	S1	S1	1 1 1 0 0 0 0
EQ = 1: PC ← m	OPC = JUZ	S1	S1	0 0 0 0 1 0 0
EQ = 0: PC ← PC + 1	OPC = JUZ	S1	S1	0 0 0 0 0 0 0
STR (m) ← RD	OPC = STR	S1	S1	0 1 1 0 0 1 0
JUMP PC ← m	OPC = JUMP	S1	S1	0 0 0 0 1 0 0
Programm-Ende	OPC = STOP	S1	S0	0 0 0 0 0 0 0

8 Modellierung des Mikroprozessor-Systems(4)

Die Modellierung auf der oberen Ebene erfolgt mit einer strukturierten Beschreibung. Die einzelnen Module werden strukturiert oder als Verhaltensbeschreibung modelliert.

Es werden zwei Modelle für die Strukturierung auf System-Ebene erstellt:
- System(4.1): Strukturierung in Single-Cycle-Prozessor, Befehls- und Datenspeicher
- System(4.2): Strukturierung in Operations- und Steuerwerk, Befehls- und Datenspeicher

Die Modellierungen für die beiden Mikroprozessor-Systeme werden anhand von Synthese-Berichten verglichen. Wie schon erwähnt, müssen hauptsächlich Änderungen im Operationswerk durch die angestrebte RISC-Struktur durchgeführt werden.

Es wird zunächst das Mikroprozessor-System(4.1) behandelt.

8.1 Modellierung des 16-Bit-Single-Cycle-Prozessors

Es werden wieder Struktur- und Verhaltensbeschreibungen für den Entwurf angewendet. Der Mikroprozessor wird wie zuvor in Kapitel 7 in die Module Operations- und Steuerwerk strukturiert.

Im Folgenden werden die notwendigen Module für das Operationswerk in Verilog beschrieben.

8.1.1 Modell für die 16-Bit-ALU-Einheit

Der folgende Verilog-Code beschreibt die 16-Bit-ALU-Einheit. Gegenüber der 12-Bit-ALU-Einheit aus Kapitel 6 haben sich Änderungen ergeben. Die Shift-Funktionen und die Zero-Abfrage für das Ergebnis der ALU sind hinzugekommen. Es müssen alle Eingangssignale in der **always**-Anweisung enthalten sein, damit die Änderungen erfasst werden.

```
//--------
//-- 16-Bit-ALU-Einheit
//--------
module alu16_4
//--------
(input [15:0]a,
input [15:0]b,
input [3:0]opcode,
```

```verilog
output EQ,
output reg [15:0]F);
//--------
always @ (opcode or a or b)
case(opcode)
4'b0000:
F = a; // Durchschalten von a
4'b0001:
F = a - b; // Subtraktion
4'b0010:
F = ~(a & b); // NAND-Funktion
4'b0011:
F = a + b; // Addition
4'b0100:
F = ~a; // not a
4'b0101:
F = b; // Durchschalten von b
//--------
4'b0110:
begin
F = a >> 1; // Shift right (SHR)
F[15] = 0;
end
//--------
4'b0111:
begin
F = a << 1; //Shift left (SHL)
F[0] = 0;
end
//--------
default:
F = 0;
endcase
//---- Zero-Abfrage ----
assign EQ = (F == 16'b0) ? 1'b1 : 1'b0;
//--------
endmodule
//--------
```

8.1.2 Modell für die 16-Bit-Register-Einheit

In Abb. 8.1 ist der synthetisierte Funktionsblock der Register-Einheit abgebildet. In dem Modul wird die Register-Adressierung realisiert. Der folgende Source-Code zeigt die Modellierung mit Verilog als Strukturbeschreibung. Die verwendeten Module für die Multiplexer, Demultiplexer und Register werden in Kap. 10.1 ausführlich behandelt.

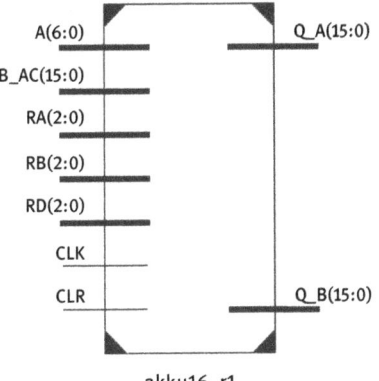

Abb. 8.1: Funktionsblock der 16-Bit-Register-Einheit

```
//--------
//--16-Bit-Register-Einheit
//--------
module akku16_r1 (
//--------
input [15:0] B_AC,
input [2:0] RA,
input [2:0] RB,
input [2:0] RD,
input [6:0] A,
output wire [15:0] Q_A,
input CLK,
input CLR,
output wire[15:0] Q_B);
//--------
wire[2:0] Q_RA;
//--------
wire [15:0]Q_R0,Q_R1,Q_R2,Q_R3,Q_R4;
wire [15:0]Q_R5,Q_R6,Q_R7;
wire CE0,CE1,CE2,CE3,CE4,CE5,CE6,CE7;
```

```verilog
wire [15:0] D0,D1,D2,D3,D4,D5,D6,D7;
//--------
//---- 16-Bit-Multiplexer8_1 ----
mux8_1v mux8_1(.SEL(Q_RA),.A(Q_R0),.B(Q_R1),.C(Q_R2),
.D(Q_R3),.E(Q_R4),.F(Q_R5),.G(Q_R6),.H(Q_R7),
.MUX_OUT(Q_A));
//---- 16-Bit-Multiplexer8_1 ----
mux8_1v mux8_2(.SEL(RB),.A(Q_R0),.B(Q_R1),.C(Q_R2),
.D(Q_R3),.E(Q_R4),.F(Q_R5),.G(Q_R6),.H(Q_R7),
.MUX_OUT(Q_B));
//--------
//---- Register R0 ----
reg16_as reg16_0(.CLK(CLK),.CLR(CLR),.D(D0),.CE(CE0),
.Q(Q_R0));
//--------
//---- Register R1 ----
reg16_as reg16_1(.CLK(CLK),.CLR(CLR),.D(D1),.CE(CE1),
.Q(Q_R1));
//--------
//---- Register R2 ----
reg16_as reg16_2(.CLK(CLK),.CLR(CLR),.D(D2),.CE(CE2),
.Q(Q_R2));
//--------
//---- Register R3 ----
reg16_as reg16_3(.CLK(CLK),.CLR(CLR),.D(D3),.CE(CE3),
.Q(Q_R3));
//--------
//---- Register R4 ----
reg16_as reg16_4(.CLK(CLK),.CLR(CLR),.D(D4),.CE(CE4),
.Q(Q_R4));
//--------
//---- Register R5 ----
reg16_as reg16_5(.CLK(CLK),.CLR(CLR),.D(D5),.CE(CE5),
.Q(Q_R5));
//--------
//---- Register R6 ----
reg16_as reg16_6(.CLK(CLK),.CLR(CLR),.D(D6),.CE(CE6),
.Q(Q_R6));
//--------
//---- Register R7 ----
reg16_as reg16_7(.CLK(CLK),.CLR(CLR),.D(D7),.CE(CE7),
```

```
.Q(Q_R7));
//--------
//---- 16-Bit-Demultiplexer1_8 ----
demux1_8v1 demux1_8d(.MUX_IN(B_AC),.MUX_OUT_0(D0),
.MUX_OUT_1(D1),.MUX_OUT_2(D2),.MUX_OUT_3(D3),.MUX_OUT_4(D4),
.MUX_OUT_5(D5),.MUX_OUT_6(D6),. MUX_OUT_7(D7),.SEL(RD));
//--------
//---- 1-Bit-Demultiplexer1_8 ----
demux1_8a demux1_8(.MUX_IN(A[4]),.MUX_OUT_0(CE0),
.MUX_OUT_1(CE1),.MUX_OUT_2(CE2),.MUX_OUT_3(CE3),.MUX_OUT_4(CE4),
.MUX_OUT_5(CE5),.MUX_OUT_6(CE6),.MUX_OUT_7(CE7),.SEL(RD));
//--------
//---- 3-Bit-Multiplexer2_1 ----
mux2_3 mux_2 (.i0(RA),.i1(RD),.sel(A[5]),.mux_out(Q_RA));
//--------
endmodule
//--------
```

Auszug aus dem Synthese-Bericht der 16-Bit-Register-Einheit:

```
--------
FPGA: Spartan6 xc6slx4 (Xilinx)
--------
Basic Elements of Logic(BELS)     : 235
--------
# Registers                       : 128
Flip-Flops                        : 128
# Multiplexers                    : 19
1-bit  2-to-1 multiplexer         : 8
16-bit 2-to-1 multiplexer         : 8
16-bit 8-to-1 multiplexer         : 2
3-bit  2-to-1 multiplexer         : 1
--------
Slice Logic Utilization:
Number of Slice Registers:    128  out of   4800
Number of Slice LUTs:         203  out of   2400
Number used as Logic:         203  out of   2400
--------
Maximum combinational path delay: 9.9 ns
Maximum Frequency:                no Value
--------
```

8.1.3 Modell für die 16-Bit-Akku-Einheit

Der Source-Code beschreibt die Akku-Einheit in einer Strukturbeschreibung. Es enthält die Module Register-Einheit und ALU-Einheit Die Module wurden bereits ausführlich beschrieben. Die Abb. 8.2 zeigt die synthetisierte Schaltung der Akku-Einheit.

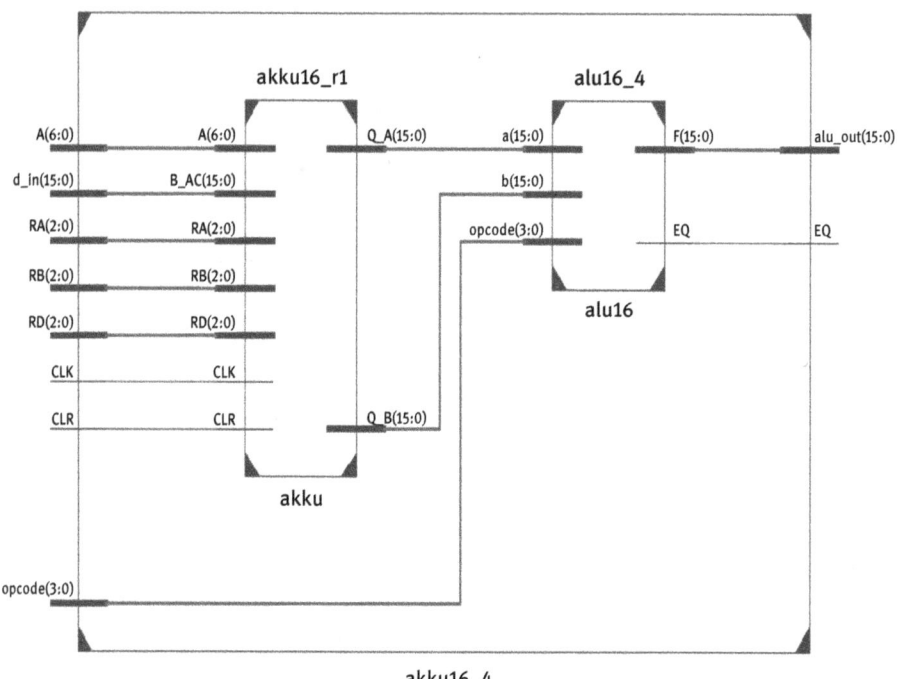

Abb. 8.2: Die 16-Bit-Akku-Einheit

```
//--------
//-- 16-Bit-Akku-Einheit
//--------
module akku16_4
//--------
(input CLK,CLR,
input [15:0]d_in,
input [3:0] opcode,
input [6:0] A,
output EQ,
output wire[15:0] alu_out,
input [2:0] RA,
```

```
  input [2:0] RB,
  input [2:0] RD);
//--------
wire [15:0] mux1_out,Q_A,Q_B;
//--------
akku16_r1 akku (.B_AC(d_in),.RA(RA),.RB(RB),
.RD(RD),.CLK(CLK),.CLR(CLR),.Q_A(Q_A),
.Q_B(Q_B),.A(A));
//--------
//---- 16-Bit-ALU ----
alu16_4 alu16 (.a(Q_A),.b(Q_B),.opcode(opcode),
.F(alu_out),.EQ(EQ));
//--------
endmodule
//--------
```

Auszug aus dem Synthese-Bericht der 16-Bit-Akku-Einheit:

```
--------
FPGA: Spartan6 xc6slx4 (Xilinx)
--------
Basic Elements of Logic (BELS)    : 333
--------
# Adders/Subtractors              : 1
16-bit addsub                     : 1
# Registers                       : 128
Flip-Flops                        : 128
# Multiplexers                    : 29
1-bit 2-to-1 multiplexer          : 8
16-bit 2-to-1 multiplexer         : 18
16-bit 8-to-1 multiplexer         : 2
3-bit 2-to-1 multiplexer          : 1
--------
Slice Logic Utilization:
Number of Slice Registers:      128   out of    4800
Number of Slice LUTs:           270   out of    2400
Number used as Logic:           270   out of    2400
--------
Minimum period: 5.6 ns (Maximum Frequency: 178.5 MHz)
Maximum combinational path delay: 15.6 ns
--------
```

Nach dem Synthese-Bericht liegt die maximale Taktfrequenz bei 179 MHz. Die minimale Taktfrequenz ergibt sich bei der angegebenen maximalen Signallaufzeit zu 64 MHz. Der Unterschied ist etwa ein Faktor 3. Diese Unterschiede sind bei der Timing-Analyse und Timing-Simulation zu beachten.

8.1.4 Modell für das 16-Bit-Operationswerk

Die Abb. 8.3 zeigt die synthetisierte Schaltung des Operationswerkes. In Kapitel 7.3 wurde der Entwurf des Operationswerkes behandelt. Für die Zuordnungen des Datentransfers mit dem Ansteuervektor A fehlten noch einige Verbindungen (siehe Abb. 7.3). Die Abb. 8.3 zeigt die vollständige Schaltung. Der 8-Bit-Tristate-Buffer (ibuf8_1) selektiert über den Ansteuervektor A(6) die Adresse (adr_dm) für den Datenspeicher. Für Befehle ohne Adresse im Befehlsformat wird die Datenadresse in den Tristate-Zustand Z gesetzt. Der 16-Bit-Tristate-Buffer (ibuf16_2) schaltet mit A(6) den Ausgang der Akku-Einheit (alu_out) auf den Ausgang des Operationswerkes (Q_out).

```
//--------
//--- 16-Bit-Operationswerk
//--------
module opw16_4
//--------
(input CLR,CLK,
input [6:0] A,
input [15:0]data_im,
input [15:0]data_out_dm,
output [3:0]opcode,
output [7:0]adr_dm,
output [15:0]data_in_dm,
output wire[15:0]Q_out,
output [7:0]adr_im,
output wire EQ);
//--------
wire [15:0]mux2_out,Q_out1;
wire [7:0]pc_out,mux1_out;
//--------
//---- Program Counter ----
program_count1 pc(.d_in(mux1_out),.reset(CLR),
.clk(CLK),.d_out(pc_out),.ce(A[2]));
//--------
//---- 8-Bit-Multiplexer 2_1 ----
mux2_8 mux1(.i0(pc_out),.i1(data_im[7:0]),
```

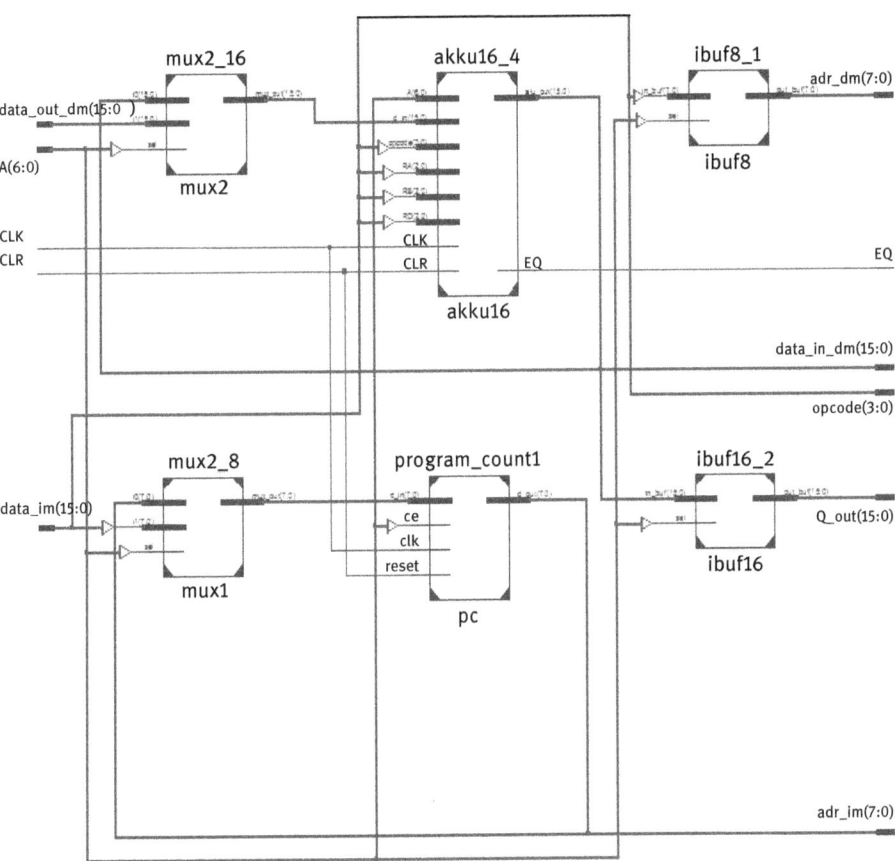

Abb. 8.3: Das 16-Bit-Operationswerk

```
.sel(A[2]),.mux_out(mux1_out));
//--------
//---- 16-Bit-Multiplexer2_1 ----
mux2_16 mux2(.i0(Q_out1),.i1(data_out_dm),
.sel(A[3]),.mux_out(mux2_out));
//--------
//---- 16-Bit-Akku-Einheit ----
akku16_4 akku16(.CLK(CLK),.alu_out(Q_out1),
.RA(data_im[6:4]),.RB(data_im[2:0]),.RD(data_im[10:8]),
.A(A),.CLR(CLR),.d_in(mux2_out),.opcode(data_im[15:12]),
.EQ(EQ));
//--------
assign adr_im = pc_out;
assign opcode = data_im[15:12];
```

```
assign data_in_dm = Q_out1;
//--------
//---- 8-Bit-Buffer,aktiv low ----
ibuf8_1 ibuf8 (.in_buf(data_im[7:0]),.sel(A[6]),
.out_buf(adr_dm));
//--------
//---- 16-Bit-Buffer, aktiv high ----
ibuf16_2 ibuf16 (.in_buf(Q_out1 ),.sel(A[6]),
.out_buf(Q_out));
//--------
endmodule
//--------
```

Auszug aus dem Synthese-Bericht des 16-Bit-Operationswerkes:

```
--------

FPGA: Spartan6   xc6slx4 (Xilinx)
--------
Basic Elements of Logic (BELS)   : 614
--------
# Adders/Subtractors             : 1
16-bit addsub                    : 1
# Counters                       : 1
8-bit up counter                 : 1
# Registers                      : 128
Flip-Flops                       : 128
# Multiplexers                   : 31
1-bit 2-to-1 multiplexer         : 8
16-bit 2-to-1 multiplexer        : 19
16-bit 8-to-1 multiplexer        : 2
3-bit 2-to-1 multiplexer         : 1
8-bit 2-to-1 multiplexer         : 1
--------
Slice Logic Utilization:
Number of Slice Registers:    136   out of    4800
Number of Slice LUTs:         535   out of    2400
Number used as Logic:         535   out of    2400
--------
Minimum period: 5.1 ns (Maximum Frequency: 194.9 MHz)
Maximum combinational path delay: 15.9 ns
--------
```

Bei dieser Angabe des Synthese-Berichtes ergibt sich zwischen der maximalen und der minimalen Taktfrequenz wie zuvor bei der Akku-Einheit ein Faktor 3. Die minimale Taktfrequenz berechnet sich aus der angegeben Signallaufzeit zu 63 MHz. In diesen Fällen ist es sinnvoll, weitere Timing-Analysen durchzuführen.

8.1.5 Modell für das 16-Bit-Steuerwerk

Der Verilog-Code zeigt das Modell des getakteten Steuerwerkes nach dem Mealy-Modell. Der Automat hat nur zwei Zustände, S0 und S1, was den Bedingungen des Single-Cycle-Prinzips entspricht. Die Modellierung des Steuerwerkes wurde wie bei den 12-Bit-Systemen mit **case**- und **else-if**-Anweisungen durchgeführt. Für den 7-Bit-Ansteuervektor A wurden zur besseren Übersicht die gesetzten Bits zusätzlich kommentiert.

Der CLR-Eingang ist synchron, d. h. taktabhängig.

Für das Steuerwerk wird eine maximale Taktfrequenz von 556 MHz vom Synthese-Bericht angegeben.

```
//--------
//-- 16-Bit-Steuerwerk
//--------
module stw16_4 (
//--------
input [3:0] opcode,
input CLK,
input start,
input CLR,
input EQ,
output reg [6:0] A);
//--------
reg state, next_state;
//--------
always @ (posedge CLK)
state <= next_state;
//--------
parameter s0 = 1'b0;
parameter s1 = 1'b1;
//--------
always @ (opcode or state or CLR or start)
begin
if (CLR == 1'b1)
A <= 7'b000000;
```

```verilog
next_state <= s0;
//--------
case(state)
s0: // Ruhezustand
if (start == 1'b1)
begin
next_state <= s1;
A <= 7'b0000000;
end
//--------
s1:
begin
next_state <= s1;
if (opcode == 4'b0000) // NOP
begin
A <= 7'b0000000;
end
//--------
else if (opcode == 4'b0001) // SUB
begin
A <= 7'b1010000; // A[6,4]
end
//--------
else if (opcode == 4'b0010) // NAND
begin
A <= 7'b1010000; // A[6,4]
end
//--------
else if (opcode == 4'b0011) // ADD
begin
A <= 7'b1010000; // A[6,4]
end
//--------
else if (opcode == 4'b0100) // CPL
begin
A <= 7'b1110000; // A[6,5,4]
end
//--------
else if (opcode == 4'b0101) // LOAD
begin
A <= 7'b0111001; // A[5,4,3,0]
end
```

```verilog
//--------
else if (opcode == 4'b0110) // SHR
begin
A <= 7'b1110000; // A[6,5,4]
end
//--------
else if (opcode == 4'b0111) // SHL
begin
A <= 7'b1110000; // A[6,5,4]
end
//--------
else if (opcode == 4'b1000) // JUZ
if (EQ == 1'b1)
begin
A <= 7'b0000100; // A[2]
end
//--------
else
begin
A <= 7'b0000000;
end
//--------
else if (opcode == 4'b1001) // STORE
begin
A <= 7'b0110010; // A[5,4,1]
end
//--------
else if (opcode == 4'b1010) // JUMP
begin
A <= 7'b0000100; // A[2]
end
//--------
else if (opcode == 4'b1011) // STOP
begin
A <= 7'b0000000; // A = 0
next_state <= s0;
end
//--------
end
default:
begin
A <= 7'b0000000; // A = 0
```

```
            next_state <= s0; // Ruhezustand
         end
//--------
      endcase
   end
//--------
endmodule
//--------
```

Auszug aus dem Synthese-Bericht für das 16-Bit-Steuerwerk:

```
--------
FPGA: Spartan6 xc6slx4 (Xilinx)
--------
Basic Elements of Logic (BELS)    : 9
--------
# Registers                       : 1
Flip-Flops                        : 1
# Multiplexers                    : 32
1-bit 2-to-1 multiplexer          : 26
6-bit 2-to-1 multiplexer          : 6
--------
Slice Logic Utilization:
Number of Slice Registers:      1  out of   4800
Number of Slice LUTs:           9  out of   2400
Number used as Logic:           9  out of   2400
--------
Minimum period: 1.8 ns (Maximum Frequency: 555.5 MHz)
--------
```

8.2 Modell des 16-Bit-Single-Cycle-Prozessors cpu16_4

Es wird zunächst das Modell für den Single-Cycle-Prozessor behandelt. Die Abb. 8.4 zeigt die synthetisierte Schaltung. Das folgende Listing zeigt den zugehörigen Verilog-Code.

```
//--------
//-- 16-Bit-Single-Cycle-Prozessor
//--------
module cpu16_4
//--------
(input CLR,
```

8.2 Modell des 16-Bit-Single-Cycle-Prozessors cpu16_4 — 203

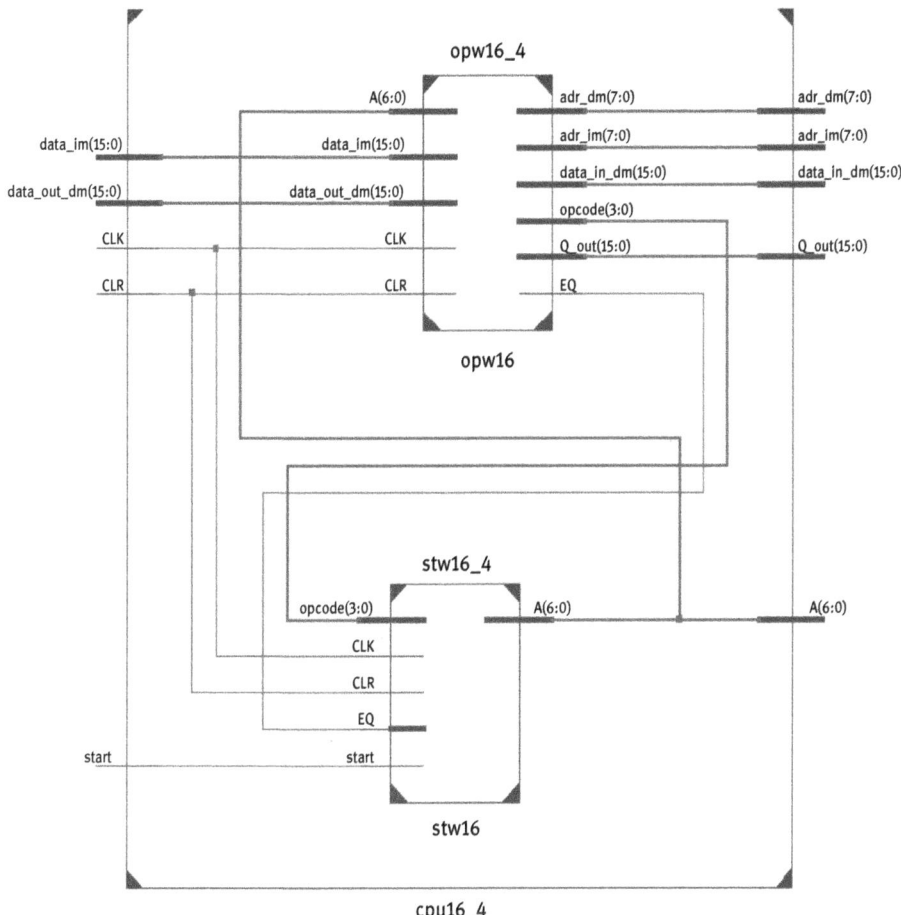

Abb. 8.4: Der 16-Bit-Single-Cycle-Prozessor

```
input CLK,
input start,
input [15:0] data_im,
input [15:0] data_out_dm,
//--------
output [6:0] A,
output [15:0] data_in_dm,
output [7:0] adr_im,
output [7:0] adr_dm,
output wire[15:0] Q_out);
//--------
wire [3:0] opcode;
```

```verilog
wire [15:0] data_in_dm;
wire EQ;
//--------
//---- 16-Bit-Operationswerk ----
opw16_4 opw16
(.CLR(CLR),.A(A),.CLK(CLK),.opcode(opcode),.
adr_im(adr_im),.data_im(data_im),.adr_dm(adr_dm),.
data_in_dm(data_in_dm),.data_out_dm(data_out_dm),.
Q_out(Q_out),.EQ(EQ));
//--------
//---- 16-Bit-Steuerwerk ----
stw16_4 stw16
(.opcode(opcode),.A(A),.CLK(CLK),.CLR(CLR),.EQ(EQ),.
start(start));
//--------
endmodule
//--------
```

Auszug aus dem Synthese-Bericht des 16-Bit-Single-Cycle-Prozessors:

```
FPGA: Spartan6 xc6slx4 (Xilinx)
--------
Basic Elements of Logic (BELS)   : 580
--------
# Adders/Subtractors             : 1
 16-bit addsub                   : 1
# Counters                       : 1
 8-bit up counter                : 1
# Registers                      : 129
  Flip-Flops                     : 129
# Multiplexers                   : 70
 1-bit 2-to-1 multiplexer        : 40
 16-bit 2-to-1 multiplexer       : 20
 16-bit 8-to-1 multiplexer       : 2
 3-bit 2-to-1 multiplexer        : 1
 7-bit 2-to-1 multiplexer        : 6
 8-bit 2-to-1 multiplexer        : 1
--------
Slice Logic Utilization:
Number of Slice Registers:     144  out of   4800
Number of Slice LUTs:          503  out of   2400
Number used as Logic:          503  out of   2400
--------
```

```
Minimum period: 8.6 ns (Maximum Frequency: 116.5 MHz)
Maximum combinational path delay: 12.8 ns
--------
```

Der Synthese-Bericht zeigt einen erhöhten Wert für die Basiselemente (BELS) sowie der LUTs (Look Up Tables). Die maximale Taktfrequenz wird mit 117 MHz angegeben. Die maximale Signallaufzeit ergibt 12.8 ns. Daraus ergibt sich eine minimale Taktfrequenz von 78 MHz.

8.2.1 Der 16-Bit-Speicher für die Befehle

Der Verilog-Code zeigt das Listing für den Befehlsspeicher (instr_mem4). Das Modul hat keinen Takteingang, d. h. die Befehle werden asynchron gelesen. Die Befehle haben das 16-Bit-Befehlsformat, eine 8-Bit-Adresse und den 4-Bit-Opcode. Der Befehlsspeicher kann entsprechend 8 Bit 256 Einträge speichern. Das ROM-Array ist für 51 Einträge definiert.

Das Testfile testprog4.txt enthält alle Befehle und wird im Hex-Format aufgerufen. Das Testfile mit den zugehörigen Befehlen geht von Adresse 0 bis Adresse 30.

```verilog
//--------
//-- 16-Bit-Instruction Memory
//--------
module instr_mem4 (
//--------
input [7:0] adr,
output reg [15:0] data_im);
//--------
//---- Array 51 x 16 Bit-Vektor ----
reg [15:0] rom [0:50];
//--------
initial
begin
//---- Testfile testprog4.txt ----
$readmemh ("testprog4.txt", rom, 0,30);
end
//--------
always @ (adr)
begin
data_im <= rom [adr];
end
endmodule
//--------
```

Testfile für die Befehle des 16-Bit-Single-Cycle-Prozessors

```
// Befehle: testprog4.txt
// NOP
0000
// LOAD R0,06
5006
// LOAD R1,01
5101
// LOAD R2,02
5202
// ADD R1,R1,R2
3112
// LOAD R1,00
5100
// SUB R2,R0,R1
1201
// JUZ 10
8010
// LOAD R1,03
5103
// SUB R2,R1,R2
1212
// LOAD R3,04
5304
// STORE 04,R0
9004
// SHR R1
6100
// ADD R1,R0,R2
3102
// SHR R2
6200
// CPL R3
4300
// SHL R1
7100
// NAND R1,R2,R3
2123
// SUB R3,R2,R2
1322
// JUZ 14
8014
```

```
// NOP
0000
// JUMP 01
a001
// STOP
b000
--------
```

8.2.2 Der 16-Bit-Speicher für die Daten

Der Source-Code für den Datenspeicher (data_mem2) sowie die Daten für das Testfile datatest4.txt wurden an das 16-Bit-Format angepasst. Das Lesen der Daten ist taktunabhängig und nur abhängig vom read-Signal (rd). Das Schreiben ist taktabhängig sowie abhängig vom write-Signal (wr). Die Daten im Testfile können einfach editiert werden.

```verilog
//--------
//-- Data Memory.v
//--------
module data_mem4 (
//--------
input rd,
input wr,
input clk,
input [7:0] adr,
input [15:0] data_in,
output reg [15:0] data_out);
//--------
reg [15:0] memory [0:50];
//--------
//---- Lesen des Daten-Files ----
initial
$readmemh ("datatest4.txt",memory, 0, 30);
//--------
always @ (adr or rd or wr or data_in)
begin
if(rd)
data_out <= memory [adr];
end
//--------
always @ (posedge clk)
begin
//---- Speichern der Daten ----
```

```
if (wr)
memory [adr] <= data_in;
end
endmodule
//--------
```

Daten für das Testfile datatest4.txt

```
// Daten: datatest4.txt (Hex)
0010
0020
0030
0040
0050
0060
0070
0080
0090
0088
0099
0040
0030
0080
0040
0000
--------
```

8.3 Das 16-Bit-Mikroprozessor-System(4.1)

Wie am Anfang von Kapitel 8 erwähnt, können die Module Operations- und Steuerwerk sowie der Befehls- und Datenspeicher unterschiedlich modelliert werden. Es werden zwei Modelle für die Modellierung auf Systemebene vorgestellt:
- System(4.1)
- System(4.2)

Bei System(4.1) erfolgt die Strukturierung in drei Module. Das Operations- und Steuerwerk wird zu dem Prozessor-Modul zusammengefasst. Die Befehls- und Datenspeicher sind in beiden Fällen gleich. Das Testfile (testprog4.txt) sowie das Datenfile (datatest4.txt) sind ebenfalls für beide Systeme gleich. Für die Simulation werden für beide Systeme eigene Testbenches erstellt. Die Abb. 8.5 zeigt die synthetisierte Schaltung für das System(4.1).

8.3 Das 16-Bit-Mikroprozessor-System(4.1)

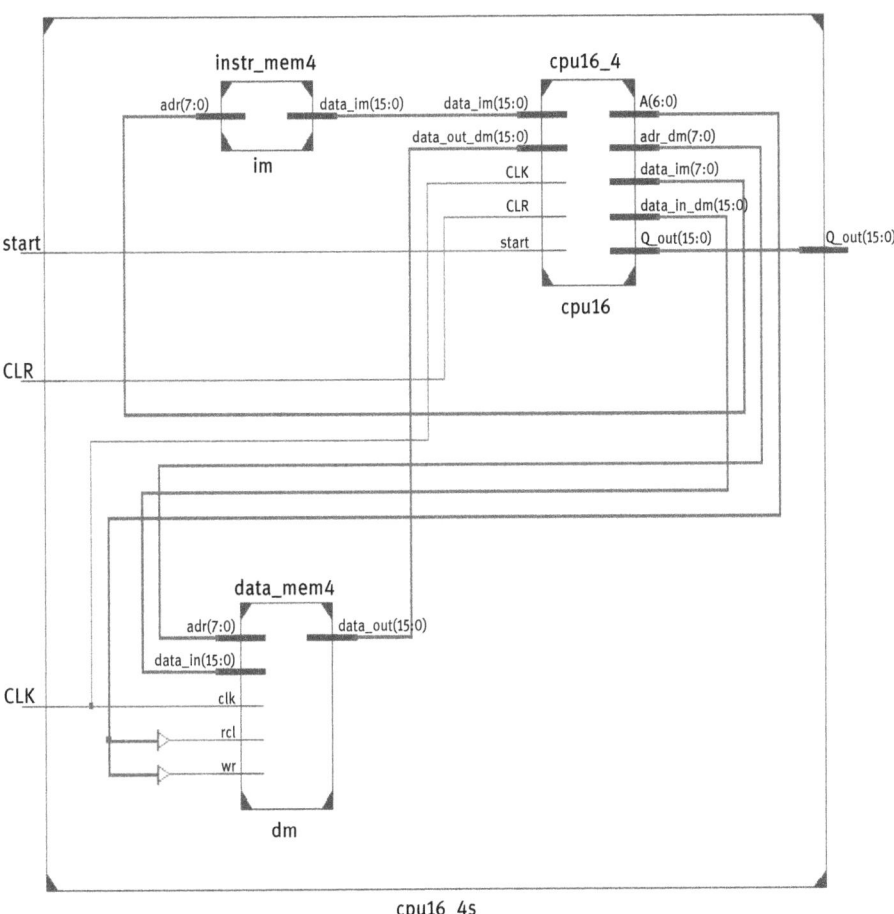

Abb. 8.5: Das 16-Bit-Single-Cycle-Prozessor-System(4.1)

```verilog
//--------
//-- 16-Bit-Mikroprozessor-System(4.1)
//--------
module cpu16_4s1
//--------
(input CLR,
input CLK,
input start,
output wire[15:0]Q_out);
//--------
wire [15:0]data_out_dm;
wire [15:0]data_im;
```

```verilog
  wire [6:0] A;
  wire [15:0]data_in_dm;
  wire [7:0]adr_dm;
  wire [7:0]adr_im;
//--------
//---- Single-Cycle-Prozessor ----
cpu16_4 cpu16
(.CLR(CLR),.A(A),.CLK(CLK),.
adr_im(adr_im),.data_im(data_im),.adr_dm(adr_dm),.
data_in_dm(data_in_dm),.data_out_dm(data_out_dm),.
Q_out(Q_out),.start(start));
//--------
//---- Instruction Memory ----
instr_mem4 im
(.adr(adr_im),.data_im(data_im));
//--------
//---- Data Memory ----
data_mem4 dm
(.rd(A[0]),.wr(A[1]),.adr(adr_dm),.data_in(data_in_dm)
,.data_out(data_out_dm),.clk(CLK));
//--------
endmodule
//--------
```

Auszug aus dem Synthese-Bericht des 16-Bit-Single-Cycle-Prozessor-Systems:

```
--------
FPGA: Spartan6 xc6slx4 (Xilinx)
--------
Basic Elements of Logic (BELS)            : 319
--------
# RAMs                                    : 2
51x16-bit single-port distributed RAM     : 1
51x16-bit single-port distributed Read Only RAM : 1
# Adders/Subtractors                      : 1
16-bit addsub                             : 1
# Counters                                : 1
8-bit up counter                          : 1
# Registers                               : 129
Flip-Flops                                : 129
# Multiplexers                            : 70
1-bit 2-to-1 multiplexer                  : 40
16-bit 2-to-1 multiplexer                 : 20
```

```
16-bit 8-to-1 multiplexer                : 2
3-bit 2-to-1 multiplexer                 : 1
7-bit 2-to-1 multiplexer                 : 6
8-bit 2-to-1 multiplexer                 : 1
--------
Slice Logic Utilization:
Number of Slice Registers:       93   out of    4800
Number of Slice LUTs:           274   out of    2400
Number used as Logic:           258   out of    2400
Number used as Memory:           16   out of    1200
Number used as RAM               16
--------
Minimum period: 8.4 ns (Maximum Frequency: 119.3 MHz)
--------
```

8.3.1 Testbench für das Mikroprozessor-System(4.1)

Der folgende Verilog-Code zeigt die Testbench für die Funktionale Simulation des Mikroprozessor-Systems(4.1). Die beiden Systeme(4.1) und (4.2) werden bis zur Simulation verglichen. Die Taktfrequenz für die Simulation wurde in der Testbench mit 50 MHz eingestellt. Ein VCD-File für die wave-Form-Darstellung (GTKWave) wird mit erstellt.

```verilog
//--------
module testbench4_1;
//--------
reg CLR;
reg start;
reg CLK;
//--------
wire [15:0] Q_out;
//--------
//---- Mikroprozessor-System(4.1) ----
cpu16_4s1 cpu_s1
(.CLR(CLR),.CLK(CLK),.Q_out(Q_out),.start(start));
//--------
initial
begin
//---- Erstellen eines VCD-Files ----
$dumpfile ("testbench4_1.vcd");
$dumpvars (0,testbench4_1);
//--------
```

```
        start = 0;
        CLK = 0;
        CLR = 1;
        #20 CLR = 0;
        //--------
        #3 start = 1;
        #60 start = 0;
        //--------
        #800 $display("simulation_end");
        $finish;
    end
    //---- Taktbedingung: Periode T = 20 ns ----
    always #10 CLK = ~CLK;
    //--------
endmodule
//--------
```

8.4 Das 16-Bit-Mikroprozessor-System(4.2)

Der folgende Verilog-Code zeigt die Modellierung des Mikroprozessor-Systems(4.2). Es ist eine strukturelle Beschreibung in die vier Module Operationswerk, Steuerwerk, Datenspeicher und Befehlsspeicher. Die Abb. 8.6 zeigt die synthetisierte Schaltung.

```
//--------
//-- 16-Bit-Mikroprozessor-System(4.2)
//--------
module cpu16_4s2
(input CLR, CLK, start,
output wire[15:0]Q_out);
//--------
wire [15:0]data_out_dm;
wire [15:0]data_im;
wire [3:0]opcode;
//--------
wire [5:0] A;
wire [15:0]data_in_dm;
wire [7:0]adr_dm;
//--------
wire [7:0]adr_im;
wire CLK_1,CLK_2;
wire EQ;
```

8.4 Das 16-Bit-Mikroprozessor-System(4.2)

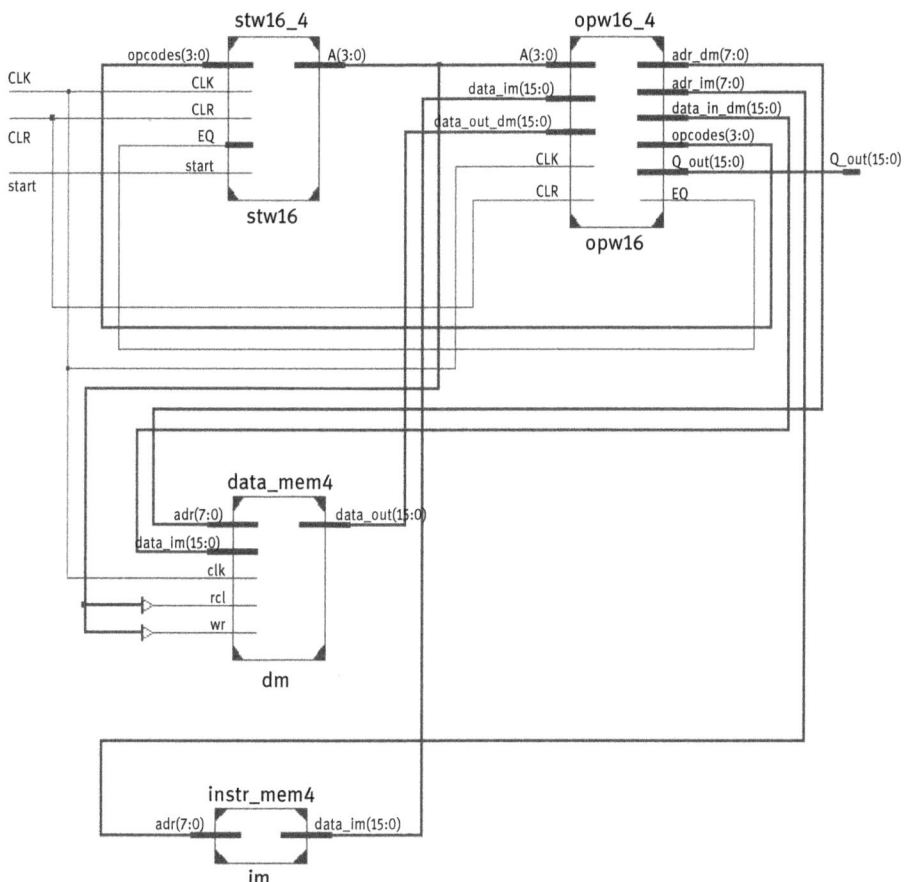

Abb. 8.6: Das Mikroprozessor-System(4.2)

```
//--------
//---- Operationswerk opw16_4 ----
opw16_4 opw16
(.CLR(CLR),.A(A),.CLK(CLK),.opcode(opcode),.
adr_im(adr_im),.data_im(data_im),.adr_dm(adr_dm),.
data_in_dm(data_in_dm),.data_out_dm(data_out_dm),.
Q_out(Q_out),.EQ(EQ));
//--------
//---- Steuerwerk stw16_4 ----
stw16_4 stw16
(.opcode(opcode),.A(A),.CLK(CLK),.CLR(CLR),.EQ(EQ),.
start(start));
//--------
```

```
//---- Instruction Memory ----
instr_mem4 im
(.adr(adr_im),.data_im(data_im));
//--------
//---- Data Memory ----
data_mem4 dm
(.rd(A[0]),.wr(A[1]),.adr(adr_dm),.data_in(data_in_dm)
,.data_out(data_out_dm),.clk(CLK));
//--------
```
endmodule
```
//--------
```

Auszug aus dem Synthese-Bericht des 16-Bit-Mikroprozessor-Systems(4.2):

```
--------
FPGA: Spartan6   xc6slx4  (Xilinx)
--------
Basic Elements of Logic (BELS)              : 309
--------
# RAMs   : 2
51x16-bit single-port distributed RAM       : 1
51x16-bit single-port distributed Read Only RAM : 1
# Adders/Subtractors                        : 1
16-bit addsub                               : 1
# Counters                                  : 1
8-bit up counter                            : 1
# Registers                                 : 129
Flip-Flops                                  : 129
# Multiplexers                              : 63
1-bit 2-to-1 multiplexer                    : 34
16-bit 2-to-1 multiplexer                   : 19
16-bit 8-to-1 multiplexer                   : 2
3-bit 2-to-1 multiplexer                    : 1
6-bit 2-to-1 multiplexer                    : 6
8-bit 2-to-1 multiplexer                    : 1
--------
Slice Logic Utilization:
Number of Slice Registers:        93   out of   4800
Number of Slice LUTs:            266   out of   2400
Number used as Logic:            250   out of   2400
Number used as Memory:            16   out of   1200
Number used as RAM:               16
--------
```

```
Minimum period: 8.9 ns (Maximum Frequency: 112.9 MHz)
--------
```

Die Taktfrequenzen für die beiden Mikroprozessor-Systeme ergeben für System(4.1) 119 MHz und System(4.2) 113 MHz. Es ergeben sich somit keine nennenswerten Abweichungen. Der Schaltungsaufwand zeigt in beiden Fällen nach den Synthese-Berichten ebenfalls nur geringe Unterschiede.

8.4.1 Testbench für das Mikroprozessor-System(4.2)

Der folgende Verilog-Code zeigt die Testbench für die Funktionale Simulation des Mikroprozessor-Systems(4.2). Für das System wurde die testbench4_2 zugeordnet. Es wurde wieder die Taktfrequenz von 50 MHz für die Testbench vorgegeben.

Für die GTKWave-Darstellung wird außerdem ein VCD-File erstellt.

```
//--------
module testbench4_2;
//--------
reg CLR;
reg start;
reg CLK;
//--------
wire [15:0] Q_out;
//--------
//---- Mikroprozessor-System(4.2) ----
cpu16_4s2 cpu_s2
(.CLR(CLR),.CLK(CLK),.Q_out(Q_out),.start(start));
//--------
initial
begin
//---- Erstellen eines VCD-Files ----
$dumpfile ("testbench4_2.vcd");
$dumpvars (0,testbench4_2);
//--------
start = 0;
CLK = 0;
CLR = 1;
#20 CLR = 0;
//--------
#3 start = 1;
#60 start = 0;
#800 $display("simulation_end");
```

```
$finish;
end
//---- Taktbedingung: Periode = 20 ns ----
always #10 CLK = ~CLK;
//--------
endmodule
//--------
```

Timing Simulation des Mikroprozessor-Systems(4.1)

Als Ergänzung zur Funktionalen Simulation der beiden Mikroprozessor-Systeme wird noch die Timing Simulation für das System(4.1) angewendet. In Kapitel 6.8 wurden die notwendigen Bedingungen für die Timing Simulation behandelt. Für den FPGA-Entwurf ist es notwendig, den Design-Fluss nach der Synthese bis zum Layout weiter zu verfolgen. Dabei ist die Timing Simulation eine wichtige Stufe für den Entwurf.

Der folgende Verilog-Code zeigt die Testbench für die Timing Simulation.

```
//--------
//-- testbench5.tf
//---- Timing Simulation ----
//--------
`timescale 1ns / 1ps
module testbench5;
//--------
reg CLR,start;
reg CLK;
wire [15:0]Q_out;
//--------
//---- Mikroprozessor cpu16_4 ----
cpu16_4s cpu_s
(.CLR(CLR),.CLK(CLK),.Q_out(Q_out),.start(start));
//--------
initial
begin
//---- VCD-File Erstellen ----
$dumpfile ("testbench5.vcd");
$dumpvars (0,testbench5);
//--------
start = 0;
CLK = 0;
CLR = 0;
//---- Wait 100 ns for Global Set/Reset ----
```

```
#100;
//---- Add stimulus here ----
CLR = 1;
#60 CLR = 0;
//--------
#10 start = 1;
#80 start = 0;
//--------
#1500 $display("simulation_end");
$finish;
//--------
end
//---- Taktbedingung: Periode T = 34 ns ----
// ---- Taktfrequenz: 30 MHz ----
always #17 CLK = ~CLK;
//--------
endmodule
//--------
```

Das Mikroprozessor-System(4.1) und das System(4.2) wurden mit einem einfachen Testfile mit einer Funktionalen Simulation getestet. Die Testfiles waren in beiden Fällen gleich. Das Testfile enthielt dabei den gesamten zu testenden Befehlssatz. Die Testergebnisse der Simulationen zeigten die Übereinstimmung zwischen den Soll- und Istwerten.

Wie schon erwähnt, zeigen sowohl der Schaltungsaufwand als auch die maximalen Taktfrequenzen keine gravierenden Unterschiede für die Mikroprozessor-Systeme.

Für das Mikroprozessor-System(4.1) wurde als Ergänzung die Timing Simulation durchgeführt. In der Testbench wurde die Periode T = 34 ns gewählt. Das entspricht einer Taktfrequenz von 30 MHz. Bei dieser Frequenz lief die Simulation fehlerfrei. Bei höheren Taktfrequenzen traten Fehler bei der Datenausgabe auf.

Sowohl die Funktionale als auch die Timing Simulation haben gezeigt, dass die beiden Mikroprozessor-Systeme das Single-Cycle-Prinzip erfüllen.

Für eine Verbesserung der Taktfrequenz des Mikroprozessor-Systems ist es notwendig, die Angaben der Synthese- und Analyse-Berichte näher zu untersuchen.

9 Das 16-Bit Mikroprozessor-System(5)

Es soll ein 16-Bit-Mikroprozessor-System mit RISC-Strukturen entworfen werden. Der Entwurf soll als eine Erweiterung des 12-Bit-Mikroprozessors aus Kapitel 2 betrachtet werden. Der 12-Bit-Mikroprozessor hatte eine einfache Registerstruktur mit einem zentralen Arbeitsregister. Dadurch wird die Akku-Einheit sehr einfach aufgebaut. Der folgende 16-Bit-Prozessor benötigt für die RISC-Strukturen eine Register-Adressierung. Die Akku-Einheit muss dafür entsprechend ausgebaut werden. Der Prozessor wird vereinfacht mit MPU16 bezeichnet [19]. Es soll wieder ein strukturierter Entwurf in der folgenden Form verwendet werden:
– Mikroprozessor (MPU16)
– Speicher für Daten und Befehle

Die 16-Bit-Version stellt eine Erweiterung in folgenden Punkten dar:
– Arithmetisch-logische Einheit (ALU)
– Adressierung
– Befehlssatz
– Registerstruktur in Richtung RISC-Strukturen
– Registeradressierung
– externe Ein- und Ausgabe-Einheit

9.1 Der 16-Bit-Mikroprozessor

Es werden zunächst die Anforderungen an den Prozessor festgelegt. Der Befehlsablauf soll wie bei dem 12-Bit-Prozessor aus Kapitel 2 durchgeführt werden. Die genaue Anzahl der CPU-Takte wird beim Entwurf des Prozessors noch festgelegt.

Eine weitere Anforderung ist eine problemlose Änderung der Eigenschaften des Prozessors, um ihn an neue Anwendungen anzupassen. Im Folgenden werden die Adress- und Datenformate genauer definiert.

Adressformat

Alle Speicheradressen haben ein 16-Bit-Format und können entsprechend von 0 bis 64 K adressiert werden. Es werden verschiedene Adressierungsarten der Speicher- und Register-Adressierung vorgestellt.

Datenformat

Das Datenformat besteht durchgehend aus einem 16-Bit-Operanden, wobei das oberste Bit (MSB) als Vorzeichen reserviert ist. Negative Operanden werden als Zweier-Komplement dargestellt.

Operand (15:0)

```
| V |   |   |   |   |   |   |   |   |   |   |   |   |   |   |   |
```
15 14   0

- Daten: Bit 0,...,14
- Vorzeichen V: Bit 15

Befehlsformat

Das Befehlsformat wird unterteilt in
1) Registerbefehle
2) Load/Store-Befehle
3) Jump-Befehle

1) Registerbefehle

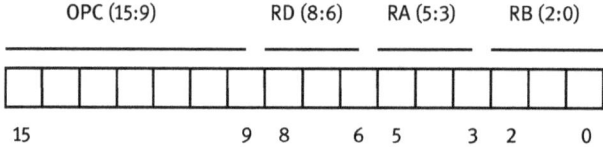

15   9 8   6 5   3 2   0

- OPC(15:9): Opcode
- RD(8:6), RA(8:6), RB(2:0): Arbeitsregister
- RD, RA, RB: Registerauswahl R0,..., R7

Für den 7-Bit-Opcode können insgesamt $2^7 = 128$ Befehle definiert werden. Der Opcode soll in vier Befehlsgruppen eingeteilt werden:
- OPC(15:11): 5-Bit-Opcode für Befehle
- OPC(10:9): 2-Bit-Opcode für die Befehlsgruppe

Für jede Befehlsgruppe können jeweils 32 Befehle vergeben werden. Tabelle 9.1 zeigt die Einteilung der Befehlsgruppen.

Die nicht definierte Befehlsgruppe kann für Erweiterungen der Befehlsstruktur verwendet werden. Für die Arbeitsregister RD, RA und RB können jeweils acht Register adressiert werden. Diese Befehlsstruktur folgt einer RISC-Architektur, in der Drei-

Tab. 9.1: Befehlsgruppen

OPC(10)	OPC(9)	Befehlsart
0	0	Registerbefehle
0	1	nicht definiert
1	0	Load/Store-Befehl
1	1	Jump-Befehle

Adress-Befehle verwendet werden können. Die Reihenfolge der Abarbeitung für Registerbefehle muss genau festgelegt werden, da sie in die Registerstruktur der Akku-Einheit eingeht. Für einen Drei-Adress-Befehl wird die Reihenfolge der Abarbeitung wie folgt festgelegt:

OPC RD ← RA, RB

Der Opcode OPC verknüpft die Inhalte der Register RA und RB miteinander und legt das Ergebnis im Zielregister RD ab.

Auf Einzelheiten in der Registerstruktur wird beim Entwurf des Operationswerkes näher eingegangen.

2) Load-/Store-Befehl

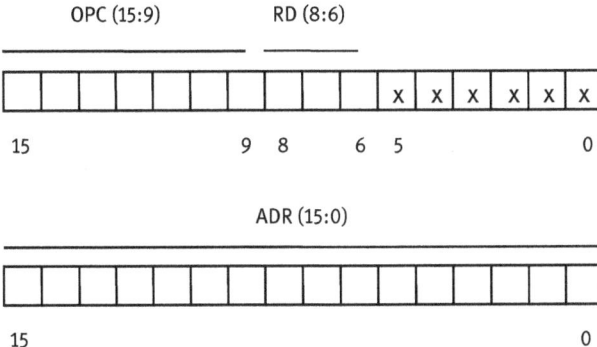

Das Befehlsformat besteht aus dem 7-Bit-Opcode, dem 3-Bit-Zielregister RD und einer 16-Bit-Adresse. Die restlichen 6 Bit des Befehlswortes sind don't-care-Werte und können für Erweiterungen des Befehlsformates genutzt werden.

3) JUMP-Befehl

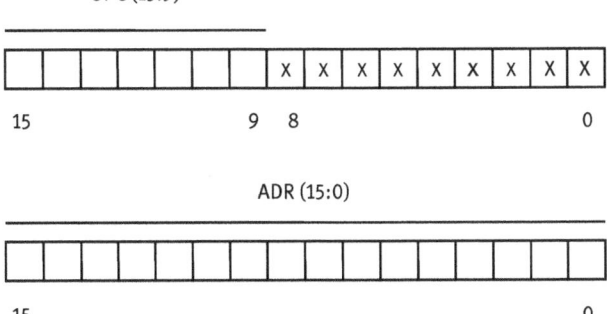

Das Befehlsformat besteht bei den Sprungbefehlen JUMP und JZ (Jump if Zero) aus dem 7-Bit-Opcode und einer 16-Bit-Adresse. Die Sprungbefehle JUMP und JZ sind ohne und mit Sprungbedingung. Die restlichen 9 Bit des Befehlswortes werden nicht genutzt und sind don't-care-Werte.

Adressierung
Folgende Adressierungsarten werden verwendet:
- Register-Register: Registerbefehle, Input-/Output-Befehle
- Register-Speicher: Load/Store-Befehle
- Speicher: Jump-Befehle

Register-Register-Adressierung
a) Registerbefehle innerhalb der Akku-Einheit. Das Befehlsformat besteht nur aus einem Befehlswort: Opcode und den Registern RA, RB und RD. Dabei kann man zwischen Ein- und Mehr-Adressbefehlen unterscheiden, z. B.:
   - Inkrement RD: Ein-Adress-Befehl
   - Addiere RD ← RA, RB: Drei-Adress-Befehl

   Beim Ein-Adress-Befehl wird nur ein 16-Bit-Befehlsformat benötigt. Es ist sonst das gleiche Befehlsformat wie beim Load/Store-Befehl.

b) Registerbefehle zwischen Input- und Output-Register und einem Zielregister RD in der Akku-Einheit:
   - RD ← Input-Register: Dateneingabe
   - Output-Register ← RD: Datenausgabe

   Es wird jeweils nur das Register RD adressiert, das zweite Register ist das Input- oder Output-Register und durch den Befehl vorgegeben. Das Befehlsformat besteht wie beim Ein-Adress-Befehl nur aus dem 16-Bit-Befehlswort.

Register-Speicher-Adressierung
Load-/Store-Befehle: Es wird entweder ein Zielregister RD mit Daten aus dem Arbeitsspeicher geladen (Load-Befehl), oder es wird der Inhalt eines Zielregisters RD in dem Arbeitsspeicher unter der Adresse m abgelegt (Store-Befehl):
- RD ← (m): Load-Befehl (m: Adresse im Speicher)
- (m) ← RD: Store-Befehl

Speicheradressierung
Es handelt sich dabei um die beiden Jump-Befehle JUMP und JZ. Es wird nur eine Speicheradresse m bestimmt, wobei nur die direkte 16-Bit-Adressierung verwendet wird (PC: Program-Counter):
- PC ← m: Sprungbedingung erfüllt
- PC ← PC + 1: Sprungbedingung nicht erfüllt

Registerstruktur
Es existieren acht 16-Bit-Register, die als Arbeitsregister verwendet werden können. Mit diesem Registerblock von nur acht Registern können mit Hilfe von Datenselektoren, d. h. Multiplexern und Demultiplexern, Drei-Adress-Befehle ausgeführt werden. Ein Registerbefehl könnte z. B. lauten:
   ADD R7 ← R1 + R3

Es sollen die Inhalte der Register R1 und R3 addiert werden und das Ergebnis im Zielregister R7 gespeichert werden. Alle drei Register werden dabei aus dem Registerblock verwendet, der notwendige Datentransfer wird durch Datenselektion realisiert. Die Registerstruktur hat eine Minimalkonfiguration. Bedingung ist in diesem Fall, dass bei einem Registerbefehl die benötigten Register immer die aktuellen Daten haben müssen.

16-Bit-Akku-Struktur
Die 16-Bit-Akku-Einheit soll entsprechend dem vorgegebenen Befehlsformat erstellt werden. Mit dem 7-Bit-Opcode lassen sich 128 Befehle codieren, die in vier Befehlsgruppen zu je 32 Befehlen eingeteilt werden.

In Tab. 9.2 ist der Befehlssatz der MPU16 zusammengestellt. Der Befehlssatz besteht aus 17 Registerbefehlen, den Load- und Store-Befehlen und zwei Adressbefehlen, so dass 107 Kombinationen für den Opcode nicht genutzt werden, d. h. es sind ungültige Opcodes. Ungültige Opcodes werden wie NOP-Befehle (No Operation) interpretiert. Bei NOP-Befehlen wird keine Operation ausgeführt, es entsteht nur eine Verzögerung in der Befehlsfolge des Maschinenprogramms.

Tab. 9.2: Befehlssatz der MPU16

Befehl	Mnemonic	Bedeutung
OPC(6:0)		
Registerbefehle		
0000000	NOP	PC ← PC + 1
0100100	SHR RD	RD ← SHR(RA)
0101000	SHL RD	RD ← SHL(RA)
0110000	DEC RD	RD ← RA − 1
0110100	INC RD	RD ← RA + 1
1000000	ADD RD, RA, RB	RD ← RA + RB
1000100	SUB RD, RA, RB	RD ← RA − RB
1001000	AND RD, RA, RB	RD ← RA AND RB
1001100	OR RD, RA, RB	RD ← RA OR RB
1010000	NAND RD, RA, RB	RD ← RA NAND RB
1010100	MOV RD, RB	RD ← RB
1011100	CLR RD	RD = 0
0101100	XOR RA, RB	RD ← RA XOR RB
1100000	CPL RD	RD ← not (RA)
1100100	INX RD	RD ← IPX
1101000	OUTX RD	OPX ← RD
1111100	STOP	Programm-Ende
Load-/Store Befehl		
0000110	LOAD RD, m	RD ← M(m)
0001010	STORE m, RD	M(m) ← RD
JUMP-Befehle		
0010011	JUMP m	PC ← m
0011011	JZ m	EQ = 1: PC ← m

In der zweiten Spalte der Tabelle sind die Kürzel (Mnemonics) der einzelnen Befehle aufgelistet. Sie können beliebig definiert werden. In der dritten Spalte ist die Bedeutung der Befehle angegeben.

Der Befehlssatz enthält Ein- und Drei-Adress-Befehle, die in der Akku-Einheit realisiert werden müssen. Dazu ist eine Register-Adressierung notwendig. Für den Jump-Befehl JZ muss für die Ausführung des Befehls die Sprungbedingung (EQ = 1) erfüllt sein.

Erläuterungen zu Tabelle 9.2

MR(15:9)	: OPC(6:0) Befehlsformat
MR(8:6)	: RD(2:0) Register RD
MR(5:3)	: RA(2:0) Register RA
MR(2:0)	: RB(2:0) Register RB
PC	: Program-Counter
MR	: Memory-Register
m	: 16 Bit-Adresse
M(m)	: Inhalt von ADR m
IPX	: Input-Register
OPX	: Output-Register
Arbeitsregister	: RA, RB, RD: R0,..., R7

9.2 Entwurf des 16-Bit-Mikroprozessors

Der Befehlsablauf des 16-Bit-Prozessors soll nach den Anforderungen des Entwurfs ca. fünf CPU-Takte pro Befehl betragen. Dazu müssen noch die Befehlsphasen definiert werden. Der Befehlsablauf kann formal aus Kapitel 2.1 übernommen werden. Es muss jedoch der erweiterte Entwurf beachtet werden. Die einzelnen Befehlsphasen für den Prozessor sollen am Beispiel der Registerbefehle betrachtet werden:

```
--------
Das Steuerwerk gibt das Startsignal zum Input-Register IPX.
--------
Laden der Startadresse in das Input-Register IPX
---- Instruction Fetch1 ----
Befehl aus dem Arbeitsspeicher in das Memory-Register MR laden
---- Instruction Fetch2 ----
a) Adress-Register AR für den nächsten Befehl oder Operanden laden
b) Instruction-Register IR laden
---- Instruction Decode1 ----
a) Befehlsgruppe dekodieren
b) Registeradresse bestimmen
---- Instruction Decode2 ----
```

Opcode interpretieren
---- Execute ----
a) Befehl ausführen
b) aktuelle Adresse vom Program-Counter (PC) ins Adress-Register AR laden

Für die Adress-Befehle müssen noch weitere Befehlsphasen hinzugenommen werden. Die einzelnen Befehle haben einen unterschiedlichen Befehlsablauf.

Die Erklärungen für die Register- und Adress-Befehle sind in Tab. 9.3 angegeben.

Tab. 9.3: Befehlstypen

Befehlstyp	Befehlsgruppe	Befehle/Bedeutung
Registerbefehl1	Registerbefehle, I/O-Befehle ohne Protokoll	alle Akku-Befehle und INX, OUTX
Registerbefehl2	Schiebe-Befehle	SHR, SHL
Adress-Befehl1	JUMP-Befehl	JZ, Beding. nicht erfüllt
Adress-Befehl2	JUMP-Befehle	JZ, Beding. erfüllt, JUMP
Adress-Befehl3	Speicher-Befehle	LOAD, STORE

Der Registerbefehl1 in Tab. 9.3 beinhaltet alle logischen und arithmetischen Befehle, die in der Akku-Einheit ausgeführt werden, sowie die Ein- und Ausgabebefehle INX und OUTX, die direkt ausgeführt werden, d. h. ohne externe Ein- bzw. Ausgabebestätigung. Der Registerbefehl2 beinhaltet die logischen Schiebebefehle für rechts (SHR) und links (SHL). Adress-Befehl1 ist der JUMP-Befehl JZ, bei dem die Sprungbedingung nicht erfüllt ist. Bei Adress-Befehl2 handelt es sich um den JUMP-Befehl JZ, wenn die Sprungbedingung erfüllt ist, sowie dem JUMP-Befehl ohne Bedingung. Der Adress-Befehl3 führt die Speicherbefehle LOAD und STORE aus.

Datentransfer von internen und externen Daten:
Input-Befehl: RD ← IPX
Der Wert am Eingang des Input-Registers IPX wird ins Zielregister RD geladen.
Output-Befehl: OPX ← RD
Der Inhalt vom Register RD wird ins Output-Register OPX geladen.
Store-Befehl: Speicher ← REG
Der Prozessor setzt das Steuersignal WR_EN = 1
Die Daten vom Register REG werden über den internen Datenbus (SYSBUS) in den RAM-Speicher geladen.
Load-Befehl: REG ← Speicher
Der Prozessor setzt das Steuersignal WR_EN = 0
Die Daten werden vom Speicher über den Datenbus MR_D in das interne Register REG geladen.
Das interne Register REG ist entweder ein Arbeitsregister R0, ..., R7 in der Akku-Einheit oder das Input-Register (IPX) bzw. Output-Register (OPX).

9 Das 16-Bit Mikroprozessor-System(5)

Die Abb. 9.1 zeigt den Funktionsblock des Mikroprozessorsystems mit den Signalen für die Ein- und Ausgänge.

Entsprechend den Ausgangsbedingungen für den Entwurf ist das Mikroprozessor-System in die Komponenten Prozessor und Speicher aufgeteilt.

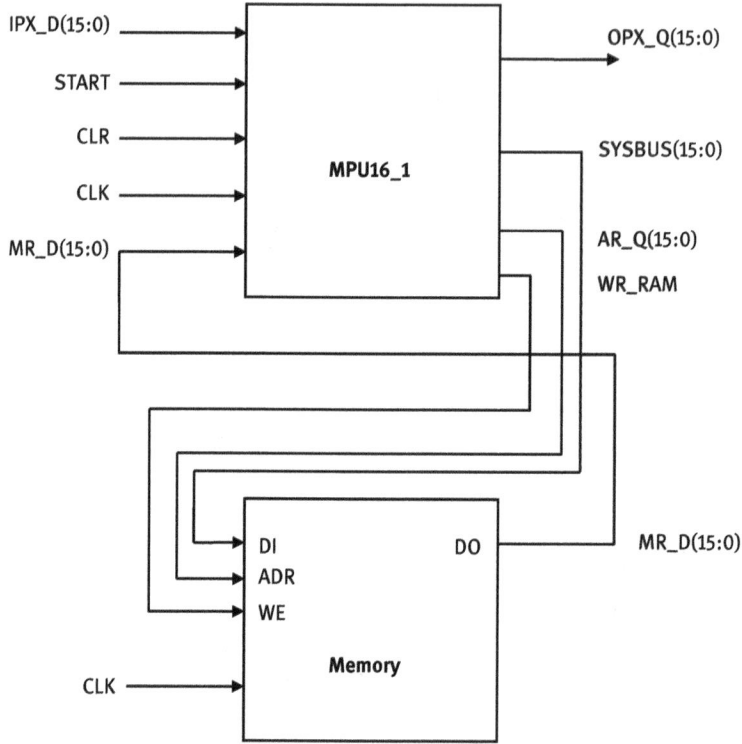

Abb. 9.1: Das 16-Bit-Mikroprozessor-System

Bezeichnungen der Ein- und Ausgangssignale:
IPX_D(15:0)   : Dateneingang Input-Register IPX
OPX_Q(15:0)   : Datenausgang Output-Register OPX
AR_Q(15:0)   : Datenausgang Adress-Register AR
SYSBUS(15:0) : Datenbus Input/Output
MR_D(15:0)   : Dateneingang Memory-Register MR
CLR   : Clear asynchron
START   : Programm starten
CLK   : Takteingänge
WR_RAM   : Write Enable für den Speicher

Anhand des Blockdiagramms in Abb. 9.1 wird der Datentransfer über das Input-Register IPX_D und das Output-Register OPX_Q sichtbar. Das Input-Register enthält die Startadresse für das Maschinenprogramm. Beim START-Signal wird die Adresse über den Datenbus SYSBUS zum Program-Counter PC geleitet. Es folgt ein Lesezugriff auf den Arbeitsspeicher. Für die Lesebefehle bekommt der Speicher zuerst die Adresse AR_Q für den Befehl und gibt ihn über den Datenbus MR_D zum Memory-Register MR. Für die Schreibbefehle werden die Operanden über den Datenbus SYSBUS in den Speicher geschrieben. Das WE-Signal (Write Enable) muss dazu aktiv sein. Die Ergebnisse können über das Output-Register ausgegeben werden. Es handelt sich hier um den äußeren Datentransfer zwischen Prozessor und Speicher und den Transfer der Input- und Output-Register. Auf die Verarbeitung der Befehle im Prozessor wird beim Entwurf des Operations- und Steuerwerkes näher eingegangen.

Für den Entwurf des Mikroprozessor-Systems wird für das Taktsignal zunächst ein gemeinsames Signal für Prozessor und Speicher angenommen. Bei der Modellierung des Mikroprozessor-Systems muss jedoch die Taktfolge beachtet werden. Dazu müssen die Clock-Eingänge der einzelnen Komponenten zum richtigen Zeitpunkt getaktet werden. Auf die Einzelheiten wird bei der Modellierung des Systems noch näher eingegangen [14, 19].

9.3 Entwurf des 16-Bit-Operationswerkes

Der Entwurf des Operationswerkes muss gemeinsam mit dem Steuerwerk betrachtet werden. Dabei spielt der Datenaustausch zwischen den beiden Schaltwerken eine wichtige Rolle. Die Abb. 9.2 zeigt das Blockdiagramm des 16-Bit-Mikroprozessors mit den Komponenten Operations- und Steuerwerk. Der Datentransfer zwischen den beiden Komponenten wird über den Ansteuervektor A und den Statusvektor S geregelt. Die Größe des Ansteuervektors A(n − 1:0) ist unbekannt und muss noch bestimmt werden.

Bis auf den Ansteuervektor A sind die Bitbreiten für alle Ein- und Ausgangssignale bekannt. Der Statusvektor S ist ein 7-Bit-Vektor und besteht nur aus dem 7-Bit-Opcode. Der Datentransfer über die Ein- und Ausgangssignale des Prozessors mit dem Arbeitsspeicher wurde bereits in Abb. 9.1 erläutert. Hier geht es um den Datentransfer zwischen Operations- und Steuerwerk. Der Entwurf des Operationswerkes soll wie in Kapitel 2 mit Hilfe des Ansteuervektors realisiert werden.

In Abb. 9.3 ist der Funktionsblock des Operationswerkes mit allen Ein- und Ausgängen dargestellt. Der Ansatz mit Hilfe des Ansteuervektors liegt darin, den Datentransfer der Komponenten im Operationswerk zu bestimmen. Dazu müssen die Komponenten als Funktionsblöcke bekannt sein, d. h. die Ein- und Ausgänge der Funktionsblöcke sowie deren Funktion. Es werden also zunächst die Funktionsblöcke für das Operationswerk bestimmt.

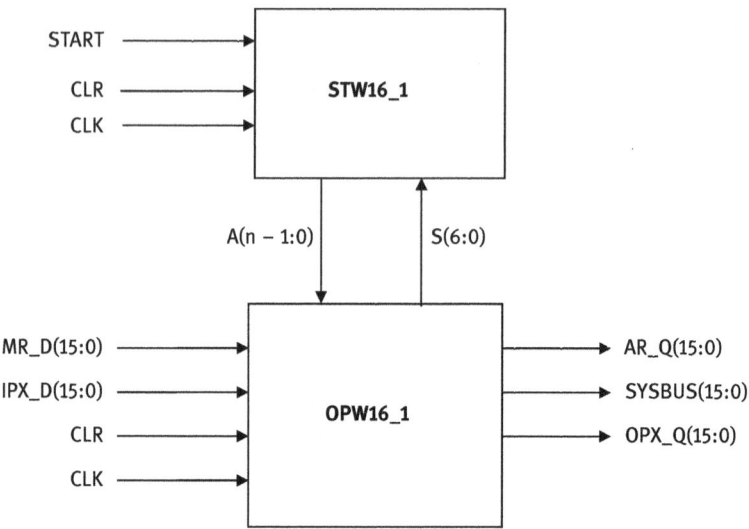

Abb. 9.2: Blockdiagramm des 16-Bit-Mikroprozessors

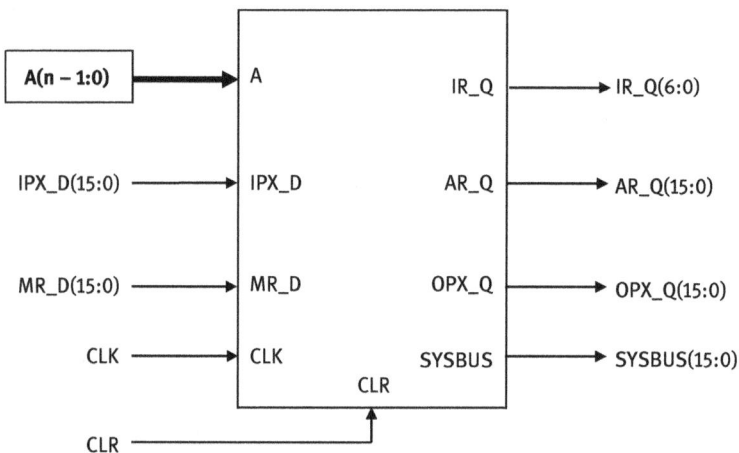

Abb. 9.3: Operationswerk der MPU16

9.3.1 Die Komponenten des 16-Bit-Operationswerkes

Für den 16-Bit Prozessor sollen folgende Komponenten verwendet werden:
- 16-Bit-Program-Counter: PC
- 16-Bit-Address-Register: AR
- 16-Bit-Memory-Register: MR
- 7-Bit-Instruction-Register: IR
- 16-Bit-Input-Register: IPX

- 16-Bit-Output-Register: OPX
- 16-Bit-AKKU-Einheit: AKKU

Die 16-Bit-Akku-Einheit

Die Ein- und Ausgangsbeschaltung der Akku-Einheit entspricht einem Top-down-Entwurf und beschreibt nur den Funktionsblock. Die Realisierung der Akku-Einheit, d. h. der innere Aufbau, erfolgt erst beim Entwurf. Aus dem vorgegebenen Befehlsformat können die notwendigen Datenein- und -ausgänge für die Akku-Einheit bestimmt werden:
- Arbeitsregister: MR_Q(8:0)
- Ansteuervektor: A(n − 1:0)
- 16-Bit-Dateneingang: AKKU_B(15:0)
- 16-Bit-Datenausgang: A_Q(15:0)
- Ausgang, Zero-Abfrage: EQ

Abb. 9.4 zeigt den Funktionsblock für die Akku-Einheit. Der 9-Bit-Signaleingang MR_Q steht für die Registeradressierung der Arbeitsregister RA, RB und RD, die jeweils mit 3 Bit von Register R0 bis R7 adressiert werden können. Der Ansteuervektor A muss noch bei der Realisierung der Akku-Einheit zugeordnet werden, die Bitbreite ist noch nicht bekannt. Die Signale AKKU_B und A_Q stehen für die 16-Bit-Datenein- und Ausgänge. Die Steuereingänge CLK und CLR wurden nicht berücksichtigt.

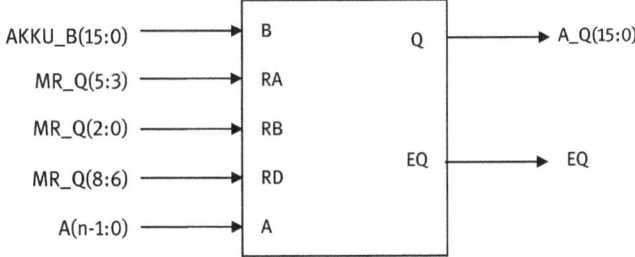

Abb. 9.4: Funktionsblock der 16-Bit-Akku-Einheit

Die 16-Bit-ALU-Einheit

In Abb. 9.5 ist der Funktionsblock und in Tab. 9.4 die zugehörige Funktionstabelle der 16-Bit-ALU-Einheit dargestellt. Die Schiebefunktionen „Shift right" (SHR) und „Shift left" (SHL) werden in einem Schieberegister in der Akku-Einheit realisiert und in der ALU-Einheit nur durchgeschaltet (Durchschalten von A). Nicht genutzte Funktionen in der ALU-Einheit werden ebenfalls nur auf den Ausgang durchgeschaltet.

Die in dem Befehlssatz definierten arithmetischen und logischen Befehle können mit 4 Bit codiert werden. Bei einer Erweiterung der Funktionen innerhalb der ALU-Einheit muss der Steuereingang entsprechend geändert werden.

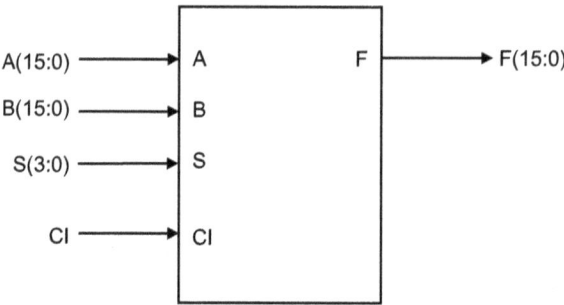

Abb. 9.5: Funktionsblock der 16-Bit-ALU-Einheit

Tab. 9.4: Funktionstabelle der 16-Bit-ALU-Einheit

Steuereingang S(3:0)				Funktion	Bedeutung
(3)	(2)	(1)	(0)		
0	0	0	0	F = A	Durchschalten von A
0	0	0	1	F = A + B + CI	Addition
0	0	1	0	F = A − B − CI	Subtraktion
0	0	1	1	F = A AND B	AND-Funktion
0	1	0	0	F = A OR B	OR-Funktion
0	1	0	1	F = A NAND B	NAND-Funktion
0	1	1	0	F = A + 1	Inkrement
0	1	1	1	F = A − 1	Dekrement
1	0	0	0	F = A	Durchschalten von A (SHR)
1	0	0	1	F = A	Durchschalten von A (SHL)
1	0	1	0	F = B	MOV B nach A
1	0	1	1	F = not A	Negation von A
1	1	0	0	F = A	Durchschalten von A
1	1	0	1	F = A	Durchschalten von A
1	1	1	0	F = A XOR B	A XOR B
1	1	1	1	F = 0	CLR-Funktion

Die zu schaltenden Datenwege und Teilfunktionen im Operationswerk können in eine Ansteuertabelle eingetragen und dem Ansteuervektor A(i) bitweise zugeordnet werden.

Die Abb. 9.6 zeigt das unvollständige Blockdiagramm des Operationswerkes. In dem Blockdiagramm sind nur die definierten Module für das Operationswerk mit den Ein- und Ausgängen eingezeichnet. Die Mikrooperationen für den Ansteuervektor A(i) müssen noch zugeordnet werden. Die gestrichelte Linie beim Multiplexer4_1 deutet an, dass der Multiplexer nicht direkt mit dem Datenbus SYSBUS verbunden werden kann. Hier wird ein Tri-State-Buffer eingesetzt, der die jeweiligen Multiplexer-Eingänge zum Datenbus durchschaltet.

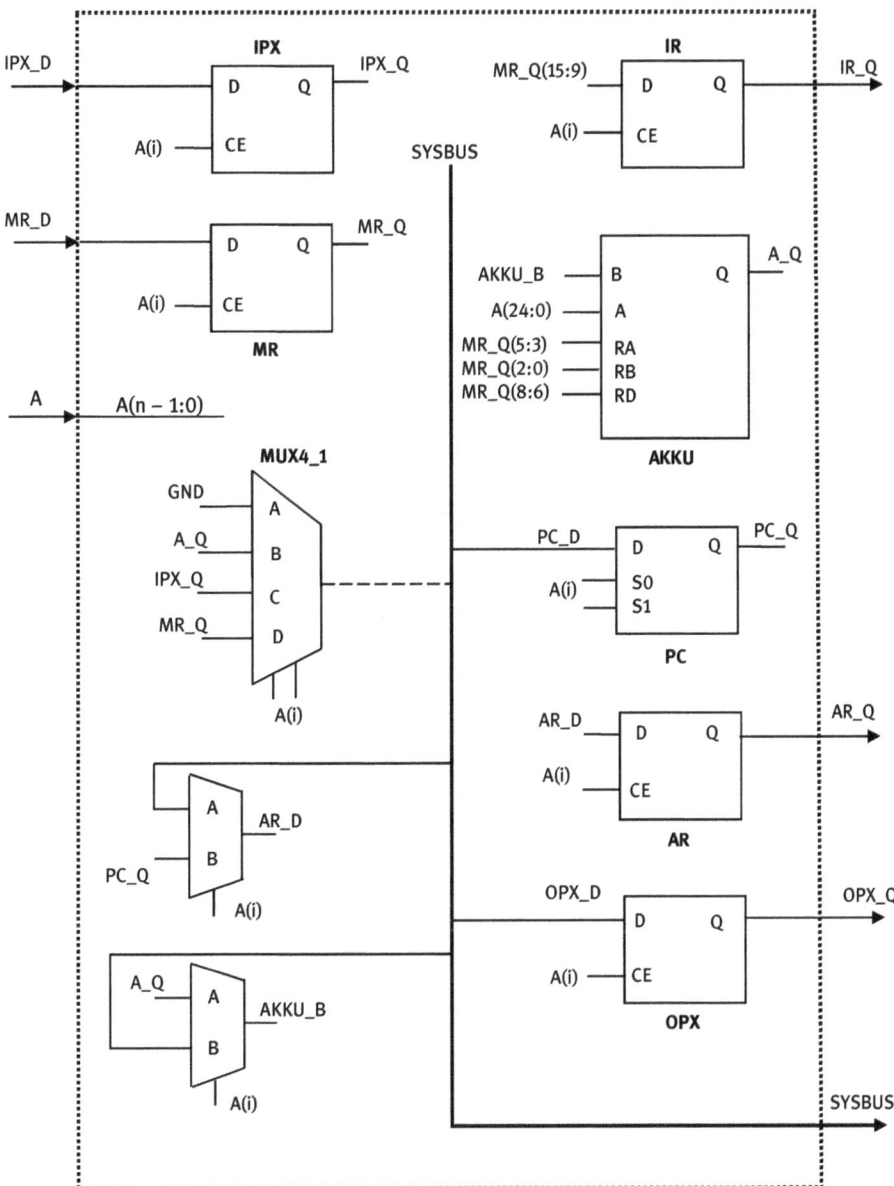

Abb. 9.6: Blockdiagramm des 16-Bit-Operationswerkes

Tab. 9.5 zeigt die vollständige Ansteuertabelle, sie ergibt einen Ansteuervektor A(n − 1:0) mit einer Bitbreite von n = 25. Die Tabelle ist aus Platzgründen in zwei Teile aufgeteilt. Die erste Hälfte enthält den Ansteuervektor A(11:0) und die zweite Hälfte A(24:12). Die Mikrooperationen in der Ansteuertabelle sind durchnummeriert.

Tab. 9.5: Ansteuertabelle des 16-Bit-Operationswerkes

Ansteuervektor A(11:0)													
Nr	11	10	9	8	7	6	5	4	3	2	1	0	Funktion/Datentransfer
1											1	1	PC_Q ← SYSBUS
2												0	nicht benutzt
3											1		PC_Q ← PC_Q + 1
4								0	0				nicht benutzt
5						1	1						AR_Q ← PC_Q
6						1							AR_Q ← SYSBUS
7					1								MR_Q ← MR_D
8				1									SYSBUS ← A_Q
9			1										SYSBUS ← IPX_D
10			1	1									SYSBUS ← MR_Q
11		0											nicht benutzt
12	1												OPX_Q ← SYSBUS

Ansteuervektor A(24:12)													
Nr	24	23	22	21	20	19	18	17	16	15	14	13	12	Funktion/Datentransfer
13													1	IR_Q ← MR_Q(15:9)
14											1			AKKU_B ← SYSBUS
15										1				DI_RAM ← SYSBUS
16									0					nicht benutzt
17								1						A_Q ← Q_SH
18							1							Q_RA ← RD
19						0								nicht benutzt
20					1									Q_A,Q_B ← AKKU_B
21				1										RA,RB,RD ← MR_Q
22			1											A_Q ← Q_A + Q_B
23		1												A_Q ← Q_A − Q_B
24			1	1										A_Q ← Q_A & Q_B
25	1													A_Q ← Q_A v Q_B
26		1		1										A_Q ← ~(Q_A & Q_B)
27		1	1											A_Q ← Q_A + 1
28		1	1	1										A_Q ← Q_A − 1
29	1													Q_SH ← SHR(Q_A)
30	1			1										Q_SH ← SHL(Q_A)
31	1		1											MOV A_Q ← Q_B
32	1		1	1										A_Q ← ~(Q_A)
33	1	1												A_Q ← Q_A
34	1	1		1										A_Q ← Q_A
35	1	1	1											A_Q ← Q_A ∧ Q_B
36	1	1	1	1										A_Q ← ‚0'
37														A_Q ← Q_A

Bezeichnungen in der Ansteuertabelle

PC_D, PC_Q	: Program-Counter PC Eingang/Ausgang
MR_D, MR_Q	: Memory-Register MR Eingang/Ausgang
AR_D, AR_Q	: Adress-Register AR Eingang/Ausgang
IPX_D, IPX_Q	: Input-Register IPX Eingang/Ausgang
OPX_D, OPX_Q	: Output-Register OPX Eingang/Ausgang
Q_A, Q_B	: Akku-Register Ausgang
F	: ALU-Einheit Ausgang
Q_SH	: Akku-Register Ausgang
A_Q	: Akku-Einheit Ausgang
IR_Q	: Instruction -Register Ausgang
SYSBUS	: Datenbus intern/extern
AKKU_B	: Akku-Einheit Eingang
SHR	: shift right
SHL	: shift left
DI_RAM	: Speichereingang
RA,RB,RD	: Arbeitsregister Akku-Register

Mit Hilfe der Ansteuertabelle kann jetzt das vollständige Blockdiagramm für das Operationswerk erstellt werden.

Die Bitpositionen 0, 3, 4, 10, 15 und 18 in der Ansteuertabelle werden nicht benutzt und können für Erweiterungen verwendet werden [15].

9.3.2 Entwurf der 16-Bit-Akku-Einheit

Der Akkumulator soll in die folgenden Komponenten strukturiert werden:
- Arithmetisch-logische Einheit (ALU)
- Register-Einheit
- Multiplexer

Der Funktionsblock der Akku-Einheit in Abb. 9.4 zeigt die Ein- und Ausgänge. Der Ansteuervektor für die Akku-Einheit hat 9 Bit für den Bereich A(24:16). Durch die Zuordnungen in der Ansteuertabelle für das Operationswerk kann jetzt der Datentransfer für die Akku-Einheit bestimmt werden:

```
Ansteuervektor Steuereingang
 A(16): S_AKKU(0)
 A(17): S_AKKU(1)
 A(18): S_AKKU(2)
 A(19): S_AKKU(3)
 A(20): S_AKKU(4)
```

A(21): S_ALU(0)
A(22): S_ALU(1)
A(23): S_ALU(2)
A(24): S_ALU(3)

Die Bitbreite für den Steuereingang S_AKKU, der den internen Datentransfer regelt, ergibt sich damit zu 5 Bit.

Aus dem Befehlsformat für Registerbefehle erhält man direkt die Register-Adressierung in der folgenden Form:
- MR_Q(8:6): RD
- MR_Q(5:3): RA
- MR_Q(2:0): RB

In Abb. 9.7 sind die Signale für den Ansteuervektor A und die Registeradressierung MR_Q eingetragen. Die Akku-Einheit besteht aus den Komponenten Register-Einheit, der ALU-Einheit und einem Multiplexer MUX2_1. Die Register-Einheit enthält die acht Arbeitsregister R0 bis R7 und die Steuerung für den Datentransfer. Die 16-Bit-ALU-Einheit ist mit dem Ansteuervektor A(24:21) für den Steuereingang S_ALU(3:0) verbunden.

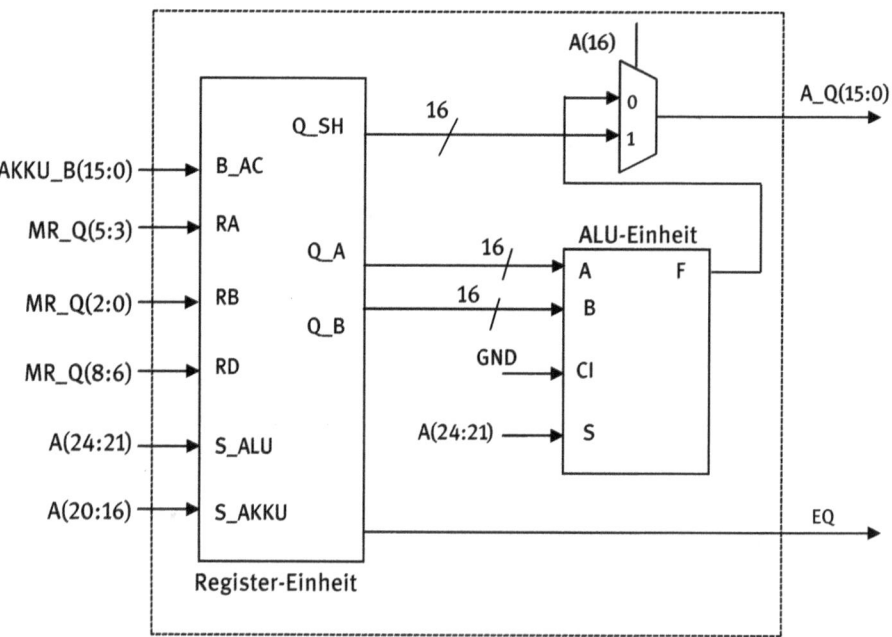

Abb. 9.7: Blockdiagramm der 16-Bit-Akku-Einheit

Der Steuereingang vom Multiplexer stellt die Verbindung zum Ansteuervektor A(16) her. Er selektiert zwischen dem Ergebnis der ALU-Einheit und dem Schieberegister in der Register-Einheit.

Die Register-Einheit besteht aus den Komponenten Schieberegister, Akku-Register, Register-Adressierung sowie Multiplexer und Demultiplexer. Die Register-Adressierung besteht aus drei Adress-Registern für die Zuordnung der Register-Adressen. Das Schieberegister wird über den 4-Bit-Steuereingang S_ALU(3:0) gesteuert. Die Schiebefunktionen sind in der Funktionstabelle der 16-Bit-ALU definiert (s. Tab. 9.4). Die Auswahl der Arbeitsregister im Registerblock wird über die 16-Bit-Multiplexer und Demultiplexer gesteuert. Der Demultiplexer DEMUX1_8 und die Multiplexer MUX8_1 selektieren die 16-Bit-Daten. Der Demultiplexer DEMUX1_8 ist mit dem gleichen Steuereingang Q_RD(2:0) wie der DEMUX1_8 verbunden und selektiert die CE-Eingänge der Arbeitsregister. In dem 3-Bit-Registerblock (Adress-Register) werden die Registeradressen zwischengespeichert. Der Multiplexer MUX2_3 selektiert die Registeradressen RA(2:0) und RD(2:0). Die Zero-Abfrage auf das Ergebnis im Akku-Register wird zum Ausgangssignal EQ geleitet. Der Aufbau der Register-Einheit ist in Abb. 9.8 dargestellt. Zur Verdeutlichung sind die Verbindungen nicht alle durchgezogen.

Die folgende Zuordnung soll noch einmal den Datentransfer in der Akku-Einheit verdeutlichen. Der nicht belegte Steuereingang S_AKKU(2) ist nicht zugeordnet und kann für Erweiterungen genutzt werden.

```
Steuereingang: Datentransfer
S_AKKU(0) : A_Q ← Q_SH
S_AKKU(1) : Q_RA ← RD
S_AKKU(2) : nicht belegt
S_AKKU(3) : Q_A,Q_B ← AKKU_B
S_AKKU(4) : RA, RB, RD ← MR_Q(8:0)
```

9 Das 16-Bit Mikroprozessor-System(5)

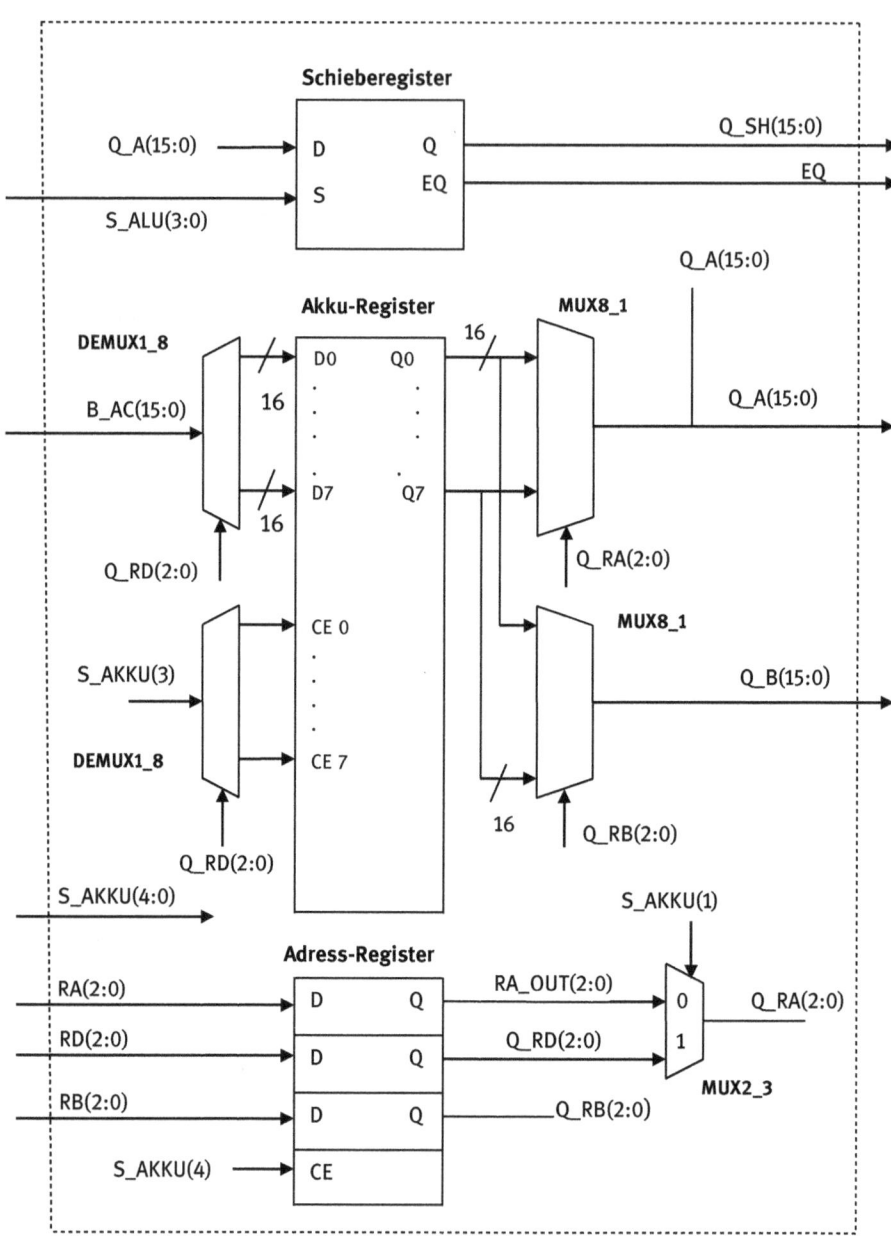

Abb. 9.8: Blockdiagramm der 16-Bit-Register-Einheit

9.4 Entwurf des 16-Bit-Steuerwerkes

Das Steuerwerk wird als getakteter Automat nach dem Mealy-Modell erstellt. Der Mealy-Automat wurde bereits bei den 12-Bit-Mikroprozessoren angewendet. Die Abb. 9.9 zeigt den Funktionsblock mit den Ein- und Ausgangssignalen.

Der Automat kann auf verschiedene Arten beschrieben werden, als Automatentabelle, als Automatengraph oder in Form von Automatengleichungen. In diesem Fall ist es sinnvoll, mit der Automatentabelle zu arbeiten, da der Automatengraph zu unübersichtlich wird. Der Automatengraph wird jedoch zur Darstellung des Steuerwerkes mit eingesetzt.

Die Tab. 9.6 zeigt die Automatentabelle für das 16-Bit-Steuerwerk. In der ersten Spalte der Tabelle sind die Zustandsübergänge durchnummeriert. Diese Nummerierungen sind im Automatengraph in Abb. 9.10 für die Übergangsbedingungen eingetragen. Der Automatengraph ist in kompakter Form dargestellt und soll die Zustands-

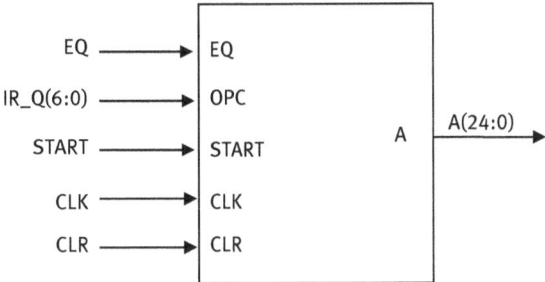

Abb. 9.9: Funktionsblock für das 16-Bit-Steuerwerk

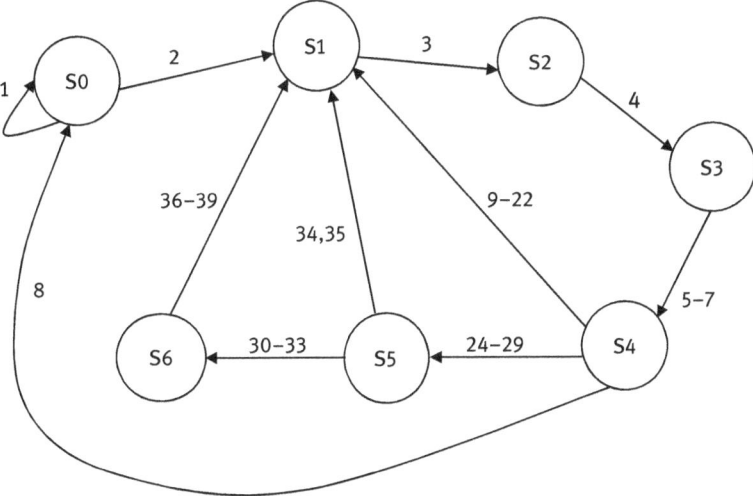

Abb. 9.10: Vereinfachter Automatengraph für das Steuerwerk der MPU16

übergänge verdeutlichen. Es ergeben sich sieben Zustände S0 bis S6 für den Mealy-Automaten.

Jeder Maschinenbefehl setzt sich aus mehreren elementaren Transferoperationen zusammen. Diese Operationen realisieren den Datentransfer zwischen den Funktionsblöcken oder führen Teilfunktionen in den Funktionsblöcken aus. Diese Aktionen sind in der zweiten Spalte der Tabelle dargestellt und sind als Kommentar für den Datentransfer mit aufgeführt. Ein vorangestelltes „N" vor einem Ausdruck soll eine Negation des Ausdrucks angeben. Der Eingangsvektor X setzt sich zusammen aus dem 7-Bit-Opcode OPC(6:0) für den jeweiligen Befehl und dem Start-Signal zum Starten des Maschinenprogramms. Der Ausgangsvektor Y enthält den 25-Bit-Ansteuervektor A(24:0) für die Ansteuerung der Mikrooperationen.

In der Spalte für den Ansteuervektor sind nur die Bitpositionen angegeben, die ungleich null sind. Die Codierung für die Zustände Z und Folgezustände V des Steuerwerkes ist nicht explizit angegeben, sondern nur mit S0 bis S6 bezeichnet. Hier wird i. a. die „One-Hot"- oder binäre Codierung gewählt. Im vorliegenden Fall ist die binäre Codierung gewählt. Im Automatengraph in Abb. 9.10 sind in dieser kompakten Darstellung einzelne Zustandsübergänge relativ unübersichtlich, für den Gesamtüberblick der vorhandenen Zustände ist er dennoch gut geeignet.

Tab. 9.6: Automatentabelle für das 16-Bit-Steuerwerk

Nr.	Bedingungen/Datentransfer	Eingangsvektor X	Z	V	A(24:0)
1	N-Start/ SYSBUS ← IPX_D	N-Start	S0	S0	A(9)
2	Start/ PC_Q ← SYSBUS SYSBUS ← IPX_D AR_Q ← SYSBUS	Start	S0	S1	A(2,1) A(9) A(6)
3	xxx/ PC_Q ← PC_Q +1 MR_Q ← MR_D Q_RA ← RD	xxxxx	S1	S2	A(2) A(7) A(17)
4	xxx/ IR_Q ← MR_Q(15:9) AR_Q ← PC_Q Q_RA ← RD	xxxxx	S2	S3	A(12) A(6,5) A(17)
5	Registerbefehl RA,RB,RD ← MR_Q(8:0) Q_RA ← RD	OPC(1:0) = 00	S3	S4	 A(20) A(17)
6	LOAD/STORE-Befehl MR_Q ← MR_D PC_Q ← PC_Q + 1 RA,RB,RD ← MR_Q(8:0) Q_RA ← RD	OPC(1:0) = 10	S3	S4	 A(7) A(2) A(20) A(17)
7	Adress-Befehl MR_Q ← MR_D PC_Q ← PC_Q + 1 Q_RA ← RD	OPC(1:0) = 11	S3	S4	 A(7) A(2) A(17)

Tab. 9.6: (Fortsetzung)

Nr.	Bedingungen/Datentransfer	Eingangsvektor X	Z	V	A(24:0)
8	STOP / NV	OPC = STOP	S4	S0	Nullvektor
9	NOP/AR_Q ← PC_Q	OPC = NOP	S4	S1	A(6,5)
10	XOR/ AR_Q ← PC_Q XOR Q_A, Q_B	OPC = XOR	S4	S1	A(6,5) A(24:22)
11	ADD/ AR_Q ← PC_Q ADD A_Q ← Q_A, Q_B Q_A,Q_B ← AKKU_B	OPC = ADD	S4	S1	A(6,5) A(21) A(19)
12	SUB/ AR_Q ← PC_Q SUB A_Q ← Q_A , Q_B Q_A,Q_B ← AKKU_B	OPC = SUB	S4	S1	A(6,5) A(22) A(19)
13	AND/ AR_Q ← PC_Q AND A_Q ← Q_A, Q_B Q_A,Q_B ← AKKU_B	OPC = AND	S4	S1	A(6,5) A(22,21) A(19)
14	OR/ AR_Q ← PC_Q OR A_Q ← Q_A, Q_B Q_A,Q_B ← AKKU_B	OPC = OR	S4	S1	A(6,5) A(23) A(19)
15	XOR/ AR_Q ← PC_Q XOR A_Q ← Q_A, Q_B Q_A, Q_B ← AKKU_B	OPC = XOR	S4	S1	A(6,5) A(23,21) A(19)
16	DEC/ AR_Q ← PC_Q DEC A_Q ← Q_A − 1 Q_A, Q_B ← AKKU_B Q_RA ← RD	OPC = DEC	S4	S1	A(6,5) A(23:21) A(19) A(17)
17	INC/ AR_Q ← PC_Q INC A_Q ← Q_A + 1 Q_A,Q_B ← AKKU_B Q_RA ← RD	OPC = INC	S4	S1	A(6,5) A(23,22) A(19) A(17)
18	CPL/ AR_Q ← PC_Q CPL A_Q ← not(Q_A) Q_A,Q_B ← AKKU_B Q_RA ← RD	OPC = CPL	S4	S1	A(6,5) A(24,22,21) A(19) A(17)
19	CLR/ AR_Q ← PC_Q CLR A_Q ← ,0' Q_A,Q_B ← AKKU_B Q_RA ← RD	OPC = CLR	S4	S1	A(6,5) A(24:21) A(19) A(17)
20	MOV/ AR_Q ← PC_Q MOV A_Q ← Q_B Q_A,Q_B ← AKKU_B	OPC = MOV	S4	S1	A(6,5) A(24,22) A(19)
21	INX /AR_Q ← PC_Q Q_A,Q_B ← AKKU_B Q_RA ← RD AKKU_B ← SYSBUS	OPC = INX	S4	S1	A(6,5) A(19) A(17) A(13)

Tab. 9.6: (Fortsetzung)

Nr.	Bedingungen/Datentransfer	Eingangsvektor X	Z	V	A(24:0)
22	OUTX/ AR_Q ← PC_Q Q_RA ← RD OPX_Q ← SYSBUS SYSBUS ← A_Q	OPC = OUTX	S4	S1	A(6,5) A(17) A(11) A(8)
23	JZ ∧ N-Z/AR_Q ← PC_Q	OPC = JZ ∧ N-Z	S4	S1	A(6,5)
24	JUMP/PC_Q ← SYSBUS SYSBUS ← MR_Q MR_Q ← MR_D	OPC = JUMP	S4	S5	A(2,1) A(9,8) A(7)
25	JUMP/PC_Q ← SYSBUS SYSBUS ← MR_Q MR_Q ← MR_D	OPC = JZ ∧ Z	S4	S5	A(2,1) A(9,8) A(7)
26	SHR/ Q_RA ← RD	OPC = SHR	S4	S5	A(17)
27	SHL/ Q_RA ← RD	OPC = SHL	S4	S5	A(17)
28	LOAD/ AR_Q ← SYSBUS SYSBUS ← MR_Q	OPC = LOAD	S4	S5	A(6) A(9,8)
29	STORE/ AR_Q ← SYSBUS SYSBUS ← MR_Q	OPC = STORE	S4	S5	A(6) A(9,8)
30	STORE/ SYSBUS ← A_Q DI_RAM ← SYSBUS Q_RA ← RD	OPC = STORE	S5	S6	A(8) A(14) A(17)
31	LOAD/ MR_Q ← MR_D Q_RA ← RD	OPC = LOAD	S5	S6	A(7) A(17)
32	SHR/ Q_RA ← RD Q_SH ← SHR(Q_A) A_Q ← Q_SH	OPC = SHR	S5	S6	A(17) A(24) A(16)
33	SHL/ Q_RA ← RD Q_SH ← SHL(Q_A) A_Q ← Q_SH	OPC = SHL	S5	S6	A(17) A(24,21) A(16)
34	JUMP /AR_Q ← PC_Q	OPC = JUMP	S5	S1	A(6,5)
35	JZ /AR_Q ← PC_Q	OPC = JZ	S5	S1	A(6,5)
36	STORE /AR_Q ← PC_Q	OPC = STORE	S6	S1	A(6,5)
37	LOAD /AR_Q ← PC_Q SYSBUS ← MR_Q Q_A,Q_B ← AKKU_B AKKU_B ← SYSBUS Q_RA ← RD	OPC = LOAD	S6	S1	A(6,5) A(9,8) A(19) A(13) A(17)
38	SHR /AR_Q ← PC_Q A_Q ← Q_SH Q_A,Q_B ← AKKU_B Q_RA ← RD	OPC = SHR	S6	S1	A(6,5) A(16) A(19) A(17)
39	SHL /AR_Q ← PC_Q A_Q ← Q_SH Q_A,Q_B ← AKKU_B Q_RA ← RD	OPC = SHL	S6	S1	A(6,5) A(16) A(19) A(17)

Bezeichnungen zu Tabelle 9.6:

Z	: Zustandsvektor
V	: Folgezustandsvektor
X	: Eingangsvektor
x	: don't-care-Werte
A(24:0)	: Ansteuervektor
A(24:21)	: Steuereingang für ALU
OPC(6:0)	: Opcode Befehl
OPC(1:0)	: Befehlsgruppe
RA, RB, RD	: Arbeitsregister
AKKU_B	: Eingang Akku-Einheit
A_Q	: Ausgang Akku-Einheit
SYSBUS	: Interner/externer Datenbus
Q_A, Q_B	: Ausgang Akku-Register
Q_SH	: Ausgang Schiebe-Register
Q_A, Q_B	: Dateneingänge ALU
AR_D, AR_Q	: Ein/Ausgang Adress-Register
MR_D, MR_Q	: Ein/Ausgang Memory-Register
PC_D, PC_Q	: Ein/Ausgang Program-Counter
OPX_D, OPX_Q	: Ein/Ausgang Output-Register
IPX_D, IPX_Q	: Ein/Ausgang Input-Register
NV	: Nullvektor

Die Zustandsübergänge im Automatengraph in Abb. 9.10 sind durchnummeriert und geben die Zahlen in der ersten Spalte in der Automatentabelle (Tab. 9.6) an. Beim Arbeiten mit einem FSM-Editor (FSM: Finite State Machine) müssen die Werte für den Datentransfer aus der Automatentabelle explizit eingegeben werden. Die gewünschte Codierung für die sieben Zustände S0 bis S6 kann dabei auch gewählt werden.

Der Automatengraph in der vereinfachten Form kann nur einen Gesamtüberblick des Automaten geben. Bei der Verwendung eines FSM-Editors können jedoch Einzelheiten des Graphen anschaulich dargestellt werden und sind eine gute Ergänzung zur Automatentabelle.

10 Modellierung des 16-Bit-Mikroprozessor-Systems(5)

Das Mikroprozesssor-System ist in die folgenden Komponenten strukturiert:
- Mikroprozessor (MPU16)
- Speicher für Daten und Befehle

Der Funktionsblock für diese Strukturierung ist bereits in Abb. 9.1 dargestellt. Es sind alle notwendigen Ein- und Ausgangssignale in das Diagramm eingezeichnet. Der Mikroprozessor und der Speicher bekommen ein getrenntes Taktsignal, weil sie mit einer Verzögerung getaktet werden müssen. Der Prozessor bekommt sein Taktsignal um die Zeit Td später als der Speicher. Die Verzögerung ist notwendig, weil das Adressieren des Speichers und das Auslesen des Speicherinhaltes nicht gleichzeitig passieren können. Der Speicherzugriff für das Schreiben in den Speicher ist taktabhängig, das Lesen von Daten ist asynchron, d. h. unabhängig vom Takt. Die optimale Verzögerungszeit sowie die Zeitabhängigkeiten der einzelnen Komponenten können mit der Timing Simulation oder einer Timing-Analyse ermittelt werden. Für das Mikroprozessor-System(5) wird die Verzögerungszeit mit einem einfachen Modul, das aus D-Flip-Flops und Invertern besteht, als Verilog-Modell realisiert. Das Modul (Frequenzteiler mit Delay) ist in der Abb. 9.1 des Mikroprozessor-Systems nicht mit eingezeichnet und wird erst bei der Modellierung des Systems verwendet.

10.1 Modellierung des 16-Bit-Mikroprozessors

Das zugehörige Blockschaltbild für den Mikroprozessor MPU16 ist in Abb. 9.2 dargestellt. Die Strukturierung erfolgte in das Steuerwerk (STW) und Operationswerk (OPW). Der Ansteuervektor A wurde in Kapitel 9.3 bereits bestimmt mit einer Bitbreite von n = 25.

10.1.1 Die Komponenten des Operationswerkes

Für die Modellierung des Operationswerkes mit Verilog werden zunächst die notwendigen Komponenten behandelt. Die einzelnen Module werden in Verhaltens- und Strukturbeschreibungen modelliert.

Das 16-Bit-Register
Der folgende Source-Code beschreibt ein getaktetes 16-Bit-Register mit asynchronem Reset. Der CE-Eingang ist taktabhängig.

```verilog
//--------
// 16-Bit-Register
//--------
module reg16_as (CLR, CLK, CE, D, Q);
//--------
parameter INI = 16'b0;
//--------
input CLR;
input CE;
input CLK;
input [15:0] D;
output reg [15:0] Q;
//--------
always @ (posedge CLK or posedge CLR)
//--------
if (CLR == 1'b1)
Q <= INI;
else if (CE == 1'b1)
Q <= D;
endmodule
//--------
```

Der 16-Bit-Multiplexer4_1

Der Verilog-Code beschreibt einen 16-Bit-Multiplexer4_1 mit **case**-Anweisungen. Die Beschreibung von Multiplexern ist bereits in Kapitel 3.1 behandelt worden.

```verilog
//--------
//-- 16-Bit-Multiplexer4_1
//--------
module mux4_1v (
//--------
input [15:0] A, B, C, D,
input [1:0] SEL,
output reg [15:0] MUX_OUT);
//--------
always @ (SEL or A or B or C or D)
begin
case (SEL)
2'b00: MUX_OUT <= A;
2'b01: MUX_OUT <= B;
2'b10: MUX_OUT <= C;
2'b11: MUX_OUT <= D;
```

```verilog
//--------
default:
MUX_OUT <= A;
endcase
end
endmodule
//--------
```

Der 16-Bit-Program-Counter

Der Source-Code beschreibt einen 16-Bit-Program-Counter mit **else-if**-Anweisungen und asynchronem Reset. Der Zähler hat die Funktionen: Inkrementieren, Laden des Zählers und Konstanthalten des Zählwertes. Es wird außerdem der maximale Zählwert geprüft und beim Überschreiten zurück auf null gesetzt.

```verilog
//--------
//-- 16-Bit-Program-Counter
//--------
module pc16_1 (Q_OUT, D_IN, CLR, CLK, S);
//--------
input [15:0] D_IN;
input CLR, CLK;
input [1:0] S;
output reg [15:0] Q_OUT;
//--------
always @ (posedge CLK or posedge CLR)
begin
if (CLR == 1)
Q_OUT <= 0; // Q_OUT = 0
//--------
else if (S == 2'b00) // Q_OUT = konst.
Q_OUT <= Q_OUT;
//--------
else if (S == 2'b01) // Q_OUT = konst.
Q_OUT <= Q_OUT;
//--------
else if (S == 2'b10) // Zählen
Q_OUT <= Q_OUT + 1;
//--------
else if (S == 2'b11) // Laden
Q_OUT <= D_IN;
//--------
else if (Q_OUT > 16'hffff) // Maximum
```

```verilog
Q_OUT <= 0;
end
endmodule
//--------
```

Der 16-Bit-Komparator

Der Source-Code beschreibt einen 16-Bit-Komparator. Der Komparator prüft das Eingangssignal A auf null und die Eingangssignale A und B auf Gleichheit. Die Abb. 10.1 zeigt die synthetisierte Schaltung. Für das Zwischenspeichern von Werten müssen zusätzlich Register eingesetzt werden.

```verilog
//--------
// 16-Bit-Komparator
//--------
module comp16_1 (EQ_AB, A, B, EQ_Z);
//--------
parameter ZERO = 16'b0;
//--------
output reg EQ_AB, EQ_Z;
input [15:0] A;
input [15:0] B;
//--------
always @ (A or B)
begin
//---- ZERO-Abfrage ----
if (A == ZERO)
begin
EQ_Z <= 1'b1;
EQ_AB <= 1'b0;
end
//---- Abfrage auf A = B ----
else if (A == B)
begin
EQ_AB <= 1'b1;
EQ_Z <= 1'b0;
end
else if (A !== B)
EQ_AB <= 1'b0;
end
endmodule
//--------
```

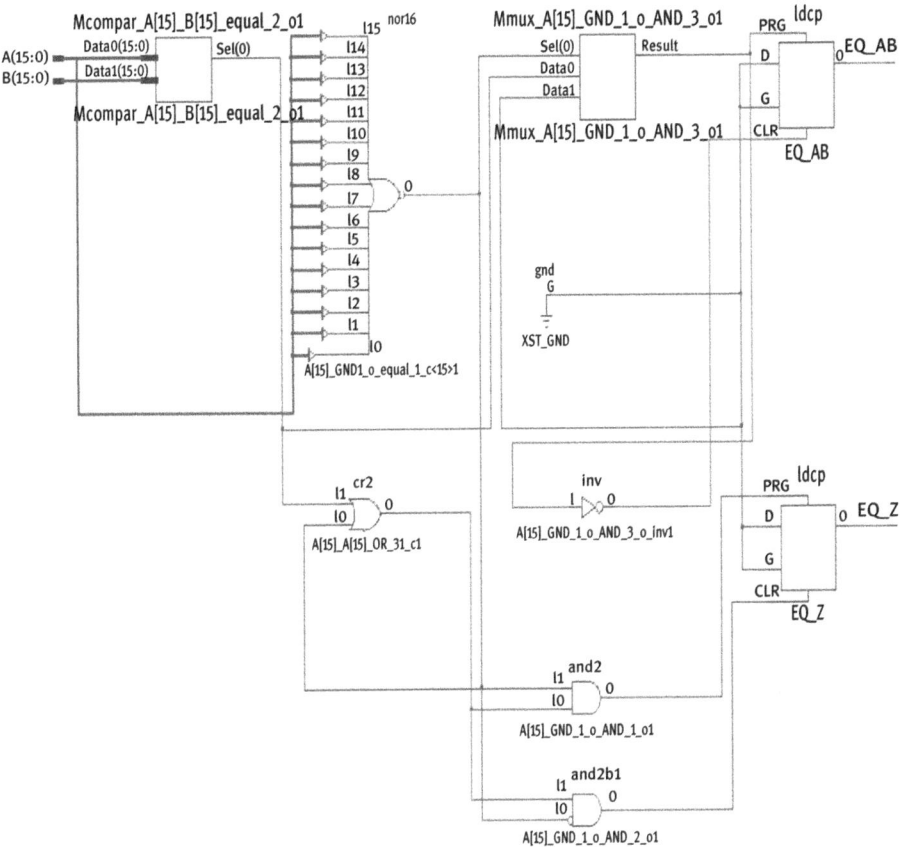

Abb. 10.1: Der 16-Bit-Komparator

10.1.2 Modell für die 16-Bit-ALU-Einheit

Der folgende Verilog-Code beschreibt die 16-Bit-ALU-Einheit mit **else-if**-Anweisungen. Die Abb. 10.2 zeigt die synthetisierte Schaltung als kombinatorische Logik. Der Auszug aus dem Synthese-Bericht gibt die maximale Signallaufzeit mit 8.8 ns an. Die Schaltung wurde aus Basiselementen (BELS) und LUTs (Look Up Tables) realisiert.

```
//--------
// 16-Bit-ALU-Einheit
//--------
module alu16_1 (A, B, CI, S, F);
//--------
input [15:0] A;
input [15:0] B;
input [3:0] S;
```

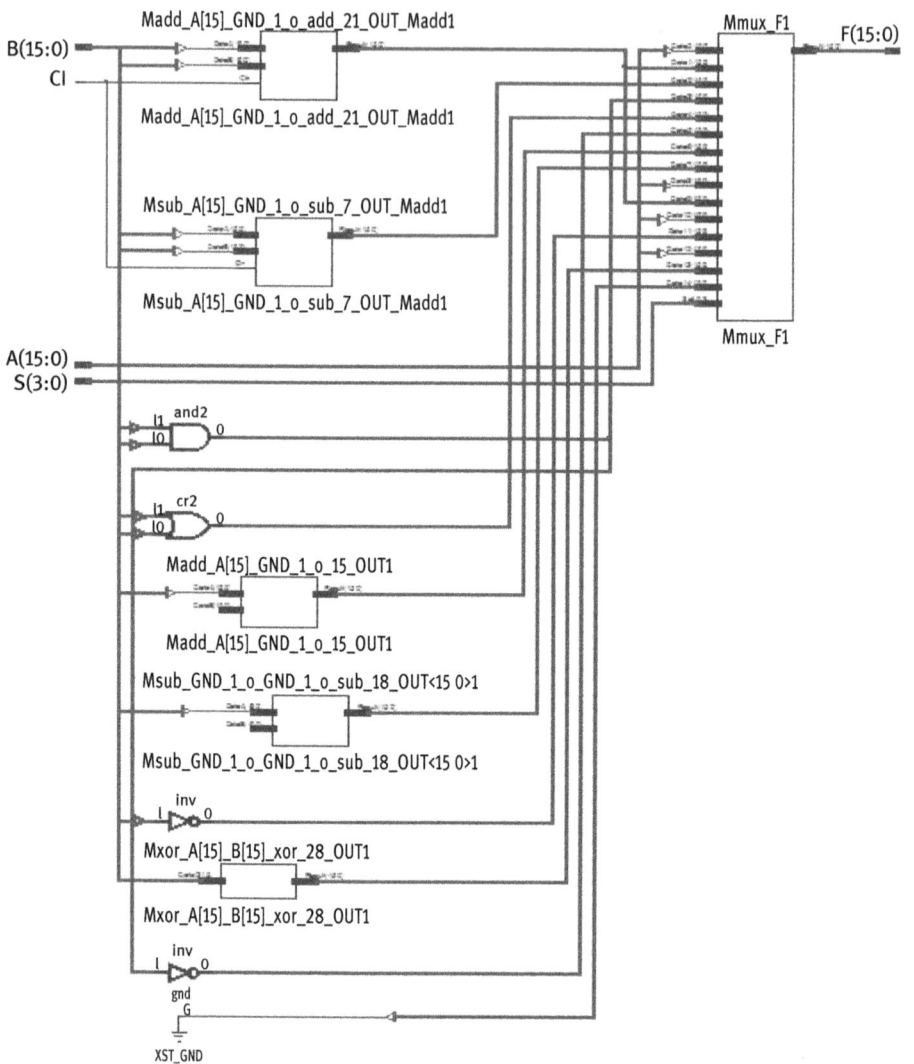

Abb. 10.2: 16-Bit-ALU-Einheit

```
input CI;
output reg [15:0] F;
//--------
initial
begin
F = 0;
end
//--------
```

```verilog
always @ (S or A or B or CI)
begin
//---- F = A ----
if (S == 4'b0000)
begin
F = A;
end
//---- Addition ----
else if (S == 4'b0001)
begin
F = A + B + CI;
end
//---- Subtraktion ----
else if (S == 4'b0010)
begin
F = A - B - CI;
end
//---- AND-Funktion ----
else if (S == 4'b0011)
begin
F = A & B;
end
//---- OR-Funktion ----
else if (S == 4'b0100)
begin
F = A | B ;
end
//---- NAND-Funktion ----
else if (S == 4'b0101)
begin
F = ~(A & B);
end
//---- A Inkrementieren ----
else if (S == 4'b0110)
begin
F = A + 1;
end
//---- A Dekrementieren ----
else if (S == 4'b0111)
begin
F = A - 1;
end
```

```verilog
//---- A Durchschalten (SHR) ----
else if (S == 4'b1000)
begin
F = A ;
end
//---- A Durchschalten (SHL) ----
else if (S == 4'b1001)
begin
F = A;
end
//---- B Durchschalten ----
else if (S == 4'b1010)
begin
F = B;
end
//---- F = NOT A ----
else if (S == 4'b1011)
begin
F = ~A;
end
//---- A Durchschalten ----
else if (S == 4'b1100)
begin
F = A;
end
//---- A Durchschalten ----
else if (S == 4'b1101)
begin
F = A;
end
//---- XOR-Funktion ----
else if (S == 4'b1110)
begin
F = A ^ B;
end
//---- F = 0 ----
else if (S == 4'b1111)
begin
F = 0;
end
//---- A Durchschalten ----
else
```

```
begin
F = A;
end
end
endmodule
//--------
```

Auszug aus dem Synthese-Bericht der 16-Bit-ALU-Einheit:

```
--------
FPGA: Spartan6 xc6slx4 (Xilinx)
--------
Basic Elements of Logic(BELS)   : 272
--------
# Adders/Subtractors            : 4
16-bit adder                    : 1
16-bit adder carry in           : 1
16-bit subtractor               : 1
16-bit subtractor borrow in     : 1
# Multiplexers                  : 1
16-bit 15-to-1 multiplexer      : 1
# xors                          : 1
16-bit xor2                     : 1
--------
Slice Logic Utilization:
Number of Slice LUTs:           146  out of   2400
Number used as Logic:           146  out of   2400
--------
Maximum combinational path delay: 8.8 ns
--------
```

10.1.3 Modell für das 16-Bit-Schieberegister

Der folgende Source-Code zeigt das 16-Bit-Schieberegister mit **case**-Anweisungen. Der Steuereingang S ist auf 4 Bit belassen, um die Modellierung zu vereinfachen.

Das Signal EQ zeigt die Zero-Abfrage des Registers an. Alle nicht genutzten Steuereingänge werden von der **default**-Anweisung erfasst und zu Q <= D zugeordnet. Die Abb. 10.3 zeigt einen Auszug aus der synthetisierten Schaltung. Der untere Teil der Schaltung ist abgeschnitten, es fehlen 12 weitere (and2, or3)-Verknüpfungen.

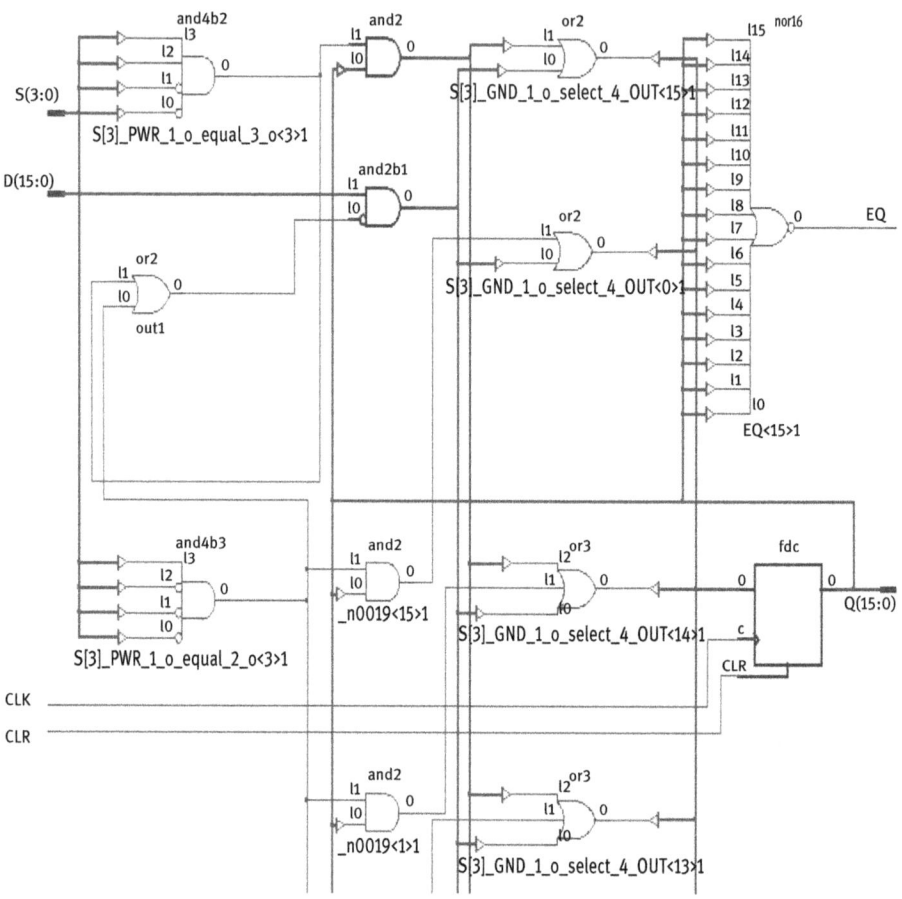

Abb. 10.3: Synthetisierte Schaltung des 16-Bit-Schieberegisters (Auszug)

```
//--------
//-- 16-Bit-Schieberegister
//--------
module shlr16_5s (Q, D, CLR, CLK, S, EQ);
//--------
parameter ZERO = 16'h0000;
//--------
input[15:0] D;
input CLR, CLK;
input [3:0] S;
output EQ;
output reg[15:0]Q;
```

```
//--------
always @ (posedge CLK or posedge CLR)
begin
if (CLR == 1'b1)
Q <= ZERO;
else
begin
case (S)
//---- Shift right ----
4'b1000:
begin
Q[14:0] <= Q[15:1];
Q[15] <= 0;
end
//---- Shift left ----
4'b1001:
begin
Q[15:1] <= Q[14:0];
Q[0] <= 0;
end
//---- Durchschalten von D ----
default:
Q <= D;
endcase
end
end
//---- Zero-Abfrage ----
assign EQ = (Q == 16'b0) ? 1'b1 : 1'b0;
//--------
endmodule
//--------
```

Auszug aus dem Synthese-Bericht für das 16-Bit-Schieberegister:

```
--------
FPGA: Spartan6 xc6slx4 (Xilinx)
--------
Basic Elements of Logic(BELS)   : 20
--------
# Registers                     : 16
Flip-Flops                      : 16
--------
Slice Logic Utilization:
```

```
Number of Slice Registers:       16   out of   4800
Number of Slice LUTs:            20   out of   2400
Number used as Logic:            20   out of   2400
--------
Minimum period: 1.5 ns (Maximum Frequency: 649.5 MHz)
--------
```

10.1.4 Modellierung von Demultiplexern

Im Folgenden werden 16-Bit-Demultiplexer mit Verilog modelliert. Es werden z. T. blockierende (=) und nicht blockierende (<=) Zuweisungen eingesetzt. Wenn Daten zwischengespeichert werden, so müssen zusätzlich Register verwendet werden.

16-Bit-Demultiplexer1_2

Der Verilog-Code zeigt einen 16-Bit-Demultiplexer1_2 mit blockierenden Zuweisungen (=). Die Anweisungen werden sequentiell ausgeführt. Die Ausführung der ersten Zuweisung blockiert die Ausführung der zweiten Zuweisung, bis die erste abgeschlossen ist. Nicht blockierende Zuweisungen (<=) werden parallel ausgeführt (siehe Kapitel 1.3). Die Modellierung würde hier zu einem falschen Ergebnis führen. Die Abb. 10.4 zeigt die synthetisierte Schaltung. Die Schaltung macht deutlich, dass der Demultiplexer für die Funktion noch ein 16-Bit-Register verwendet, um den Wert für MUX_OUT_1 zu speichern.

```
//--------
// 16-Bit-Demultiplexer1_2
//--------
module demux1_2v1(
//--------
input [15:0] MUX_IN,
input SEL,
output reg[15:0] MUX_OUT_0,
output reg[15:0] MUX_OUT_1);
//--------
//---- Array 2 x 16-Bit-Vektor ----
reg[15:0] MUX_DE[0:1];
//--------
always @ (SEL or MUX_IN)
begin
if (SEL == 0)
begin
MUX_DE[0] = MUX_IN;
```

```
MUX_OUT_0 = MUX_DE[0];
MUX_OUT_1 = 0;
end
//--------
else if (SEL == 1)
begin
MUX_DE[1] = MUX_IN;
MUX_OUT_1 = MUX_DE[1];
MUX_OUT_0 = 0;
end
end
endmodule
//--------
```

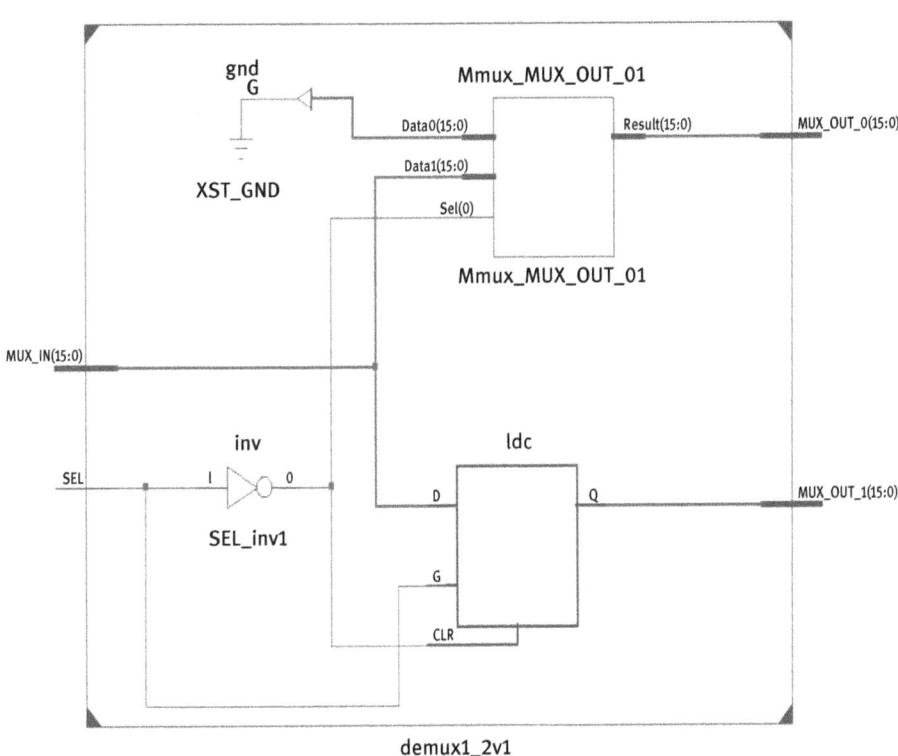

Abb. 10.4: Der 16-Bit-Demultiplexer1_2

1-Bit-Demultiplexer1_8

Der Verilog-Code zeigt die Modellierung für einen 1-Bit-Demultiplexer mit **case**-Anweisungen. Hier werden die nicht blockierenden Zuweisungen verwendet, d. h. die Anweisungen werden parallel ausgeführt. Die Modellierung führt zu einer kombinatorischen Schaltung.

```verilog
//--------
// 1-Bit-Demultiplexer1_8
//--------
module demux1_8a (
//--------
input MUX_IN,
input [2:0] SEL,
output reg MUX_OUT_0, MUX_OUT_1, MUX_OUT_2, MUX_OUT_3,
MUX_OUT_4, MUX_OUT_5, MUX_OUT_6, MUX_OUT_7);
//--------
always @ (SEL or MUX_IN)
begin
case (SEL)
//--------
3'b000:
begin
MUX_OUT_0 <= MUX_IN;
MUX_OUT_1 <= 0;
MUX_OUT_2 <= 0;
MUX_OUT_3 <= 0;
MUX_OUT_4 <= 0;
MUX_OUT_5 <= 0;
MUX_OUT_6 <= 0;
MUX_OUT_7 <= 0;
end
//--------
3'b001:
begin
MUX_OUT_0 <= 0;
MUX_OUT_1 <= MUX_IN;
MUX_OUT_2 <= 0;
MUX_OUT_3 <= 0;
MUX_OUT_4 <= 0;
MUX_OUT_5 <= 0;
MUX_OUT_6 <= 0;
MUX_OUT_7 <= 0;
```

```verilog
end
//--------
3'b010:
begin
MUX_OUT_0 <= 0;
MUX_OUT_1 <= 0;
MUX_OUT_2 <= MUX_IN;
MUX_OUT_3 <= 0;
MUX_OUT_4 <= 0;
MUX_OUT_5 <= 0;
MUX_OUT_6 <= 0;
MUX_OUT_7 <= 0;
end
//--------
3'b011:
begin
MUX_OUT_0 <= 0;
MUX_OUT_1 <= 0;
MUX_OUT_2 <= 0;
MUX_OUT_3 <= MUX_IN;
MUX_OUT_4 <= 0;
MUX_OUT_5 <= 0;
MUX_OUT_6 <= 0;
MUX_OUT_7 <= 0;
end
//--------
3'b100:
begin
MUX_OUT_0 <= 0;
MUX_OUT_1 <= 0;
MUX_OUT_2 <= 0;
MUX_OUT_3 <= 0;
MUX_OUT_4 <= MUX_IN;
MUX_OUT_5 <= 0;
MUX_OUT_6 <= 0;
MUX_OUT_7 <= 0;
end
//--------
3'b101:
begin
MUX_OUT_0 <= 0;
MUX_OUT_1 <= 0;
```

```verilog
      MUX_OUT_2 <= 0;
      MUX_OUT_3 <= 0;
      MUX_OUT_4 <= 0;
      MUX_OUT_5 <= MUX_IN;
      MUX_OUT_6 <= 0;
      MUX_OUT_7 <= 0;
    end
    //--------
    3'b110:
    begin
      MUX_OUT_0 <= 0;
      MUX_OUT_1 <= 0;
      MUX_OUT_2 <= 0;
      MUX_OUT_3 <= 0;
      MUX_OUT_4 <= 0;
      MUX_OUT_5 <= 0;
      MUX_OUT_6 <= MUX_IN;
      MUX_OUT_7 <= 0;
    end
    //--------
    3'b111:
    begin
      MUX_OUT_0 <= 0;
      MUX_OUT_1 <= 0;
      MUX_OUT_2 <= 0;
      MUX_OUT_3 <= 0;
      MUX_OUT_4 <= 0;
      MUX_OUT_5 <= 0;
      MUX_OUT_6 <= 0;
      MUX_OUT_7 <= MUX_IN;
    end
    //--------
    default:
    begin
      MUX_OUT_0 <= 0;
      MUX_OUT_1 <= 0;
      MUX_OUT_2 <= 0;
      MUX_OUT_3 <= 0;
      MUX_OUT_4 <= 0;
      MUX_OUT_5 <= 0;
      MUX_OUT_6 <= 0;
      MUX_OUT_7 <= 0;
```

```
end
endcase
end
endmodule
//--------
```

Auszug aus dem Synthese-Bericht des 1-Bit-Demultiplexers:

```
--------
FPGA: Spartan6 xc6slx4 (Xilinx)
--------
Basic Elements of Logic(BELS)    : 8
//--------
# Multiplexers                   : 8
1-bit 2-to-1 multiplexer         : 8
--------
Slice Logic Utilization:
Number of Slice LUTs:            8    out of    2400
Number used as Logic:            8    out of    2400
--------
Maximum combinational path delay: 5.6 ns
--------
```

16-Bit-Demultiplexer1_8
Der folgende Verilog-Code zeigt die Modellierung für den 16-Bit-Demultiplexer. Es werden wieder **case**-Zuweisungen verwendet.

Der synthetisierte Funktionsblock in Abb. 10.5 veranschaulicht die Ein- und Ausgangssignale des Demultiplexers.

```
//--------
//16-Bit-Demultiplexer1_8
//--------
module demux1_8v1(
//--------
input [15:0] MUX_IN,
input [2:0] SEL,
output reg[15:0] MUX_OUT_0, MUX_OUT_1, MUX_OUT_2, MUX_OUT_3,
MUX_OUT_4, MUX_OUT_5, MUX_OUT_6, MUX_OUT_7);
//--------
always @ (SEL or MUX_IN)
begin
case (SEL)
//--------
```

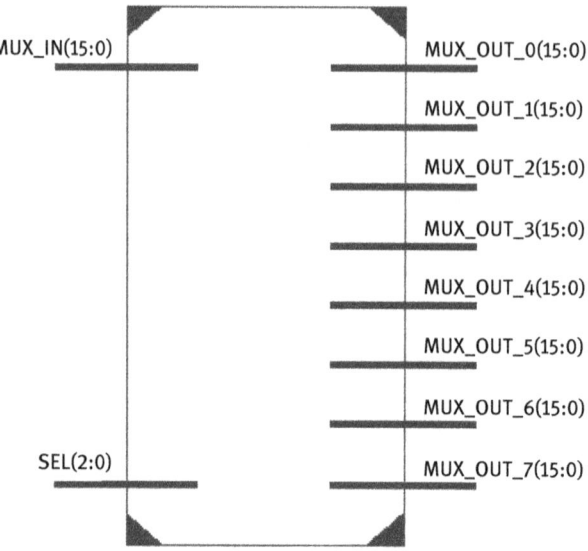

Abb. 10.5: Funktionsblock des 16-Bit-Demultiplexer1_8

```
3'b000:
begin
MUX_OUT_0 <= MUX_IN;
MUX_OUT_1 <= 0;
MUX_OUT_2 <= 0;
MUX_OUT_3 <= 0;
MUX_OUT_4 <= 0;
MUX_OUT_5 <= 0;
MUX_OUT_6 <= 0;
MUX_OUT_7 <= 0;
end
//--------
3'b001:
begin
MUX_OUT_0 <= 0;
MUX_OUT_1 <= MUX_IN;
MUX_OUT_2 <= 0;
MUX_OUT_3 <= 0;
MUX_OUT_4 <= 0;
MUX_OUT_5 <= 0;
MUX_OUT_6 <= 0;
MUX_OUT_7 <= 0;
end
```

```verilog
//--------
3'b010:
begin
MUX_OUT_0 <= 0;
MUX_OUT_1 <= 0;
MUX_OUT_2 <= MUX_IN;
MUX_OUT_3 <= 0;
MUX_OUT_4 <= 0;
MUX_OUT_5 <= 0;
MUX_OUT_6 <= 0;
MUX_OUT_7 <= 0;
end
//--------
3'b011:
begin
MUX_OUT_0 <= 0;
MUX_OUT_1 <= 0;
MUX_OUT_2 <= 0;
MUX_OUT_3 <= MUX_IN;
MUX_OUT_4 <= 0;
MUX_OUT_5 <= 0;
MUX_OUT_6 <= 0;
MUX_OUT_7 <= 0;
end
//--------
3'b100:
begin
MUX_OUT_0 <= 0;
MUX_OUT_1 <= 0;
MUX_OUT_2 <= 0;
MUX_OUT_3 <= 0;
MUX_OUT_4 <= MUX_IN;
MUX_OUT_5 <= 0;
MUX_OUT_6 <= 0;
MUX_OUT_7 <= 0;
end
//--------
3'b101:
begin
MUX_OUT_0 <= 0;
MUX_OUT_1 <= 0;
MUX_OUT_2 <= 0;
```

```verilog
         MUX_OUT_3 <= 0;
         MUX_OUT_4 <= 0;
         MUX_OUT_5 <= MUX_IN;
         MUX_OUT_6 <= 0;
         MUX_OUT_7 <= 0;
       end
       //--------
       3'b110:
       begin
         MUX_OUT_0 <= 0;
         MUX_OUT_1 <= 0;
         MUX_OUT_2 <= 0;
         MUX_OUT_3 <= 0;
         MUX_OUT_4 <= 0;
         MUX_OUT_5 <= 0;
         MUX_OUT_6 <= MUX_IN;
         MUX_OUT_7 <= 0;
       end
       //--------
       3'b111:
       begin
         MUX_OUT_0 <= 0;
         MUX_OUT_1 <= 0;
         MUX_OUT_2 <= 0;
         MUX_OUT_3 <= 0;
         MUX_OUT_4 <= 0;
         MUX_OUT_5 <= 0;
         MUX_OUT_6 <= 0;
         MUX_OUT_7 <= MUX_IN;
       end
       //--------
       default:
       begin
         MUX_OUT_0 <= 0;
         MUX_OUT_1 <= 0;
         MUX_OUT_2 <= 0;
         MUX_OUT_3 <= 0;
         MUX_OUT_4 <= 0;
         MUX_OUT_5 <= 0;
         MUX_OUT_6 <= 0;
         MUX_OUT_7 <= 0;
       end
```

```
endcase
end
endmodule
//--------
```

Die Abb. 10.6 zeigt einen Ausschnitt der synthetisierten Schaltung. Es ist etwa die Hälfte der Schaltung zu sehen. Die Schaltung besteht im Wesentlichen aus Multiplexern und Basiselementen, die aus LUTs (Look Up Tables) aufgebaut sind. Es ist eine kombinatorische Schaltung aus einer Verhaltensbeschreibung.

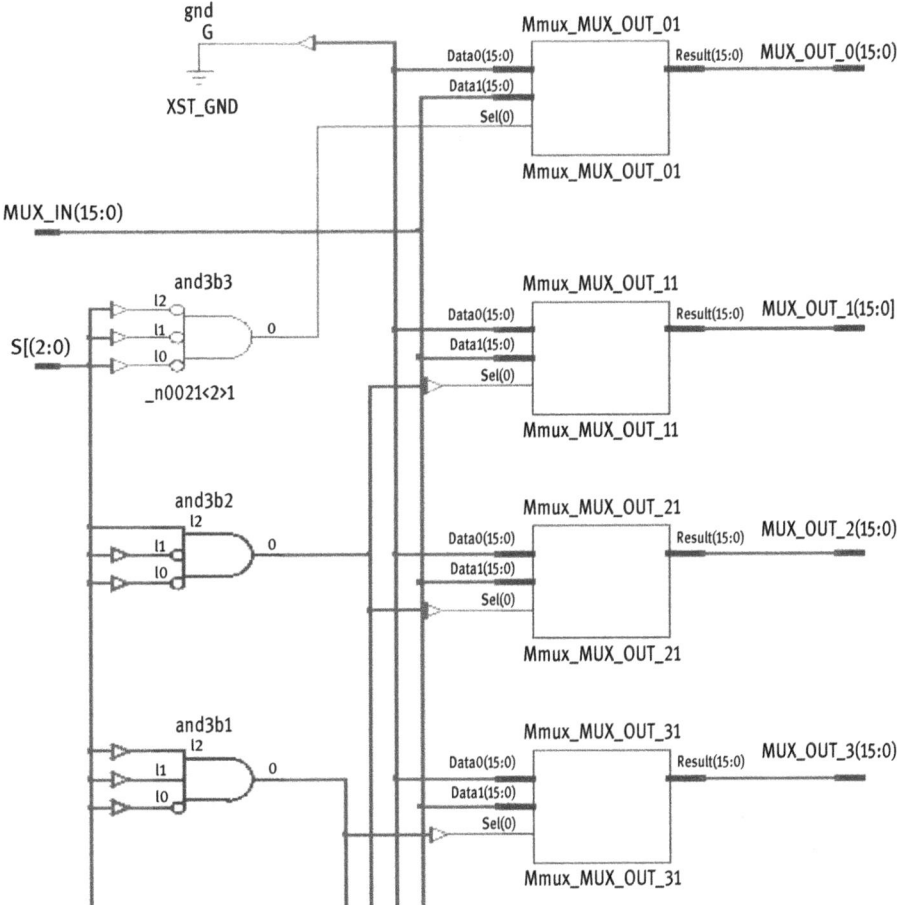

Abb. 10.6: Der 16-Bit-Demultiplexer (Auszug)

Auszug aus dem Synthese-Bericht für den 16-Bit-Demultiplexer:

```
--------
FPGA: Spartan6 xc6slx4 (Xilinx)
--------
Basic Elements of Logic(BELS)      : 128
--------
# Multiplexers                     : 8
16-bit 2-to-1 multiplexer          : 8
--------
Slice Logic Utilization:
Number of Slice LUTs:              128  out of   2400
Number used as Logic:              128  out of   2400
--------
Maximum combinational path delay: 6.8 ns
--------
```

Die Synthese-Berichte des 1-Bit- und 16-Bit-Demultiplexers zeigen etwa gleiche Signallaufzeiten, d. h. im ersten Fall 5.6 ns und im zweiten 6.8 ns. Der Schaltungsaufwand zeigt natürlich einen großen Unterschied: 8 LUTs gegenüber 128 LUTs (Look Up Tables).

10.1.5 Modell für die 16-Bit-Register-Einheit

Die Abb. 10.7 zeigt den synthetisierten Funktionsblock der Register-Einheit mit den Ein- und Ausgangssignalen. Das folgende Listing beschreibt den Source-Code.

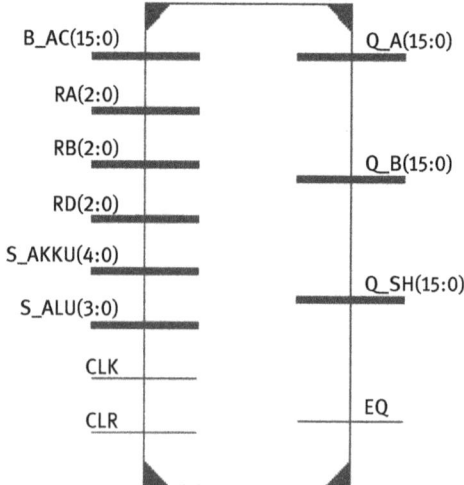

Abb. 10.7: Funktionsblock der 16-Bit-Register-Einheit

In Abb. 10.8 ist die synthetisierte Schaltung abgebildet. Einzelheiten sind der Schaltung nicht zu entnehmen. Man erkennt jedoch deutlich die Anordnung der Register, Multiplexer und Demultiplexer.

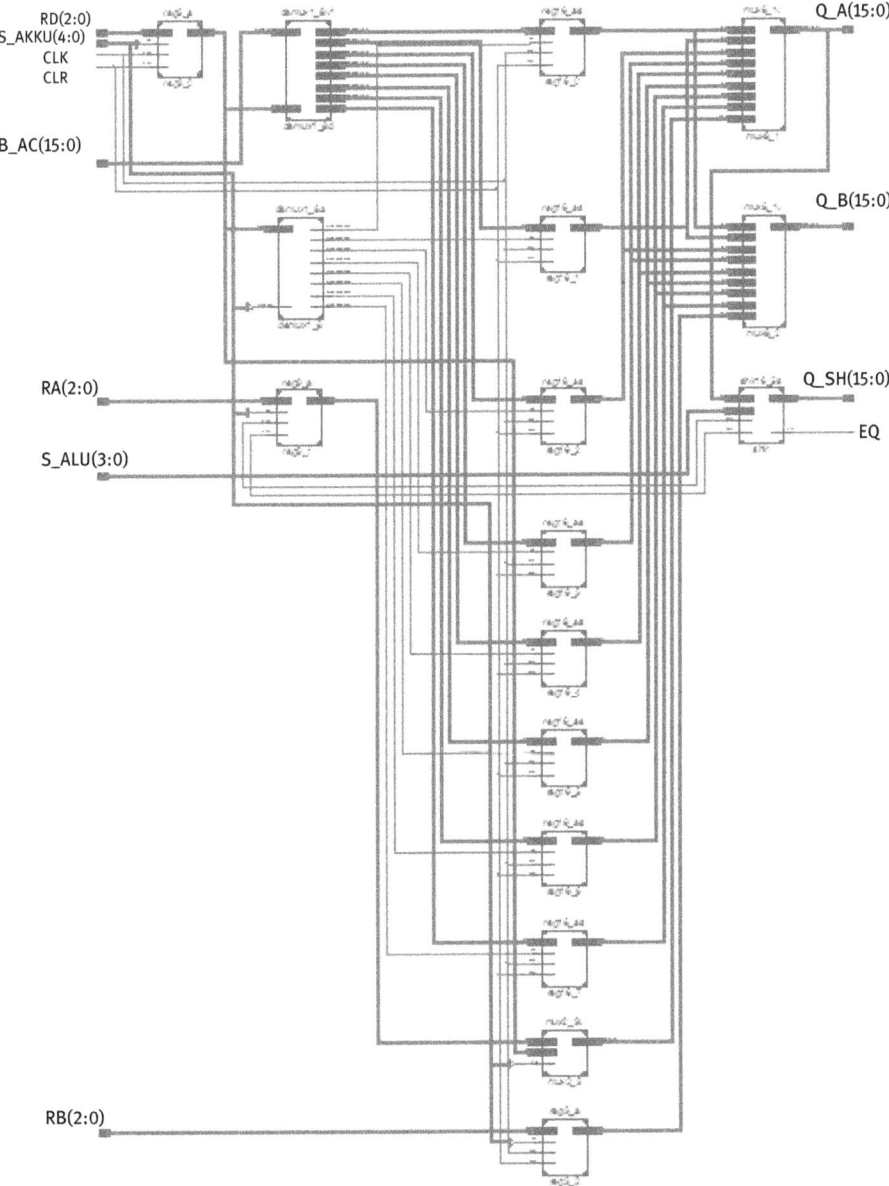

Abb. 10.8: Die 16-Bit-Register-Einheit

```verilog
//--------
// 16-Bit-Register-Einheit
//--------
module akku16_reg3 (
//--------
input [15:0] B_AC,
input [2:0] RA,
input [2:0] RB,
input [2:0] RD,
input [3:0] S_ALU,
input [4:0] S_AKKU,
output wire [15:0] Q_A,
output wire[15:0] Q_SH,
input CLK,
input CLR,
output wire EQ,
output wire[15:0] Q_B);
//--------
wire [2:0] RA_OUT;
wire [2:0] Q_RD;
wire [2:0] Q_RA;
wire [2:0] Q_RB;
//--------
wire [15:0]Q_R0,Q_R1,Q_R2,Q_R3,Q_R4;
wire [15:0]Q_R5,Q_R6,Q_R7;
wire CE0,CE1,CE2,CE3,CE4,CE5,CE6,CE7;
wire [15:0] D0,D1,D2,D3,D4,D5,D6,D7;
//--------
//---- 16-Bit-Schieberegister ----
shlr16_5s shlr (.CLK(CLK),.CLR(CLR),.D(Q_A),
.Q(Q_SH),.S(S_ALU),.EQ(EQ));
//--------
//---- 16-Bit-MUX8_1 ----
mux8_1v mux8_1(.SEL(Q_RA),.A(Q_R0),.B(Q_R1),.C(Q_R2),
.D(Q_R3),.E(Q_R4),.F(Q_R5),.G(Q_R6),.H(Q_R7),
.MUX_OUT(Q_A));
//--------
//---- 16-Bit-MUX8_1 ----
mux8_1v mux8_2(.SEL(Q_RB),.A(Q_R0),.B(Q_R1),.C(Q_R2),
.D(Q_R3),.E(Q_R4),.F(Q_R5),.G(Q_R6),.H(Q_R7),
.MUX_OUT(Q_B));
//--------
```

```
//---- 3-Bit-MUX2_1 ----
mux2_3v mux2_3(.S0(S_AKKU[1]),.A(RA_OUT),.B(Q_RD),
.MUX_OUT(Q_RA));
//--------
//---- 16-Bit-Register0 ----
reg16_as reg16_0(.CLK(CLK),.CLR(CLR),.D(D0),.CE(CE0),
.Q(Q_R0));
//--------
//---- 16-Bit-Register1 ----
reg16_as reg16_1(.CLK(CLK),.CLR(CLR),.D(D1),.CE(CE1),
.Q(Q_R1));
//--------
//---- 16-Bit-Register2 ----
reg16_as reg16_2(.CLK(CLK),.CLR(CLR),.D(D2),.CE(CE2),
.Q(Q_R2));
//--------
//---- 16-Bit-Register3 ----
reg16_as reg16_3(.CLK(CLK),.CLR(CLR),.D(D3),.CE(CE3),
.Q(Q_R3));
//--------
//---- 16-Bit-Register4 ----
reg16_as reg16_4(.CLK(CLK),.CLR(CLR),.D(D4),.CE(CE4),
.Q(Q_R4));
//--------
//---- 16-Bit-Register5 ----
reg16_as reg16_5(.CLK(CLK),.CLR(CLR),.D(D5),.CE(CE5),
.Q(Q_R5));
//--------
//---- 16-Bit-Register6 ----
reg16_as reg16_6(.CLK(CLK),.CLR(CLR),.D(D6),.CE(CE6),
.Q(Q_R6));
//--------
//---- 16-Bit-Register7 ----
reg16_as reg16_7(.CLK(CLK),.CLR(CLR),.D(D7),.CE(CE7),
.Q(Q_R7));
//--------
//---- 16-Bit-Demultiplexer1_8 ----
demux1_8v1 demux1_8d (.MUX_IN(B_AC),.MUX_OUT_0(D0),
.MUX_OUT_1(D1),.MUX_OUT_2(D2),.MUX_OUT_3(D3),.MUX_OUT_4(D4),
.MUX_OUT_5(D5),.MUX_OUT_6(D6),. MUX_OUT_7(D7),.SEL(Q_RD));
//--------
//---- 1-Bit-Demultiplexer1_8 ----
```

```
demux1_8a demux1_8 (.MUX_IN(S_AKKU[3]),.MUX_OUT_0(CE0),
.MUX_OUT_1(CE1),.MUX_OUT_2(CE2),.MUX_OUT_3(CE3),.MUX_OUT_4(CE4),
.MUX_OUT_5(CE5),.MUX_OUT_6(CE6),.MUX_OUT_7(CE7),.SEL(Q_RD));
//--------
//---- 3-Bit-Register0 ----
reg3_a reg3_0(.CLK(CLK),.CLR(CLR),.D(RD),.CE(S_AKKU[4]),
.Q(Q_RD));
//--------
//---- 3-Bit-Register1 ----
reg3_a reg3_1(.CLK(CLK),.CLR(CLR),.D(RA),.CE(S_AKKU[4]),
.Q(RA_OUT));
//--------
//---- 3-Bit-Register2 ----
reg3_a reg3_2(.CLK(CLK),.CLR(CLR),.D(RB),.CE(S_AKKU[4]),
.Q(Q_RB));
//--------
```
endmodule
`//--------`

Auszug aus dem Synthese-Bericht der 16-Bit-Register-Einheit:

```
--------
FPGA: Spartan6 xc6slx4 (Xilinx)
--------
Basic Elements of Logic(BELS)    : 254
--------
# Registers                      : 153
Flip-Flops                       : 153
# Multiplexers                   : 19
1-bit 2-to-1 multiplexer         : 8
16-bit 2-to-1 multiplexer        : 8
16-bit 8-to-1 multiplexer        : 2
3-bit 2-to-1 multiplexer         : 1
--------
Slice Logic Utilization:
Number of Slice Registers:    156   out of   4800
Number of Slice LUTs:         222   out of   2400
Number used as Logic:         222   out of   2400
--------
Minimum period: 3.8 ns (Maximum Frequency: 265.2 MHz)
```

10.2 Modell für die 16-Bit-Akku-Einheit

In Kapitel 9.3 ist der Entwurf einer 16-Bit-Akku-Einheit ausführlich behandelt worden. Hier soll der strukturierte Entwurf mit Hilfe des Verilog-Codes modelliert werden. Dazu wird eine Strukturbeschreibung gewählt, die einzelnen Module werden nach strukturellen und Verhaltensbeschreibungen modelliert. Die Abb. 10.9 zeigt die synthetisierte Schaltung, sie besteht aus drei Modulen, der Register-Einheit, der ALU-Einheit und dem Multiplexer. Im Folgenden ist der Verilog-Code aufgelistet.

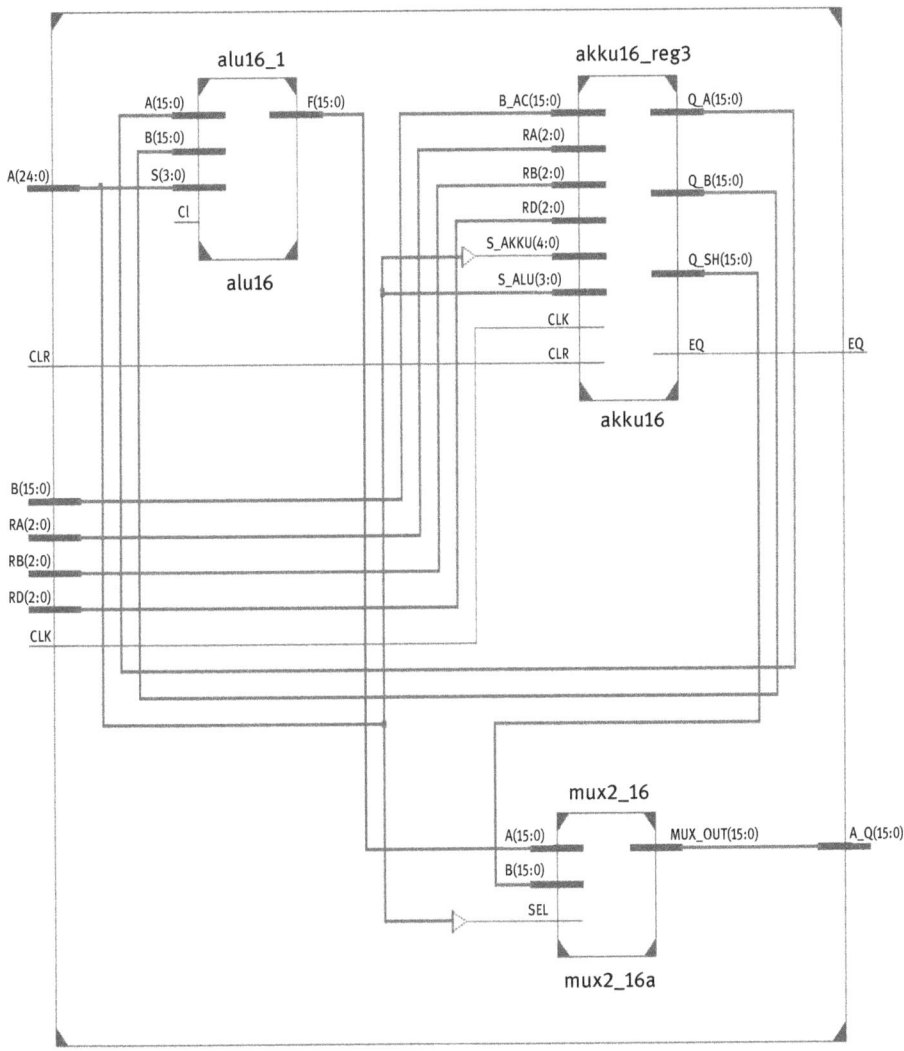

Abb. 10.9: Die 16-Bit-Akku-Einheit

```
//--------
//-- 16-Bit-Akku-Einheit
//--------
//-------- Zuordnung:   Ansteuervektor  A(20:16) --------
//--        RA,RB,RD   ← MR_Q(8:0)      :A(20)
//--        Q_A,Q_B    ← AKKU_B         :A(19)
//--        nicht belegt (Reserve)      :A(18)
//--        Q_RA       ← RD             :A(17)
//--        A_Q        ← Q_SH           :A(16)
//--------
module akku16_2a(
//--------
input CLK,
input CLR,
input [15:0] B,
input [2:0] RA,
input [2:0] RB,
input [2:0] RD,
input [24:0] A,
output EQ,
output [15:0] Q);
//--------
wire [15:0] MUX_A;
wire [15:0] MUX_B;
wire [15:0] F_ALU;
wire [15:0] Q_SH;
wire GND1;
//--------
assign GND1 = 1'b0;
//--------
//---- 16-Bit-ALU-Einheit ----
alu16_1 alu16 (
.A(MUX_A),.B(MUX_B),.F(F_ALU),.CI(GND1),.S(A[24:21]));
//--------
//---- 16-Bit-Akku-Register ----
akku16_reg3 akku16(.B_AC(B),.Q_A(MUX_A),.Q_B(MUX_B),
.Q_SH(Q_SH),.RA(RA),.RB(RB),.RD(RD),.EQ(EQ),
.S_ALU(A[24:21]),.CLR(CLR),.CLK(CLK),.S_AKKU(A[20:16]));
//--------
//---- 16-Bit-MUX2_1 ----
mux2_16 mux2_16a(.A(F_ALU),.B(Q_SH),.SEL(A[16]),
.MUX_OUT(Q));
```

```
//--------
endmodule
//--------
```

Der Synthese-Bericht zeigt einen Auszug für die 16-Bit-Akku-Einheit. Der Schaltungsaufwand mit 559 Basiselementen (BELS) ist erheblich angestiegen, die maximale Taktfrequenz liegt bei 250 MHz. Es ist ein Anhaltspunkt für den Entwurf des Mikroprozessor-Systems.

```
--------
FPGA: Spartan6 xc6slx4 (Xilinx)
--------
Basic Elements of Logic(BELS)    : 559
--------
# Adders/Subtractors             : 4
16-bit adder                     : 2
16-bit subtractor                : 2
# Registers                      : 153
Flip-Flops                       : 153
# Multiplexers                   : 21
1-bit 2-to-1 multiplexer         : 8
16-bit 15-to-1 multiplexer       : 1
16-bit 2-to-1 multiplexer        : 9
16-bit 8-to-1 multiplexer        : 2
3-bit 2-to-1 multiplexer         : 1
# Xors                           : 1
16-bit xor2                      : 1
--------
Slice Logic Utilization:
Number of Slice Registers:     156    out of    4800
Number of Slice LUTs:          400    out of    2400
Number used as Logic:          400    out of    2400
--------
Minimum period: 4.0 ns (Maximum Frequency: 249.9 MHz)
--------
```

10.3 Modell für das 16-Bit-Operationswerk

In Kapitel 9.3 wurde der Entwurf des Operationswerkes behandelt. Die Modellierung mit Verilog führt wieder zu einer Strukturbeschreibung auf der Systemebene. Die synthetisierte Schaltung ist in Abb. 10.10 abgebildet. Die folgende Darstellung soll noch einmal die Zuordnung des Ansteuervektors A für die Multiplexer verdeutlichen.

272 — 10 Modellierung des 16-Bit-Mikroprozessor-Systems(5)

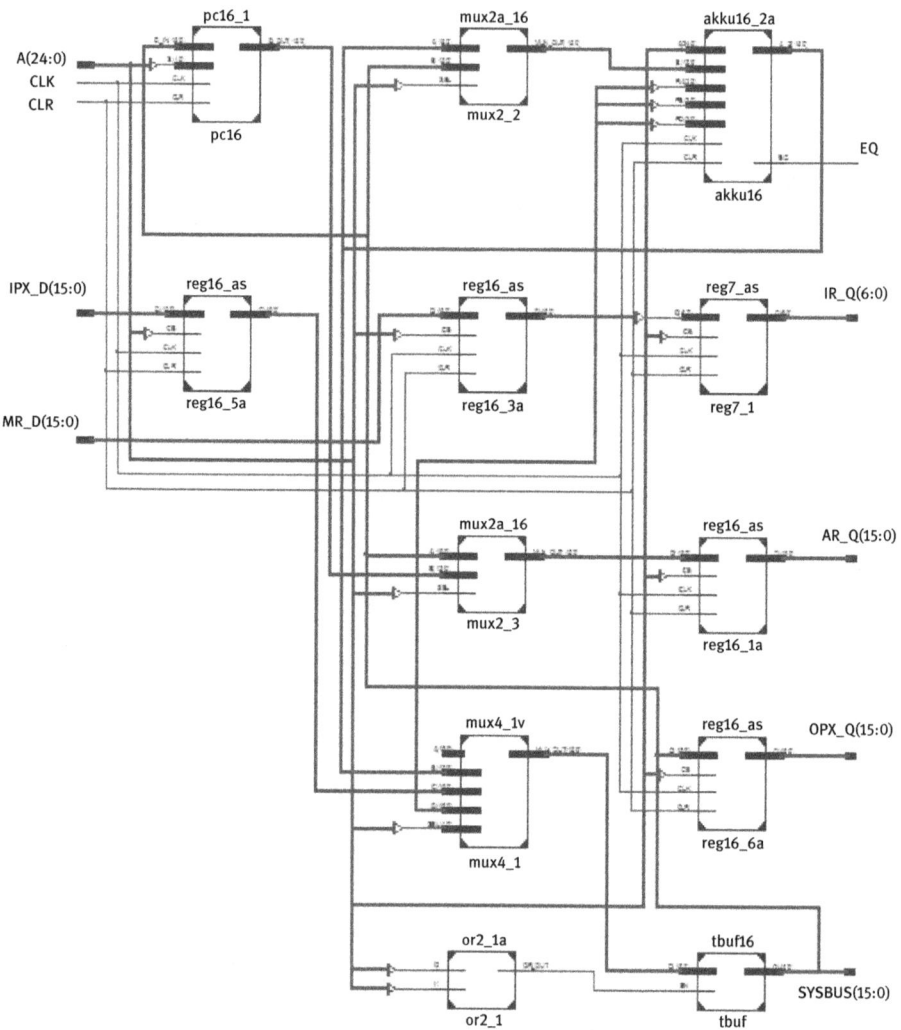

Abb. 10.10: Das 16-Bit-Operationswerk

```
//--------
//--16-Bit-Operationswerk
//--------
//--
//-- Ansteuervektor A(24:0)
//--      Multiplexer mux2_2
//-- A(13)       Funktion
//--   0      AKKU_B ← A_Q
//--   1      AKKU_B ← SYSBUS
```

```
//--------
//--       Multiplexer mux2_3
//-- A(5)          Funktion
//--  0        AR_D  ← SYSBUS
//--  1        AR_D  ← PC_Q
//-- -----
//--       Multiplexer mux4_1
//-- A(9)    A(8)       Funktion
//--  0       0      SYSBUS ← GND
//--  0       1      SYSBUS ← A_Q
//--  1       0      SYSBUS ← PX_D
//--  1       1      SYSBUS ← MR_Q
//--
//--------
module opw16_1(
//--------
input [15:0] MR_D,
input [15:0] IPX_D,
input [24:0] A,
input CLR,
input CLK,
output wire EQ,
output wire [15:0] AR_Q,
output wire [15:0] OPX_Q,
output wire[6:0] IR_Q,
output wire[15:0] SYSBUS);
//--------
wire [15:0] A_Q;
wire [15:0] AR_D;
wire [15:0] MUX_BUS;
wire GND1;
wire TBUF_EN;
wire GND16;
wire [15:0] PC_Q;
wire [15:0] AKKU_B;
wire [15:0] MR_Q;
wire [15:0] IPX_Q;
//--------
assign GND1 = 1'b0;
assign GND16 = 16'b0;
//--------
```

```verilog
//---- Program-Counter ----
pc16_1 pc16 (.CLR(CLR),.CLK(CLK),.D_IN(SYSBUS),.Q_OUT(PC_Q),
.S(A[2:1]));
//--------
//---- 16-Bit-MUX 2_1 ----
mux2a_16 mux2_2 (.A(A_Q),.B(SYSBUS),.MUX_OUT(AKKU_B),
.SEL(A[13]));
//--------
//---- 16-Bit-MUX 2_1 ----
mux2a_16 mux2_3 (.A(SYSBUS),.B(PC_Q),.MUX_OUT(AR_D),
.SEL(A[5]));
//--------
//---- 16-Bit-Akku-Einheit ----
akku16_2a akku16 (.B(AKKU_B),.RD(MR_Q[8:6]),.RA(MR_Q[5:3]),
.RB(MR_Q[2:0]),.Q(A_Q),.CLR(CLR),.CLK(CLK),.A(A),.EQ(EQ));
//--------
//---- 16-Bit-Adress-Register ----
reg16_as reg16_1a (.D(AR_D),.CLR(CLR),.CLK(CLK),.Q(AR_Q),
.CE(A[6]));
//--------
//---- 16-Bit-Memory-Register ----
reg16_as reg16_3a (.D(MR_D),.CLR(CLR),.CLK(CLK),
.Q(MR_Q),.CE(A[7]));
//--------
//---- 16-Bit-Input-Register ----
reg16_as reg16_5a (.D(IPX_D),.CLR(CLR),.CLK(CLK),
.Q(IPX_Q),.CE(A[9]));
//--------
//---- 16-Bit-Output-Register ----
reg16_as reg16_6a(.D(SYSBUS),.CLR(CLR),.CLK(CLK),
.Q(OPX_Q),.CE(A[11]));
//--------
//---- 7-Bit-Instruction-Register ----
reg7_as reg7_1(.Q(IR_Q),.CLR(CLR),.CLK(CLK),.CE(A[12]),
.D(MR_Q[15:9]));
//--------
//---- Tri-State-Buffer ----
tbuf16 tbuf(.D(MUX_BUS),.Q(SYSBUS),.EN(TBUF_EN));
//--------
//---- OR-Glied ----
or2_1a or2_1(.I0(A[8]),.I1(A[9]),.OR_OUT(TBUF_EN));
//--------
```

```
//---- 16-Bit-MUX 4_1 ----
mux4_1v mux4_1(.A(GND16),.B(A_Q),.C(IPX_Q),.D(MR_Q),
.SEL(A[9:8]),.MUX_OUT(MUX_BUS));
//--------
```
endmodule
//--------

Auszug aus dem Synthese-Bericht des 16-Bit-Operationswerkes:

```
--------
FPGA: Spartan6 xc6slx4 (Xilinx)
--------
Basic Elements of Logic(BELS)   : 992
--------
# Adders/Subtractors            : 4
16-bit adder                    : 2
16-bit subtractor               : 2
# Counters                      : 1
16-bit up counter               : 1
# Registers                     : 224
Flip-Flops                      : 224
# Multiplexers                  : 24
1-bit 2-to-1 multiplexer        : 8
16-bit 15-to-1 multiplexer      : 1
16-bit 2-to-1 multiplexer       : 11
16-bit 4-to-1 multiplexer       : 1
16-bit 8-to-1 multiplexer       : 2
3-bit 2-to-1 multiplexer        : 1
# xors                          : 1
16-bit xor2                     : 1
--------
Slice Logic Utilization:
Number of Slice Registers:         248   out of    4800
Number of Slice LUTs:              771   out of    2400
Number used as Logic:              771   out of    2400
--------
Minimum period: 7.7 ns (Maximum Frequency: 130.7 MHz)
Maximum combinational path delay: 12.6 ns
--------
```

Der Synthese-Bericht gibt einen Überblick über die maximale und minimale Taktfrequenz des Operationswerkes. Aus der angegebenen maximalen Signallaufzeit berechnet sich die minimale Taktfrequenz von 79 MHz. Die maximale Taktfrequenz beträgt

131 MHz. Der Unterschied liegt mit 40 % unter der maximalen Taktfrequenz. Es können z. T. erheblich höhere Unterschiede auftreten, die beim Entwurf beachtet werden müssen.

10.4 Modell des Steuerwerkes

Der Entwurf des Steuerwerkes als getakteter Automat wurde bereits in Kapitel 9.4 behandelt. Das Steuerwerk wurde als Mealy-Automat entworfen. Der folgende Verilog-Code zeigt die Modellierung des Steuerwerkes als Verhaltensbeschreibung.

Die Beschreibung hat zwei **always**-Anweisungen. Die erste reagiert auf das positive CLK-Signal und die zweite auf die Eingangssignale und das state-Signal. Die Signale der zweiten **always**-Anweisung sind somit taktabhängig. Die Zustände des Automaten sind in Parameter-Zuweisungen definiert und binär codiert. Die Fallunterscheidungen für die einzelnen Zustände sind mit **case**- und **else-if**-Anweisungen modelliert. Bei den Zuweisungen des 25-Bit-Ansteuervektors A sind die jeweils gesetzten Bits explizit mit angegeben, um die Zuordnungen in der Automaten- und Ansteuertabelle leichter wiederzufinden.

```
//--------
//-- 16-Bit-Steuerwerk
//--------
module stw16_2a (CLK, CLR, OPC, START, A, EQ);
//--------
input CLK;
input CLR;
input START;
input EQ;
output reg [24:0] A;
input [6:0] OPC;
//--------
reg [2:0] next_state;
reg [2:0] state;
//---- Zustände des Steuerwerks ----
parameter s0 = 3'b000;
parameter s1 = 3'b001;
parameter s2 = 3'b010;
parameter s3 = 3'b011;
parameter s4 = 3'b100;
parameter s5 = 3'b101;
parameter s6 = 3'b110;
//--------
```

```verilog
always @ (posedge CLK)
state <= next_state;
//--------
always @ (state or CLR or START or OPC or EQ)
begin
if (CLR == 1'b1)
next_state <= s0;
else
begin
case (state)
//---- S0 ----
s0: if (START == 1'b0)
begin
A <= 25'b0000000000000001000000000; // A[9]
next_state <= s0;
end
else
if (START == 1'b1)
begin
A <= 25'b0000000000000001001000110; // A[9,6,2,1]
next_state <= s1;
end
//---- S1 ----
s1:
begin
A <= 25'b0000000100000000010000100; // A(17,7,2)
next_state <= s2;
end
//---- S2 ----
s2:
begin
A <= 25'b0000000100001000001100000; // A[17,12,6,5]
next_state <= s3;
end
//---- S3 ----
s3:
if (OPC[1:0] == 2'b00) // Reg-Befehl
begin
A <= 25'b0000100000000000000000000; // A[20]
next_state <= s4;
end
else if (OPC[1:0] == 2'b10) // Load/Store-Befehl
```

```verilog
    begin
      A <= 25'b0000100100000000010000100; // A[20,17,7,2]
      next_state <= s4;
    end
    else if (OPC[1:0] == 2'b11) // Adress-Befehl
    begin
      A <= 25'b0000000100000000010000100; // A[17,7,2]
      next_state <= s4;
    end
//---- S4 ----
s4:
    if (OPC == 7'b1111100) // STOP
    begin
      A <= 25'b0000000000000000000000000; // NULL-Vector
      next_state <= s0;
    end
//--------
    else if (OPC == 7'b0000000) // NOP
    begin
      A <= 25'b0000000000000000001100000; // A[6,5]
      next_state <= s1;
    end
//--------
    else if (OPC == 7'b1000000) // ADD
    begin
      A <= 25'b0001010000000000001100000; // A[21,19,6,5]
      next_state <= s1;
    end
//--------
    else if (OPC == 7'b1000100) // SUB
    begin
      A <= 25'b0010010000000000001100000; // A[22,19,6,5]
      next_state <= s1;
    end
//--------
    else if (OPC == 7'b1001000) // AND
    begin
      A <= 25'b0011010000000000001100000; // A[22,21,19,6,5]
      next_state <= s1;
    end
//--------
    else if (OPC == 7'b1001100) // OR
```

```verilog
begin
A <= 25'b0100010000000000001100000; // A[23,19,6,5]
next_state <= s1;
end
//--------
else if (OPC == 7'b1010000) // XOR
begin
A <= 25'b0101010000000000001100000; // A[23,21,19,6,5]
next_state <= s1;
end
//--------
else if (OPC == 7'b0101100) // NAND
begin
A <= 25'b1110010000000000001100000; // A[24,23,22,19,6,5]
next_state <= s1;
end
//--------
else if (OPC == 7'b0110000) // DEC
begin
A <= 25'b0111010100000000001100000; // A[23,22,21,19,17,6,5]
next_state <= s1;
end
//--------
else if (OPC == 7'b0110100) // INC
begin
A <= 25'b0110010100000000001100000; // A[23,22,19,17,6,5]
next_state <= s1;
end
//--------
else if (OPC == 7'b0100100) // SHR
begin
A <= 25'b0000000010000000000000000; // A[17]
next_state <= s5;
end
//--------
else if (OPC == 7'b0101000) // SHL
begin
A <= 25'b0000000010000000000000000; // A[17]
next_state <= s5;
end
//--------
else if (OPC == 7'b1100000) // CPL
```

```verilog
begin
A <= 25'b1011010100000000001100000; // A[24,22,21,19,17,6,5]
next_state <= s1;
end
//--------
else if (OPC == 7'b1011100) // CLR
begin
A <= 25'b1111010100000000001100000; // A[24,23,22,21,19,17,6,5]
next_state <= s1;
end
//--------
else if (OPC == 7'b0000110) // LOAD
begin
A <= 25'b0000000100000001101000000; // A[17,9,8,6]
next_state <= s5;
end
//--------
else if (OPC == 7'b0001010) // STORE
begin
A <= 25'b0000000000000001101000000; // A[9,8,6]
next_state <= s5;
end
//--------
else if (OPC == 7'b1010100) // MOV
begin
A <= 25'b1010010000000000001100000; // A[24,22,19,6,5]
next_state <= s1;
end
//--------
else if (OPC == 7'b1100100) // INX
begin
A <= 25'b0000010101010001001100000; // A[19,17,15,13,9,6,5]
next_state <= s1;
end
//--------
else if (OPC == 7'b1101000) // OUTX
begin
A <= 25'b0000000100000100101100000; // A[17,11,8,6,5]
next_state <= s1;
end
//---- JUMP ohne Beding. ----
//--------
```

```verilog
else if (OPC == 7'b0010011) // JUMP
begin
A <= 25'b0000000000000001110000110; // A[9,8,7,2,1]
next_state <= s5;
end
//--------
//---- JUMP-Bed. nicht erfüllt ----
else if (OPC == 7'b0011011 && EQ == 1'b0) // JZ + NZ
begin
A <= 25'b0000000000000000001100000; // A[6,5]
next_state <= s1;
end
//--------
//---- JUMP-Beding. erfüllt ----
//--------
else if (OPC == 7'b0011011 && EQ == 1'b1) // JZ + Z
begin
A <= 25'b0000000000000001110000110; // A[9,8,7,2,1]
next_state <= s5;
end
//--------
//---- S5 ----
s5:
if (OPC == 7'b0100100) // SHR
begin
A <= 25'b1000000110000000000000000; // A[24,17,16]
next_state <= s6;
end
//--------
else if (OPC == 7'b0101000) // SHL
begin
A <= 25'b1001000110000000000000000; // A[24,21,17,16]
next_state <= s6;
end
//--------
else if (OPC == 7'b0000110) // LOAD
begin
A <= 25'b0000000010000000010000000; // A[17,7]
next_state <= s6;
end
//--------
else if (OPC == 7'b0001010) // STORE
```

```verilog
        begin
          A <= 25'b0000000100100000100000000;  // A[17,14,8]
          next_state <= s6;
        end
//---- JUMP-Befehl ----
//--------
        else if (OPC == 7'b0011011) // JZ
        begin
          A <= 25'b0000000000000000001100000;  // A[6,5]
          next_state <= s1;
        end
//--------
//---- JUMP-Befehl ----
        else if (OPC == 7'b0010011) // JUMP
        begin
          A <= 25'b0000000000000000001100000;  // A[6,5]
          next_state <= s1;
        end
//--------
      s6:
        if (OPC == 7'b0000110) // LOAD
        begin
          A <= 25'b0000010100010001101100000;  // A[19,17,13,9,8,6,5]
          next_state <= s1;
        end
//--------
        else if (OPC == 7'b0001010) // STORE
        begin
          A <= 25'b0000000000000000001100000;  // A[6,5]
          next_state <= s1;
        end
//--------
        else if (OPC == 7'b0100100) // SHR
        begin
          A <= 25'b0000010110000000001100000;  // A[19,17,16,6,5]
          next_state <= s1;
        end
//--------
        else if (OPC == 7'b0101000) // SHL
        begin
          A <= 25'b0000010110000000001100000;  // A[19,17,16,6,5]
          next_state <= s1;
```

```
end
//--------
default:
begin
next_state <= s0;
end
endcase
end
end
endmodule
//--------
```

Auszug aus dem Synthese-Bericht des 16-Bit-Steuerwerkes:

```
--------
FPGA: Spartan6 xc6slx4 (Xilinx)
--------
Basic Elements of Logic(BELS)     : 77
--------
# Registers                       : 3
Flip-Flops                        : 3
# Multiplexers                    : 219
1-bit 2-to-1 multiplexer          : 215
1-bit 6-to-1 multiplexer          : 1
1-bit 7-to-1 multiplexer          : 3
--------
Slice Logic Utilization:
Number of Slice Registers:       6 out of    4800
Number of Slice LUTs:           74 out of    2400
Number used as Logic:           74 out of    2400
--------
Minimum period: 5.1 ns (Maximum Frequency: 194,8 MHz)
--------
```

10.5 Modell für den 16-Bit-Mikroprozessor mpu16_1

Der Mikroprozessor ist in die Module Operationswerk und Steuerwerk strukturiert.
    Der Schaltungsaufwand des Operations- und Steuerwerkes ergänzt sich nach dem Synthese-Bericht zum Schaltungsaufwand des Mikroprozessors. Die maximalen Taktfrequenzen des Operationswerkes (131 MHz) und des Steuerwerkes (195 MHz) stehen im Einklang mit der Taktfrequenz des Mikroprozessors (130 MHz).

Die Abb. 10.11 zeigt die synthetisierte Schaltung. Im Folgenden ist der Source-Code für den Mikroprozessor angegeben.

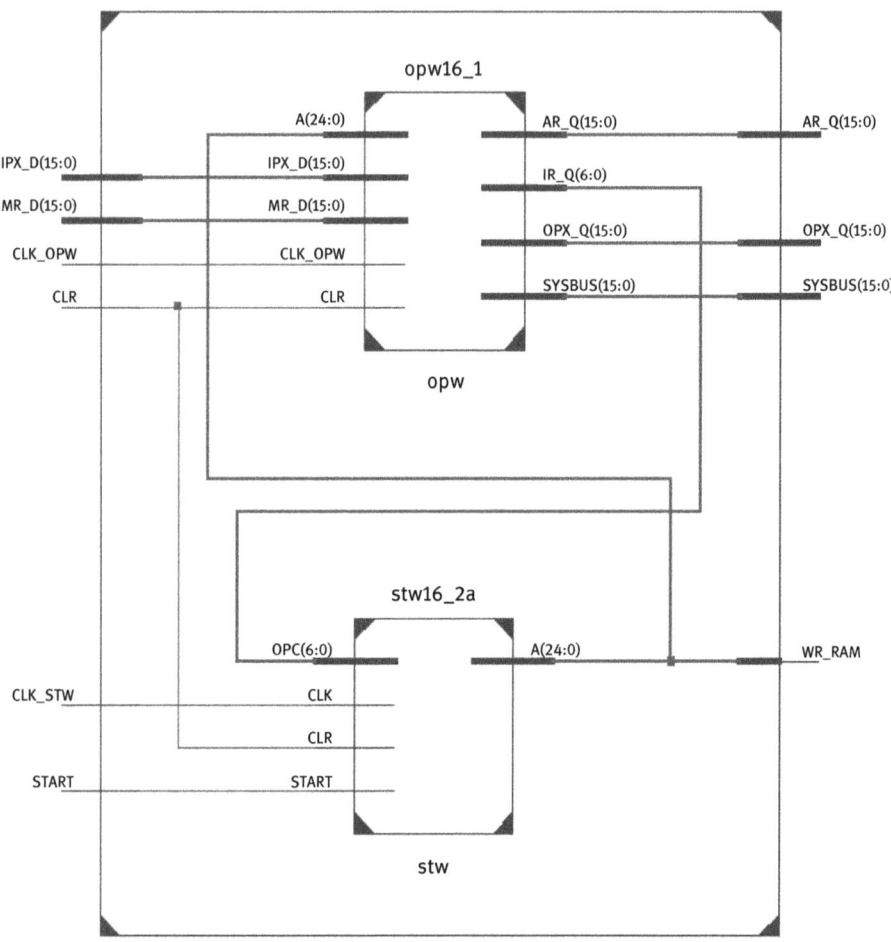

Abb. 10.11: Der 16-Bit-Mikroprozessor MPU16

```
//--------
// 16-Bit-Mikroprozessor
//--------
module mpu16_1 (
//--------
input [15:0] IPX_D,
input [15:0] MR_D,
input CLK_STW,
```

10.5 Modell für den 16-Bit-Mikroprozessor mpu16_1

```verilog
input CLK_OPW,
input CLR,
input START,
output [15:0] AR_Q,
output [15:0] OPX_Q,
output wire[15:0] SYSBUS,
output WR_RAM);
//--------
wire [6:0] IR_Q;
wire [6:0] IR_Q_IN;
wire [24:0] A_IN;
wire [24:0] A;
//--------
assign WR_RAM = A[14];
assign A[24:0] = A_IN [24:0];
//--------
//---- 16-Bit-Operationswerk ----
opw16_1 opw (.IPX_D(IPX_D),.MR_D(MR_D),.CLK(CLK_OPW),.CLR(CLR),
.AR_Q(AR_Q),.OPX_Q(OPX_Q),.SYSBUS(SYSBUS),.A(A_IN),.IR_Q(IR_Q_IN));
//--------
//---- 16-Bit-Steuerwerk ----
stw16_2a stw (.OPC(IR_Q_IN),.CLR(CLR),.CLK(CLK_STW),
.START(START),.A(A_IN));
//--------
endmodule
//--------
```

Auszug aus dem Synthese-Bericht des 16-Bit-Mikroprozessors:

```
--------
FPGA: Spartan6 xc6slx4 (Xilinx)
--------
Basic Elements of Logic(BELS)    : 1079
--------
# Adders/Subtractors             : 4
16-bit adder                     : 2
16-bit subtractor                : 2
# Counters                       : 1
16-bit up counter                : 1
# Registers                      : 227
Flip-Flops                       : 227
# Multiplexers                   : 243
1-bit 2-to-1 multiplexer         : 223
```

```
1-bit 6-to-1 multiplexer           : 1
1-bit 7-to-1 multiplexer           : 3
16-bit 15-to-1 multiplexer         : 1
16-bit 2-to-1 multiplexer          : 11
16-bit 4-to-1 multiplexer          : 1
16-bit 8-to-1 multiplexer          : 2
3-bit 2-to-1 multiplexer           : 1
# xors                             : 1
16-bit xor2                        : 1
--------

Slice Logic Utilization:
Number of Slice Registers:     272    out of    4800
Number of Slice LUTs:          856    out of    2400
Number used as Logic:          856    out of    2400
--------

Minimum period: 7.7 ns (Maximum Frequency: 129.9 MHz)
--------
```

Der Frequenzteiler mit Delay

In Kapitel 3.4 wurde der Frequenzteiler bereits behandelt. Er wird bei der Modellierung des Mikroprozessor-Systems(5) eingesetzt. Das Modul wird im Wesentlichen wegen der Taktbedingungen des Mikroprozessors und des Speichers verwendet. Die folgende Darstellung soll noch einmal die Funktion des Frequenzteilers verdeutlichen.

Beziehungen zwischen Ein- und Ausgangssignalen des Moduls:

```verilog
Clock-Eingang: clk
Clock-Ausgang: clk_1: Taktfrequenz clk/2
Clock-Ausgang: clk_2: Taktfrequenz clk/2 mit T/4 Verzögerung
//--------
//-- Frequenzteiler mit Delay
//--------
module clk_mod_1 (clk, clr, clk_1, clk_2);
//--------
input clr;
input clk;
output reg clk_1;
output reg clk_2;
//--------
always @ (posedge clk or posedge clr)
begin
if (clr == 1)
```

```
begin
clk_2 <= 1'b0;
end
//--------
else
begin
clk_2 <= ~clk_2;
end
//--------
end
//--------
always @ (negedge clk or posedge clr)
begin
if (clr == 1)
begin
clk_1 <= 1'b0;
end
//--------
else
begin
clk_1 <= ~clk_2;
end
//--------
end
endmodule
//--------
```

10.5.1 Der Speicher für Befehle und Daten

Der Verilog-Code für den Befehl- und Datenspeicher ist im Folgenden aufgelistet. Der Speicher hat 8-Bit-Adressen und 16-Bit-Daten. Das Speichern von Daten ist synchron, d. h. taktabhängig und das Lesen asynchron. Das Testfile ram16_pro4.txt wird mit dem System Task $readmemh im Hex-Format gelesen. Es ist für 51 x 16-Bit-Vektoren definiert.

```
//--------
module Memory16_1 (
//--------
output [15:0] DO,
input WE,
```

```verilog
input CLK,
input [7:0] ADR,
input [15:0] DI);
//---- Array 256 x 16-Bit-Vektor ----
reg[15:0] memory [0:255];
//--------
initial
begin
//---- Lesen des Testprogramms ----
$readmemh("ram16_pro4.txt", memory,0,50);
end
//--------
always @ (posedge CLK)
begin
//---- Schreiben von Daten ----
if(WE)
memory[ADR] <= DI;
end
//---- Lesen von Befehlen und Daten ----
 assign DO = memory[ADR];
//--------
 endmodule
//--------
```

10.6 Modell für das 16-Bit-Mikroprozessor-System(5)

Der folgende Verilog-Code zeigt die Strukturierung des Mikroprozessor-Systems. Es enthält die Module Mikroprozessor, Speicher und Frequenzteiler mit Delay. Durch den strukturierten Entwurf des Mikroprozessor-Systems können leicht Erweiterungen vorgenommen werden.

Der Frequenzteiler soll als Taktgeber dem Mikroprozessor ein verzögertes Taktsignal von einer $\frac{1}{4}$ Periode übergeben. Damit wird erreicht, dass der Speicher erst die aktuelle Adresse bekommt, bevor der zugehörige Wert ausgelesen wird. Die Abb. 10.12 zeigt die synthetisierte Schaltung. Nach dem Synthese-Bericht ergibt sich die maximale Taktfrequenz des Systems zu 133 MHz. Die maximale Taktfrequenz des Mikroprozessors mpu16_1 liegt bei 130 MHz.

Die Taktfrequenzen zwischen Mikroprozessor und Mikroprozessor-System liegen somit dicht beieinander. Der Schaltungsaufwand beim System liegt etwa um 15 % höher als beim Prozessor.

10.6 Modell für das 16-Bit-Mikroprozessor-System(5) — 289

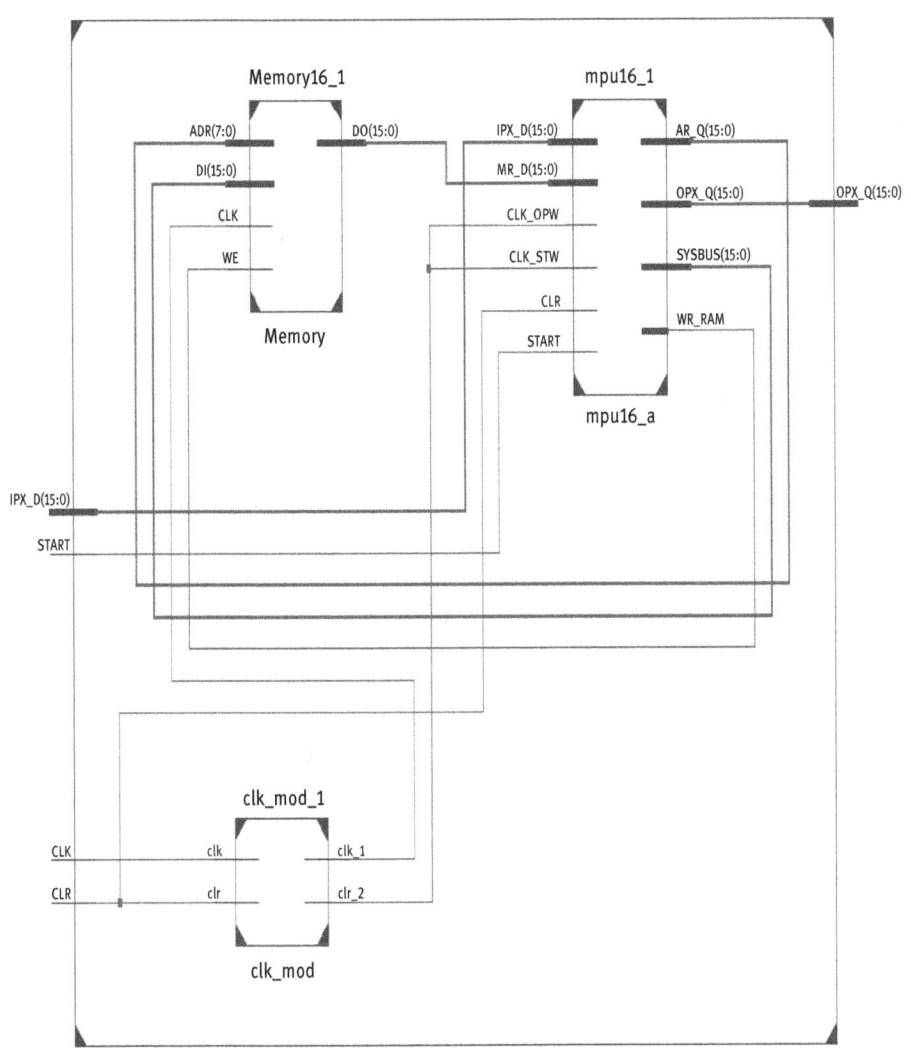

Abb. 10.12: Das 16-Bit-Mikroprozessor-System(5)

```
//--------
// 16-Bit-Mikroprozessor-System
//--------
module mpu16_1s (
//--------
input [15:0] IPX_D,
input CLR,
```

```verilog
input CLK,
input START,
output [15:0] OPX_Q);
//--------
wire [15:0] ADR_IN;
wire [15:0] AR_Q,SYS_IN;
wire [15:0] DA_1;
wire WR_IN;
wire CLK_CPU1;
wire CLK_CPU2;
wire WR_RAM;
//--------
assign AR_Q[15:8] = 8'b00000000;
assign AR_Q[7:0] = ADR_IN[7:0];
//--------
//---- 16-Bit-Mikroprozessor ----
mpu16_1 mpu16_a (.MR_D(DA_1),.IPX_D(IPX_D),.CLK_OPW(CLK_CPU2),
.CLK_STW(CLK_CPU2),.AR_Q(ADR_IN),
.CLR(CLR),.START(START),.OPX_Q(OPX_Q),
.SYSBUS(SYS_IN),.WR_RAM(WR_IN));
//---- Memory16_1 ----
Memory16_1 Memory (.DO(DA_1),.ADR(ADR_IN[7:0]),.DI(SYS_IN),
.WE(WR_IN),.
CLK(CLK_CPU1));
//--------
//---- Frequenzteiler mit Delay ----
clk_mod_1 clk_mod (.clk(CLK),.clr(CLR),.clk_1(CLK_CPU1),.
clk_2(CLK_CPU2));
//--------
endmodule
//--------
```

Auszug aus dem Synthese-Bericht des Mikroprozessor-Systems(5):

```
--------
FPGA: Spartan6 xc6slx4 (Xilinx)
--------
Basic Elements of Logic(BELS)           : 1171
--------
# RAMs                                  : 1
256x16-bit single-port distributed RAM  : 1
```

```
# Adders/Subtractors                          : 4
16-bit adder                                  : 2
16-bit subtractor                             : 2
# Counters                                    : 1
16-bit up counter                             : 1
# Registers                                   : 229
Flip-Flops                                    : 229
# Multiplexers                                : 243
1-bit 2-to-1 multiplexer                      : 223
1-bit 6-to-1 multiplexer                      : 1
1-bit 7-to-1 multiplexer                      : 3
16-bit 15-to-1 multiplexer                    : 1
16-bit 2-to-1 multiplexer                     : 11
16-bit 4-to-1 multiplexer                     : 1
16-bit 8-to-1 multiplexer                     : 2
3-bit 2-to-1 multiplexer                      : 1
# xors                                        : 1
16-bit xor2                                   : 1
--------
Slice Logic Utilization:
Number of Slice Registers:    258   out of    4800
Number of Slice LUTs:         982   out of    2400
Number used as Logic:         918   out of    2400
Number used as Memory:         64   out of    1200
Number used as RAM:            64
--------
Minimum period: 7.5 ns (Maximum Frequency: 133.3 MHz)
--------
```

Testfile ram16_pro4.txt

Das Mikroprozessor-System(5) hat einen gemeinsamen Speicher für die Befehle und Daten, d. h. es gibt ein gemeinsames Testfile. Das Testfile hat ein 16-Bit-Befehls- und Datenformat. Das Adress-Format ist für 16 Bit ausgelegt, es wird jedoch nur eine 8-Bit-Adresse verwendet. Die restlichen Bits sind don't-care-Werte. Im Folgenden sind die Befehle und Daten des Testfiles in Hex-Format aufgelistet. Das Testfile soll die Funktionsfähigkeit des Mikroprozessor-Systems zeigen. Das Programm wird bei der Adresse 10(Hex) gestartet. In Tab. 10.1 ist das Testfile übersichtlich dargestellt.

Tab. 10.1: Testfile ram16_pro4.txt

ADR	Opcode	Mnemonic/Daten	Bedeutung
0000		0000	
0001		1011	
0002		2011	
0003		3011	
0004		4011	
0005		5011	
0006		6011	
0007		7011	
0000			
@10			Startadresse
0010	0c00	LOAD R0	R0 = 1011
0011	0001	ADR	
0012	0c40	LOAD R1	R1 = 2011
0013	0002	ADR	
0014	0c80	LOAD R2	R2 = 3011
0015	0003	ADR	
0016	1440	STORE R1	M(0005) = 2011
0017	0005	ADR	
0018	0cc0	LOAD R3	R3 = 4011
0019	0004	ADR	
001a	0d00	LOAD R4	R4 = 2011
001b	0005	ADR	
001c	8088	ADD R2,R1,R0	R2 = 3022
001d	d080	OUTX R2	OPX_Q = 3022
001e	3600	JZ	Jump: Beding. nicht erfüllt
001f	0010	ADR	
0020	80d1	ADD R3,R2,R1	R3 = 5033
0021	d0c0	OUTX R3	OPX_Q = 5033
0022	6080	DEC R2	R2 = 3021
0023	6840	INC R1	R1 = 2012
0024	8103	ADD R4,R0,R3	R4 = 6044
0025	d100	OUTX R4	OPX_Q = 6044
0026	c8c0	INX R3	R3 = 1111 (IPX_D)
0027	4840	SHR R1	R1 = 1009
0028	50c0	SHL R3	R3 = 2222
0029	d0c0	OUTX R3	OPX_Q = 2222
002a	c040	CPL R1	R1 = eff6
002b	b840	CLR R1	R1 = 0000
002c	3600	JZ	Jump: Beding. erfüllt
002d	0010	ADR	Sprungadresse
002e	f800	STOP	Programm-Ende

```
--------
//Testfile: ram16_pro4.txt
// Datenbereich
0000
1011
2011
3011
4011
5011
6011
7011
0000
0000
// Befehle und Adressen
@10
// LOAD R0
0c00
// ADR
0001
// LOAD R1
0c40
// ADR
0002
// LOAD R2
0c80
// ADR
0003
// STORE R1
1440
// ADR
0005
// LOAD R3
0cc0
// ADR
0004
// LOAD R4
0d00
// ADR
0005
```

```
// ADD R2,R1,R0
8088
// OUTX R2
d080
// JZ
3600
// ADR
0010
// Add R3,R2,R1
80d1
//OUTX R3
d0c0
// DEC R2
6080
// INC R1
6840
// ADD R4,R0,R3
8103
//OUTX R4
d100
// INX R3
c8c0
// SHR R1
4840
// SHL R3
50c0
// OPX R3
d0c0
// CPL R1
c040
// CLR R1
b840
// JZ
3600
// ADR
0010
// STOP
f800
//--------
```

10.6.1 Testbench für das Mikroprozessor-System(5)

Die Startadresse 10(Hex) im Testfile ram16_pro4.txt wird im Input-Register IPX des Prozessors eingegeben. Nach dem START-Signal wird ein weiterer Wert in das Input-Register gegeben, um den Input-Befehl INX RD zu testen.

Es wird die Funktionale und die Timing Simulation angewendet. Es wird außerdem ein VCD-File für eine weitere wave-Form-Darstellung erstellt (siehe Anhang A.1.3). Der Source-Code zeigt die Testbench für die Funktionale Simulation. Es wurde eine Taktfrequenz von 50 MHz (mit Frequenzteiler) in der Testbench eingestellt.

```
--------
`timescale 1ns / 1ps
//--------
module mpu16_tb1;
//--------
reg CLR = 0;
reg CLK = 0;
reg [15:0] IPX_D = 16'b0;
reg START = 0;
//--------
wire [15:0] OPX_Q;
//--------
//---- Mikroprozessor-System ----
mpu16_1s uut (.CLK(CLK),.CLR(CLR),.IPX_D(IPX_D),
.START(START),.OPX_Q(OPX_Q));
//--------
//---- Taktbedingung: Periode = 10 ns ----
//---- mit Frequenzteiler T = 20 ns ----
always #5 CLK = ~CLK;
//--------
initial
begin
//---- Erstellen eines VCD-Files ----
$dumpfile ("MPU12_tb1.vcd");
$dumpvars (0, MPU12_tb1);
//--------
CLK = 0;
CLR = 1;
//--------
```

```
#15 CLR = 0;
#2 IPX_D = 16'h0010; // Startadresse
#80 START = 1;
#80 START = 0;
#5 IPX_D = 16'h1111; // Datum für Input-Register
//--------
#2000 $display("simulation_end");
$finish;
end
endmodule
//--------
```

Timing Simulation für das Mikroprozessor-System(5)

Der folgende Verilog-Code zeigt die generierte Testbench, die an das Mikroprozessor-System(5) angepasst wurde. Es wurde das gleiche Testfile wie bei der Funktionalen Simulation verwendet. Für die Erstellung der Testbench siehe Kapitel 3.5 und Kapitel A.1.2.

```
//--------
// Testbench für die Timing Simulation
//--------
`timescale 1ns / 1ps
//--------
module mpu16_tb3;
//--------
reg CLR = 0;
reg CLK = 0;
reg [15:0] IPX_D = 16'b0;
reg START = 0;
//--------
wire [15:0] OPX_Q;
//--------
mpu16_1s uut (.CLK(CLK),.CLR(CLR),.IPX_D(IPX_D),.
START(START),.OPX_Q(OPX_Q));
//--------
//---- Taktbedingung T = 7 ns ----
// ---- mit Frequenzteiler T = 14 ns ----
always #3.5 CLK = ~CLK;
//--------
```

```
initial
begin
//---- VCD-File erstellen ----
$dumpfile ("mpu16_tb3.vcd");
$dumpvars (0,mpu16_tb3);
//--------
//---- Add stimulus ----
CLK = 0;
//---- Wait for Global Set/Reset ----
#100;
//--------
CLR = 1;
#60 CLR = 0;
//---- Startadresse 10 Hex ----
#3 IPX_D = 16'h0010;
//--------
#10 START = 1;
#60 START = 0;
#5 IPX_D = 16'h1111;
//--------
#1500 $display("simulation_end");
$finish;
//--------
end
endmodule
//--------
```

Das Mikroprozessor-System(5) wurde für die Timing Simulation mit einer Taktfrequenz von 71 MHz erfolgreich getestet. Bei höheren Frequenzen traten Ausgabefehler bei den Registern auf.

Im Anhang A.4 ist ein Beispiel für ein weiteres Testfile mit Testbench für das Mikroprozessor-System angegeben.

Um das Erstellen von Testfiles zu vereinfachen, ist im Anhang A.4.1 eine Tabelle mit dem jeweiligen Opcode für die Befehle des Mikroprozessors MPU16 erstellt.

A Anhang

A.1 Verwendete Entwicklungssoftware

A.1.1 Der Project Navigator

Der gesamte Entwurf der Mikroprozessor-Systeme wurde mit der Entwurfssoftware ISE (Design Suite 14.7) der Firma Xilinx erstellt (Webpack-Version). Die Software unterstützt den Entwurf von der Eingabe des Source-Codes bis hin zum fertigen Layout. Die Abb. A.1 zeigt eine Darstellung des ISE Project Navigators. Das Layout ist beim FPGA-Entwurf das „Place-and-Route"(PAR)-Tool. Auf den linken Seite der Abb. A.1 ist der gesamte Design-Entwurf aufgelistet. Links unten in der Abbildung sind die Tools für die Synthese und die Tools für das Implement Design aufgelistet. Die rechte Seite der Abbildung zeigt den Editor mit dem Verilog-Code für den Entwurf [1, 7].

Für den gesamten Entwurf wurde die Hardware-Beschreibungssprache Verilog verwendet.

A.1.2 Der ISIM Simulator

Für die gesamte Verilog-Modellierung wurde der Simulator ISIM verwendet. Der Simulator ist in der ISE Design Software der Firma Xilinx enthalten. Mit dem Simulator kann sowohl die Funktionale als auch die Timing Simulation durchgeführt werden.

Funktionale Simulation

In der Abb. A.2 ist eine Darstellung des Simulators ISIM abgebildet. Auf der linken Seite der Abbildung ist das zu simulierende Design aufgelistet. Auf der rechten Seite die wave-Form-Darstellung. Die Funktionale Simulation kann am Anfang des Schaltungsentwurfs durchgeführt werden, dabei wird die Funktionalität des Source-Codes getestet (Kapitel 1.2).

Es besteht auch die Möglichkeit, eine Testbench mit Hilfe des Simulators zu generieren. Dadurch kann die Durchführung der Simulation erheblich vereinfacht werden.

Der Umgang mit dem Simulator wurde in Kapitel 1.4 und Kapitel 3.5 beschrieben.

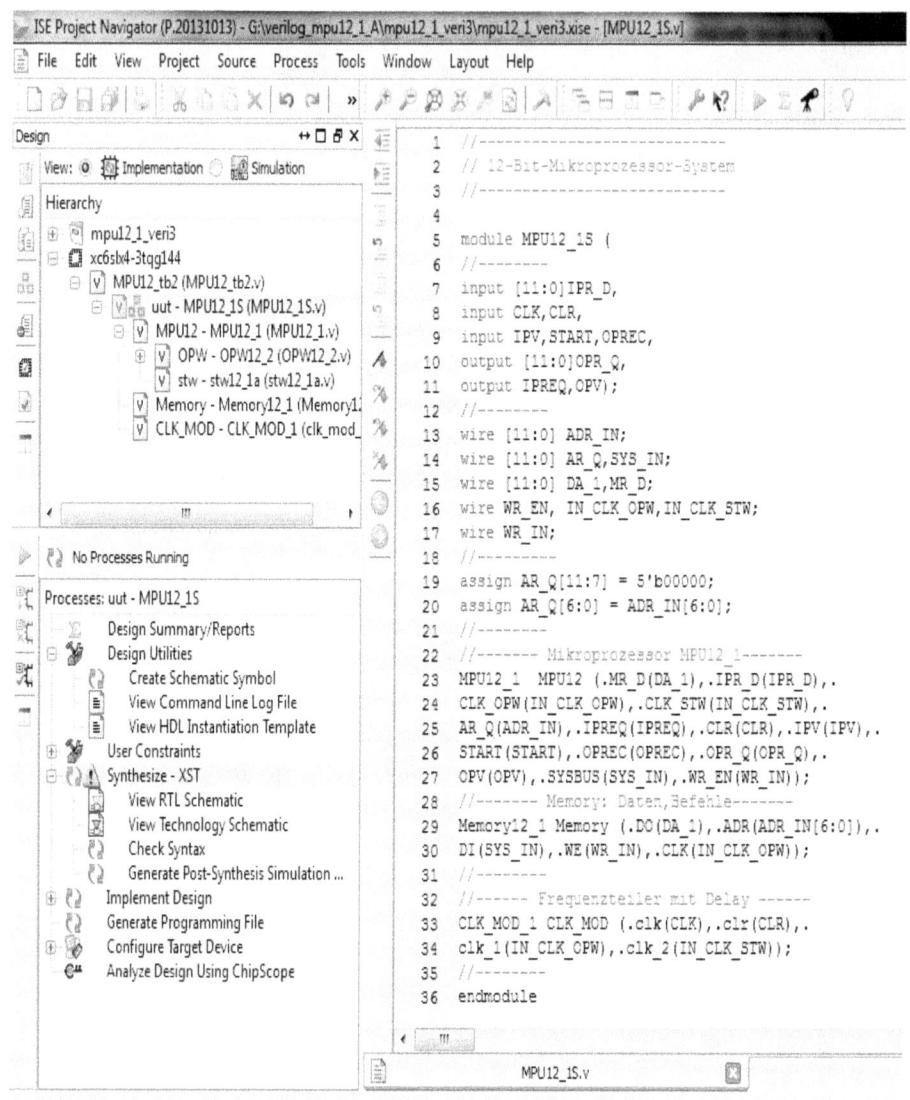

Abb. A.1: Der ISE Project Navigator

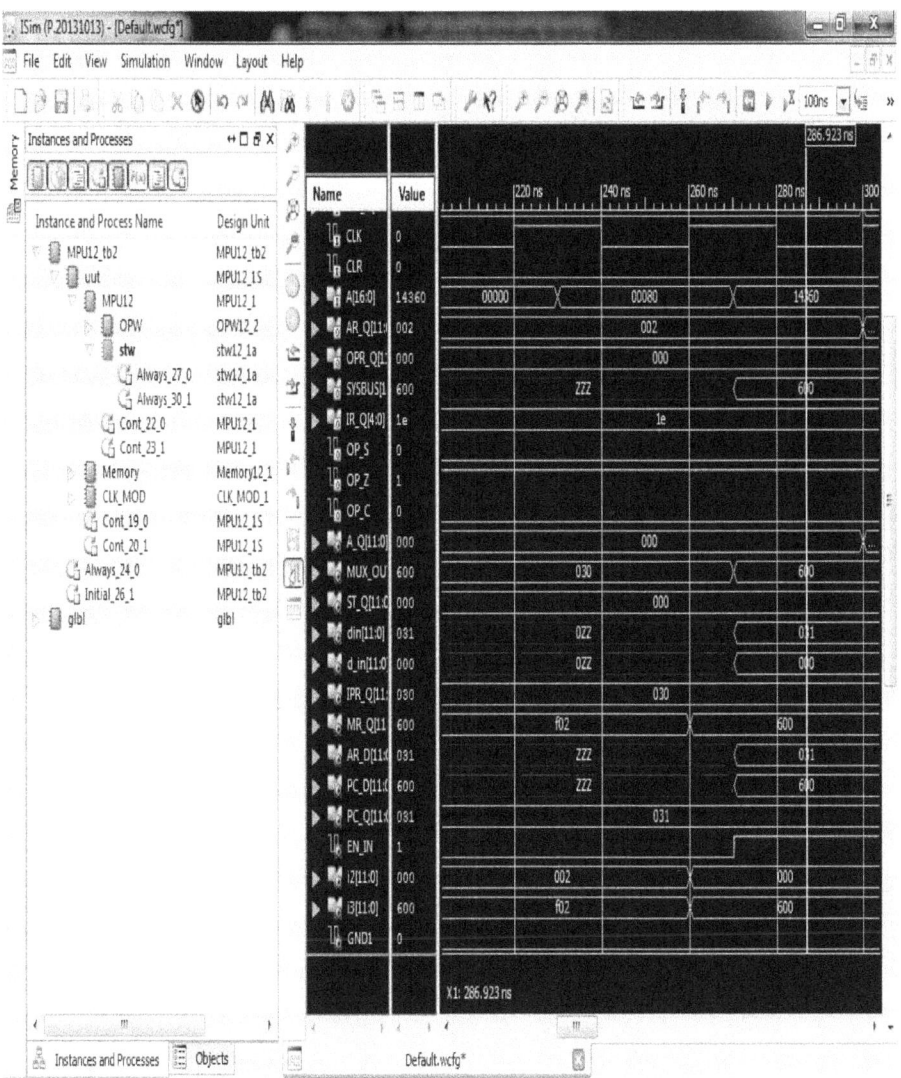

Abb. A.2: Der Xilinx ISIM Simulator

Timing Simulation

Die Abb. A.3 zeigt eine Darstellung des ISE Project Navigators zum Erstellen einer Testbench für die Timing Simulation. Auf der linken Seite der Abbildung muss die Anwendung selektiert sein. Der Dateiname für das Design braucht die Extension **.tf** wie im Beispiel (testbench2.tf) zu sehen ist.

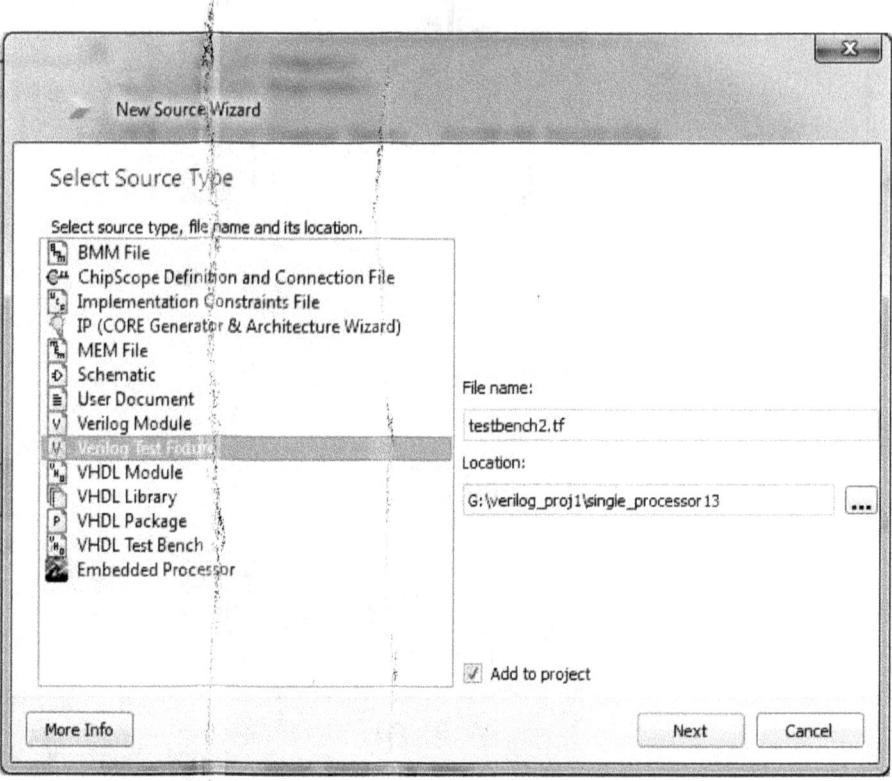

Abb. A.3: Testbench für die Timing Simulation(1)

Die Abb. A.4 zeigt die Bestätigung für die generierte Testbench.

Die Timing Simulation kann nur durchgeführt werden, wenn das (PAR)-Tool eine Verilog-Netzliste mit den berechneten Verzögerungszeiten erzeugt hat (SDF-Datei) [7].

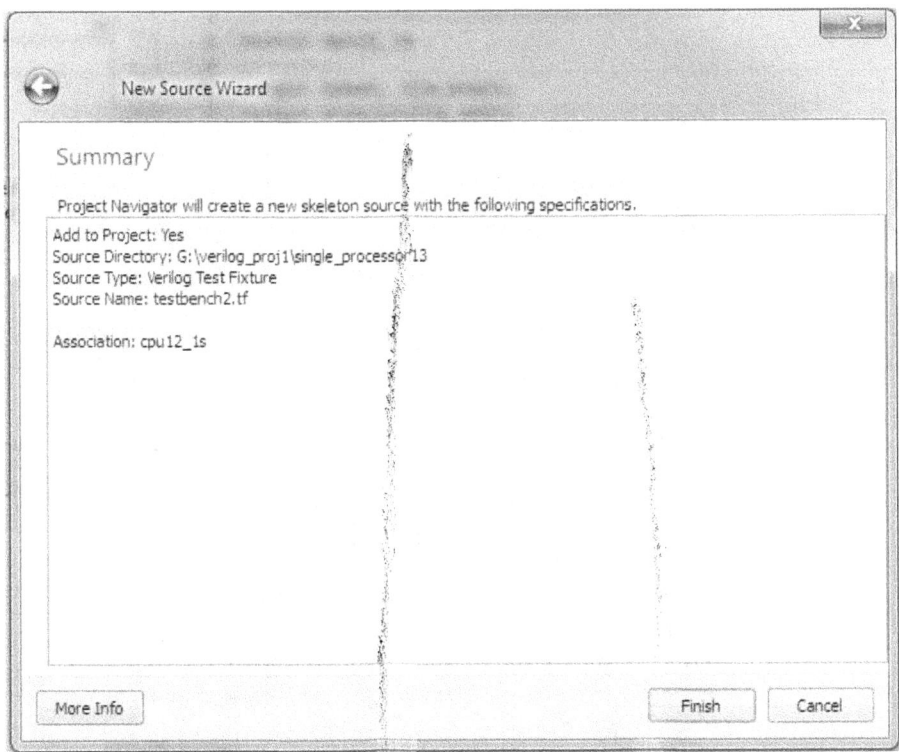

Abb. A.4: Testbench für die Timing Simulation(2)

A.1.3 GTKWave-Darstellung

Mit Hilfe der GTKWave-Software kann eine andere wave-Form-Darstellung genutzt werden. GTKWave ist eine freie Software, die aus dem Internet heruntergeladen werden kann. Es wird dabei eine VCD (Value Change Dump)-Datei erstellt, die in eine graphische Form umgesetzt wird. Für die Anwendung von GTKWave werden in der Testbench die System Tasks $dumpfile und $dumpvars verwendet. In Kapitel 1.4 wird näher darauf eingegangen [11].

Die Abb. A.5 zeigt einen Ausschnitt der Simulation des Mikroprozessors MPU12 aus Kapitel 3.5.

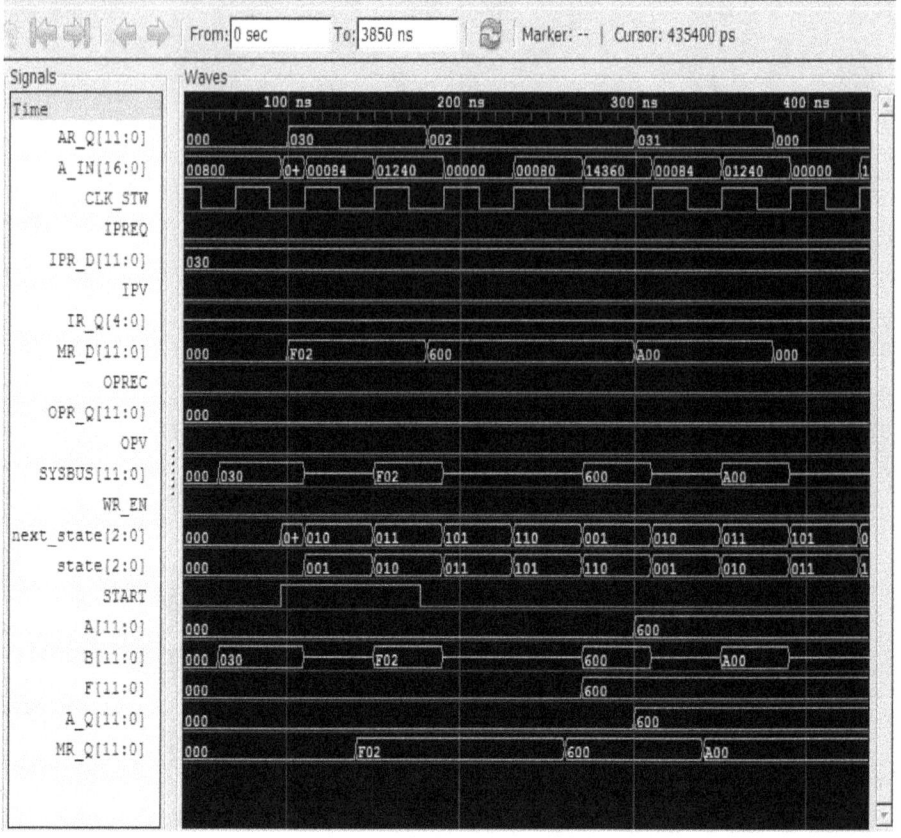

Abb. A.5: Wave-Form-Darstellung (GTKWave) für die MPU12

A.1.4 Der IP-Core-Generator

In der ISE-Entwicklungssoftware ist auch ein IP-Core-Generator enthalten. Mit Hilfe des Memory-Editors und des IP-Core-Generators können RAM-Speicher erstellt werden. Folgende Schritte sind dazu notwendig:
- Erstellen der cgf-Datei mit dem Memory-Editor;
- Generieren der coe-Datei mit dem Core-Generator.

Mit Hilfe eines Memory-Editors kann eine cgf-Datei erstellt werden. Die Abb. A.6 zeigt den Editor. Auf der linken Seite der Abbbildung werden die Parameter des RAM-Speichers und die Datei-Formate eingetragen. Auf der rechten Seite können die Daten und Adressen des Testprogramms eingegeben werden. Die Abb. A.7 zeigt die Eingabe für die Erstellung der coe-Datei. Diese Binärdatei wird mit dem IP-Core-Generator erstellt und anschließend ins RAM geladen. Es ist zu beachten, dass bei jeder Änderung der cgf-Testdatei der RAM-Speicher mit dem Core-Generator neu generiert werden muss [18].

In Kapitel 3.5 wurde mit dem IP-Core-Generator ein IP-Core-Speicher erstellt.

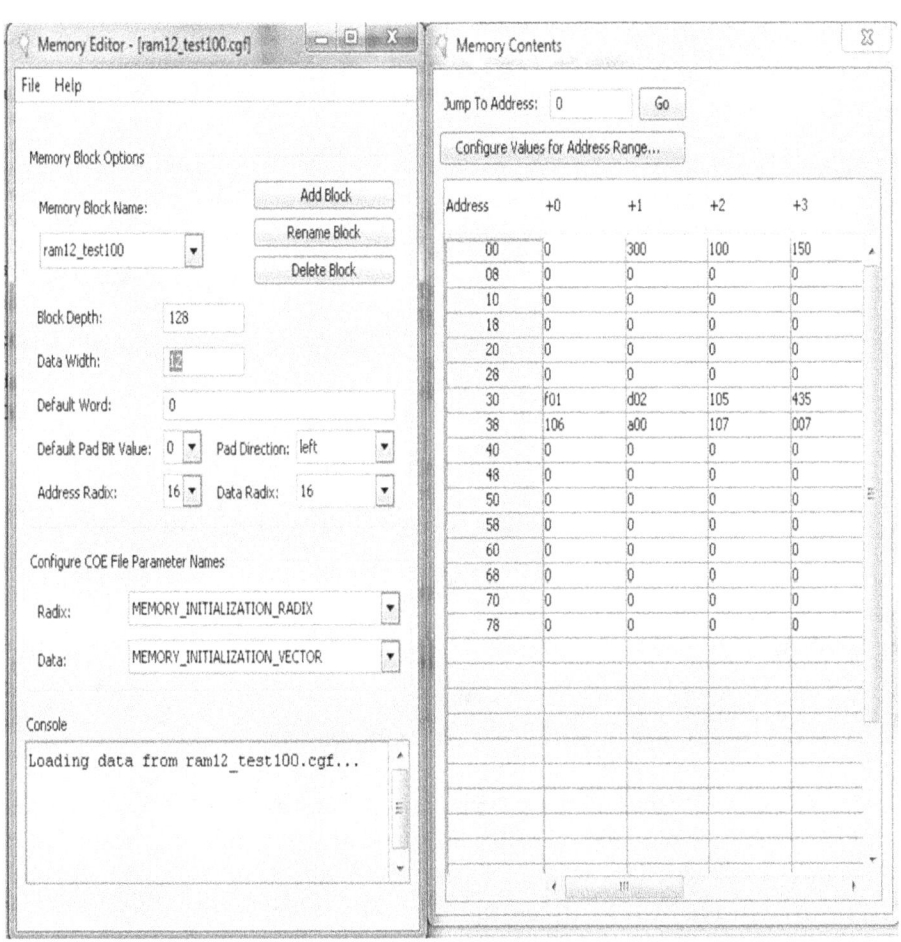

Abb. A.6: Der Memory-Editor

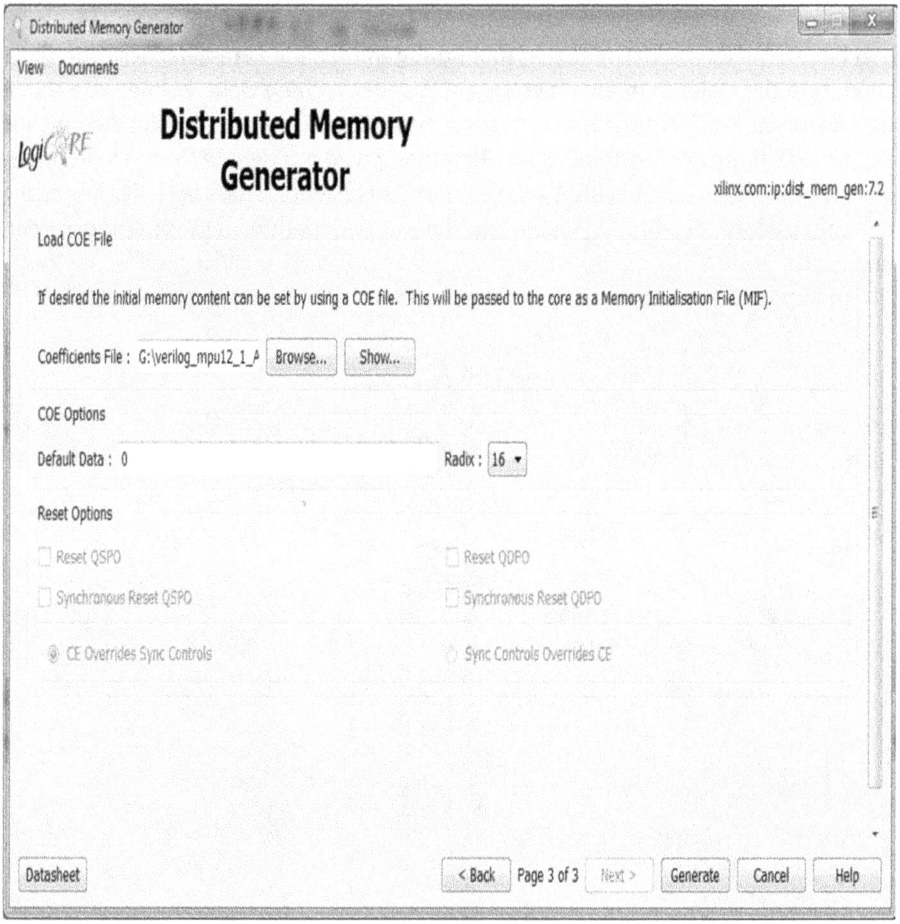

Abb. A.7: Der IP-Core-Generator

A.2 Beispiel für das 12-Bit-Mikroprozessor-System(1)

In dem folgenden Beispiel wird das Mikroprozessor-System(1) mit dem Testfile testpro5 mit Befehlen in direkter und indirekter Adressierung behandelt. Es werden auch Unterprogramm-Aufrufe verwendet. Die erste und zweite Spalte in der Tab. A.1 können direkt in die Textdatei testpro5.txt übernommen werden. Das Mikroprozessor-System ist strukturiert in den Prozessor und den Speicher für Befehle und Daten. Mit dem @-Symbol können die Adressen zugeordnet werden. Das Mikroprozessor-System wurde in Kapitel 3.5 behandelt.

Testfile testpro5.txt für das Mikroprozessor-System(1)

Die Tab. A.1 stellt das Testfile übersichtlich dar.

Tab. A.1: Testfile testpro5.docx

ADR	OPC	Mnemonic/Daten	Bedeutung
00			
01		200	Konstante 200
02		70	Indirekte Adres.
03		1ff	Konstante 1ff
04		50	Konstante 50
05		50	Indirekte Adres.
06		51	Indirekte Adres.
07		52	Indirekte Adres.
08		53	Indirekte Adres.
@30			Startadresse
30	f01	LO 01	LOAD A, 01, A = 200
31	a00	SHR	Shift right, A, A = 100
32	185	STI 50(05)	STOREI 50(05), A
33	f87	LOI 52(07)	LOADI 52(07), A, A = 010
34	c86	ADI 51(06)	ADDI 51(06), A, A = 80f
35	d03	SU 03	SBB A, 03, A = 610
36	188	STI 53(08)	STOREI 53(08), A
37	088	OUI 53(08)	OUTPUTI 53(08), OPR = 610
38	882	CAI 70(02)	CALLI 70(02)
39	d02	SU 02	SBB A, 02, A = 1a0
3a	c04	AD 04	ADD A, 04, A = 1f0
3b	185	STI 50(05)	STOREI 50(05), A
3c	085	OUI 50(05)	OUTPUTI 50(05), OPR = 1F0
3d	300	SP	STOP, Programmende
@50			Adresse 50
50	000		Konstante 000
51	7ff		Konstante 7ff
52	010		Konstante 010
53	150		Konstante 150
54	000		Konstante 000
@70			ADR Unterprogramm
70	f85	LOI 50(05)	LOADI 50(05), A, A = 100
71	c04	AD 04	ADD A, 04, A = 150
72	b00	SHL	SHIFT Left, A, A = 2A0
73	900	RT	RETURN
74	300	SP	STOP

```
// ---- testpro5.txt ----
000
// ---- Startadresse für Daten ----
@1
200
070
1ff
050
050
051
052
053
000
000
// ---- Startadresse für Befehle ----
@30
f01
a00
185
f87
c86
d03
188
088
882
d02
c04
185
085
300
000
000
// ---- Startadresse für indirekte Adr. ----
@50
000
7ff
010
150
000
000
//---- Startadresse für Unterprogramm ----
@70
```

```
f85
c04
b00
900
300
000
000
//--------
```

A.2.1 Testbench für das 12-Bit-Mikroprozessor-System(1)

Das folgende Listing zeigt die Testbench für das Mikroprozessor-System(1).

Es wird das Testfile testpro5.txt verwendet. In Kapitel 3.4 wurde bereits ein Testfile (ram12_testpro8.txt) für das Mikroprozessor-System(1) durchgetestet.

Es wird außerdem eine VCD-Datei für die wave-Form-Darstellung erstellt. Die Startadresse für das Testfile ist 30(Hex), sie wird in das Input-Register IPR_D eingegeben.

```
//--------
`timescale 1ns / 1ps
//--------
module MPU12_tb2;
//--------
reg CLR = 0;
reg CLK = 0;
reg [11:0] IPR_D = 12'b0;
reg IPV = 0;
reg START = 0;
reg OPREC = 0;
//--------
wire [11:0] OPR_Q;
wire IPREQ;
wire OPV;
//--------
MPU12_1S uut (.CLK(CLK),.CLR(CLR),.IPR_D(IPR_D),
.IPV(IPV),.START(START),.OPR_Q(OPR_Q),.OPV(OPV),
.IPREQ(IPREQ),.OPREC(OPREC));
//--------
// Taktbedingung: Periode = 20 ns
always #10 CLK = ~CLK;
//--------
```

```verilog
initial
begin
//---- Erstellen eines VCD-Files ----
$dumpfile ("MPU12_tb2.vcd");
$dumpvars (0,MPU12_tb2);
//--------
CLK = 0;
CLR = 1;
#15 CLR = 0;
#2 IPR_D = 12'h030;
//--------
#80 START = 1;
#80 START = 0;
//--------
#1750 OPREC = 1; // Output Recognized
#100 OPREC = 0;
//--------
#1850 OPREC = 1;
#100 OPREC = 0;
//--------
#4200 $display("simulation_end");
$finish;
//--------
end
endmodule
//--------
```

A.3 Beispiel für das 16-Bit-Mikroprozessor-System(4)

Das folgende Beispiel zeigt das 16-Bit-Mikroprozessor-System(4) aus Kapitel 8. Das System ist strukturiert in die Module Single-Cycle-Prozessor, Befehls- und Datenspeicher. Es werden die Testfiles testprog3.txt für den Befehlsspeicher und datatest3.txt für den Datenspeicher verwendet. Es ist ein zusätzliches Testfile zum Beispiel aus Kapitel 8. Die Testfiles können in den Textdateien editiert und verändert werden. Im Folgenden ist der Verilog-Code für das Mikroprozessor-System(4) angegeben.

```verilog
//--------
//-- 16-Bit-Mikroprozessor-System(4)
//--------
module cpu16_4s
//--------
```

```verilog
(input CLR,
input CLK,
input start,
output wire[15:0] Q_out);
//--------
wire [15:0] data_out_dm;
wire [15:0] data_im;
wire [6:0] A;
wire [15:0] data_in_dm;
wire [7:0] adr_dm;
wire [7:0] adr_im;
//--------
//---- 16-Bit-Single-Cycle-Prozessor ----
cpu16_4 cpu16
(.CLR(CLR),.A(A),.CLK(CLK),.
adr_im(adr_im),.data_im(data_im),.adr_dm(adr_dm),.
data_in_dm(data_in_dm),.data_out_dm(data_out_dm),.
Q_out(Q_out),.start(start));
//--------
//---- Instruction Memory ----
instr_mem5 im
(.adr(adr_im),.data_im(data_im));
//--------
//---- Data Memory ----
data_mem5 dm
(.rd(A[0]),.wr(A[1]),.adr(adr_dm),.data_in(data_in_dm)
,.data_out(data_out_dm),.clk(CLK));
//--------
endmodule
//--------
```

A.3.1 16-Bit-Speicher für die Befehle

```verilog
//--------
//---- Instruction Memory ----
//--------
module instr_mem5
//--------
(input [7:0]adr,
output reg [15:0]data_im);
```

```
//--------
reg [15:0] rom[0:50];
//--------
initial
begin
$readmemh ("testprog3.txt", rom, 0,30);
end
always @ (adr)
begin
data_im <= rom[adr];
end
endmodule
```

Testfile für die Befehle des Single-Cycle-Prozessors

```
// Befehle: testprog3.txt
// NOP
0000
// LOAD R0, 05
5005
// LOAD R1,03
5103
// LOAD R2,04
5204
// ADD R0,R1,R2
3012
// LOAD R1,02
5102
// SUB R2,R0,R1
1201
// JUZ 10
8010
// LOAD R1,05
5105
// SUB R2,R1,R2
1212
// LOAD R3,04
5304
// STORE 04,R0
9004
```

```
// ADD R3,R2,R2
3322
// SHR R2
6200
// ADD R1,R0,R2
3102
// SHR R1
6100
// CPL R3
4300
// SHR R1
6100
// SHL R1
7100
// NAND R1,R2,R3
2123
// STORE 03,R0
9003
// JUMP 01
a001
// STOP
b000
//--------
```

A.3.2 16-Bit-Speicher für die Daten

Das folgende Listing zeigt den Verilog-Code für den Datenspeicher des Testfiles datatest3.txt. Die Daten werden im Hex-Format eingelesen. Der Datenspeicher ist für ein Array 51 x 16-Bit eingerichtet.

```
//--------
//-- DataMemory.v
//--------
module data_mem5
//--------
(input rd, wr,clk,
input [7:0] adr,
input [15:0] data_in,
output reg [15:0] data_out);
//--------
reg [15:0] memory[0:50];
//--------
```

```verilog
initial
$readmemh ("datatest3.txt",memory, 0, 30);
//--------
always @ (adr,rd,wr,data_in)
begin
if(rd)
data_out <= memory[adr];
end
always @ (posedge clk)
begin
if (wr)
memory[adr] <= data_in;
end
endmodule
//--------
```

Daten für das Testfile datatest3.txt

```
// Daten: datatest3.txt
0100
0200
0300
0400
0500
0170
0070
0080
0090
0150
0250
0350
0450
0000
0000
0000
//--------
```

A.3.3 Testbench für das Mikroprozessor-System(4)

Es folgt der Source-Code für die Testbench des Mikroprozessor-Systems mit dem Testfile testpro3.txt für die Befehle und datatest3 für die Daten.

```
//--------
//-- testbench5.v
//--------
`timescale 1ns / 1ps
//--------
module testbench5;
//--------
reg CLR,start;
reg CLK;
wire [15:0]Q_out;
//--------
//---- Mikroprozessor-System(4) ----
cpu16_4s cpu_s (.CLR(CLR),.CLK(CLK),.Q_out(Q_out),.start(start));
//--------
initial
begin
//---- VCD-File erstellen ----
$dumpfile ("testbench5.vcd");
$dumpvars (0,testbench5);
//--------
start = 0;
CLK = 0;
CLR = 1;
#20 CLR = 0;
#3 start = 1;
#60 start = 0;
#700 $display("simulation_end");
 $finish;
end
//---- Taktbedingung: Periode T = 20 ns ----
always #10 CLK = ~CLK;
endmodule
//--------
```

A.4 Beispiel für das 16-Bit-Mikroprozessor-System(5)

In Kapitel 10 wurde das Mikroprozessor-System(5) behandelt. Auf der Systemebene ist es strukturiert in die Module Mikroprozessor und Speicher. Der Speicher enthält die Befehle und Daten für ein ausführbares Testprogramm. Getestet wird das Mikroprozessor-System in der Funktionalen Simulation mit dem Testfile ram16_pro42.txt. Das Testfile ist eine Ergänzung zum Testfile ram16_pro4.txt. in Kapitel 10.4.

Um das Erstellen von Testfiles zu erleichtern, wurde eine Tabelle mit den Opcodes für die einzelnen Befehle erstellt.

A.4.1 Der Befehlscode des 16-Bit-Mikroprozessors

Mit Hilfe der Tab. A.2 können die Befehlsformate für die einzelnen Befehle in Hex-Code leicht erstellt werden. Bei den Registerbefehlen werden die Opcodes nicht mit angegeben, da es zu unübersichtlich wird. Bei 3-Registerbefehlen sind es z. B. 512 Kombinationen pro Befehl. Die Befehlsformate sind im Folgenden abgebildet. Bei Befehlen mit nur einem Zielregister RD = R0,..., R7 können die zugehörigen Opcodes für das Befehlsformat direkt übernommen werden. An dem Befehlsformat ist zu erkennen, dass in diesem Fall nur der 7-Bit-Opcode für den Befehl und das Zielregister RD angegeben werden. Die restlichen Bit für RA und RB können beliebige Werte, d. h. don't-care-Werte annehmen.

Befehle mit einem Zielregister (Befehlsformat 16 Bit)

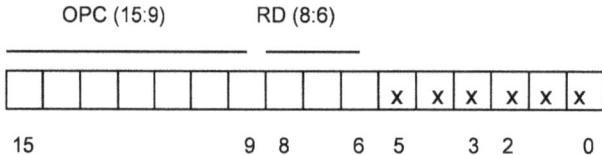

Bei Load- und Store-Befehlen können die Befehlskombinationen ebenfalls direkt bis auf eine 16-Bit-Adresse angegeben werden, wobei die don't-care-Werte in der Tab. A.2 auf '0' gesetzt wurden.

JUMP-Befehle (Befehlsformat 16 Bit)

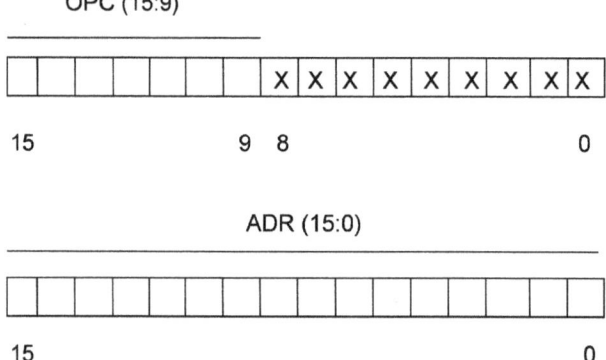

Das Befehlsformat besteht bei den Sprungbefehlen JUMP und JZ (Jump if Zero) aus dem 7-Bit-Opcode und einer 16-Bit-Adresse. Die Sprungbefehle JUMP und JZ sind ohne und mit Sprungbedingung. Die restlichen 9 Bit des Befehlswortes werden nicht genutzt und sind don't-care-Werte.

Tab. A.2: Zusammenstellung der Opcodes der MPU16

Befehl	RD	Opcode(Hex)	Befehl	RD	Opcode(Hex)
SHR RD	R0	4800	SHL RD	R0	5000
	R1	4840		R1	5040
	R2	4880		R2	5080
	R3	48C0		R3	50C0
	R4	4900		R4	5100
	R5	4940		R5	5140
	R6	4980		R6	5180
	R7	49C0		R7	51C0
DEC RD	R0	6000	INC RD	R0	6800
	R1	6040		R1	6840
	R2	6080		R2	6880
	R3	60C0		R3	68C0
	R4	6100		R4	6900
	R5	6140		R5	6940
	R6	6180		R6	6980
	R7	61C0		R7	69C0
CLR RD	R0	B800	CPL RD	R0	C000
	R1	B840		R1	C040
	R2	B880		R2	C080
	R3	B8C0		R3	C0C0
	R4	B900		R4	C100
	R5	B940		R5	C140
	R6	B980		R6	C180
	R7	B9C0		R7	C1C0
INX RD	R0	C800	OUTX RD	R0	D000
	R1	C840		R1	D040
	R2	C880		R2	D080
	R3	C8C0		R3	D0C0
	R4	C900		R4	D100
	R5	C940		R5	D140
	R6	C980		R6	D180
	R7	C9C0		R7	D1C0
LOAD RD,m	R0	0C00	m, STORE	R0	1400
	R1	0C40		R1	1440
	R2	0C80		R2	1480
	R3	0CC0		R3	14C0
	R4	0D00		R4	1500
	R5	0D40		R5	1540
	R6	0D80		R6	1580
	R7	0DC0		R7	15C0
JZ, m		3600, m	STOP		F800
JUMP, m		2600, m			

A.4.2 16-Bit-Speicher für Befehle und Daten

Der Verilog-Code für den Befehls- und Datenspeicher ist im Folgenden aufgelistet. Das Testfile ram16_pro42.txt wird mit dem System Task $readmemh im Hex-Format gelesen. Wie schon erwähnt, ist das Testfile eine Ergänzung zu Kapitel 10.5.

Es ist für 51 x 16-Bit-Vektoren definiert. Es gibt nur einen gemeinsamen Speicher für die Befehle und die Daten.

```verilog
//--------
module Memory16_1 (
//--------
output [15:0] DO,
input WE,
input CLK,
input [7:0] ADR,
input [15:0] DI);
//---- Array 256 x 16-Bit-Vektor ----
reg[15:0] memory [0:255];
//--------
initial
begin
//---- Lesen des Testprogramms ----
$readmemh("ram16_pro42.txt", memory,0,50);
end
//--------
always @ (posedge CLK)
begin
//---- Schreiben von Daten ----
if(WE)
memory[ADR] <= DI;
end
//---- Lesen von Befehlen und Daten ----
 assign DO = memory[ADR];
//--------
endmodule
//--------
```

Testfile für Befehle und Daten

Im Folgenden sind die Befehle und Daten des Testfiles in Hex-Format aufgelistet. Das Testfile soll die Funktionsfähigkeit des Mikroprozessor-Systems(5) zeigen. In Tab. A.3 ist das Testfile ram16_pro42 übersichtlich dargestellt. Das Testfile kann einfach editiert und verändert werden.

Tab. A.3: Testfile ram16_pro42.docx

ADR	Opcode	Mnemonic/Daten	Bedeutung
0000		0000	
0001		0100	
0002		0200	
0003		0300	
0004		0400	
0005		0500	
0006		0600	
0007		0700	
0008		0750	
0009		0800	
@10			Startadresse
0010	0c00	LOAD R0	R0 = 0100
0011	0001	ADR	
0012	0c40	LOAD R1	R1 = 0200
0013	0002	ADR	
0014	0c80	LOAD R2	R2 = 0300
0015	0003	ADR	
0016	1480	STORE R2	M(0004) = 0300
0017	0004	ADR	
0018	0cc0	LOAD R3	R3 = 0300
0019	0004	ADR	
001a	0d00	LOAD R4	R4 = 0500
001b	0005	ADR	
001c	8088	ADD R2,R1,R0	R2 = 0300
001d	80c1	ADD R3,R0,R1	R3 = 0300
001e	6040	DEC R1	R1 = 01ff
001f	68c0	INC R3	R3 = 301
0020	8103	ADD R4,R0,R3	R4 = 401
0021	c8c0	INX R3	R3 = 2222
0022	4880	SHR R2	R2 = 180
0023	50c0	SHL R3	R3 = 4444
0024	d0c0	OUTX R3	OPX_Q = 4444
0025	b840	CLR R1	R1 = 0000
0026	c080	CPL R2	R2 = fe7f
0027	a881	MOV R2,R1	R2 = 0000
0028	2600	JUMP	unbedingter Sprung
0029	0010	ADR	
002a	f800	STOP	

```
--------
// testfile: ram16_pro42.txt
// Datenbereich
0000
0100
0200
0300
0400
0500
0600
0700
0750
0800
// Befehle und Adressen
@10
// LOAD R0
0c00
// ADR
0001
// LOAD R1
0c40
// ADR
0002
// LOAD R2
0c80
// ADR
0003
// STORE R2
1480
// ADR
0004
0cc0 // LOAD R3
// ADR
0004
// LOAD R4
0d00
// ADR
0005
// ADD R2,R1,R0
8088
// ADD R3,R0,R1
80c1
```

```
//OUTX R3
d0c0
// DEC R1
6040
// INC R3
68c0
// ADD R4,R0,R3
8103
// INX R3
c8c0
// SHR R2
4880
// SHL R3
50c0
// OUTX R3
d0c0
// CLR R1
b840
// CPL R2
c080
// MOV R2,R1
a881
// JUMP
2600
// ADR
0010
// STOP
f800
//--------
```

A.4.3 Testbench für das Mikroprozessor-System(5)

Die Startadresse 10(Hex) wird im Input-Register IPX eingegeben. Die Taktperiode ist mit 40 ns (mit Frequenzteiler) gewählt. Für den Input-Befehl INX RD wird ein weiterer Wert (IPX_D = 2222) ins Input-Register gegeben.

```
--------
`timescale 1ns / 1ps
//--------
module mpu16_tb2;
//--------
```

```verilog
reg CLR = 0;
reg CLK = 0;
reg [15:0] IPX_D = 16'b0;
reg START = 0;
//--------
wire [15:0] OPX_Q;
//--------
//---- 16-Bit-Mikroprozessor-System ----
mpu16_1s uut (.CLK(CLK),.CLR(CLR),.IPX_D(IPX_D),
.START(START),.OPX_Q(OPX_Q));
//--------
//---- Taktbedingung: Periode = 20ns ----
//--------mit Frequenzteiler T = 40 ns --------
always #10 CLK = ~CLK;
//--------
initial
begin
//---- Erstellen eines VCD-Files ----
$dumpfile ("mpu16_tb2.vcd");
$dumpvars (0,mpu16_tb2);
//--------
CLK = 0;
CLR = 1;
//--------
#15 CLR = 0;
#2 IPX_D = 16'h0010; // Startadresse
#80 START = 1;
#80 START = 0;
#5 IPX_D = 16'h2222; // Datum für Input-Register
//--------
#4200 $display("simulation_end");
$finish;
end
endmodule
//--------
```

Literatur

[1] Xilinx Inc.: Dokumentation (Software Manuals Version 14.7). Abgerufen 20.12.2020 von Webpages: www.xilinx.com/support/download/ (Webpack-Version).
[2] Flügel, H.: FPGA-Design mit Verilog. Oldenbourg Wissenschaftsverlag, München, 2010.
[3] IEEE 1364-2005 – IEEE Standard for Verilog Hardware Description Language. https://standards.ieee.org Verilog, Abgerufen 15.12.2020 von https://en.wikipedia.org/wiki/verilog.
[4] Sutherland, S.: RTL Modeling with SystemVerilog for Simulation and Synthesis, 1. Auflage. Sutherland-HDL Inc., Tualatin Oregon, 2017.
[5] SystemVerilog. Abgerufen 25.11.2020 von https://en.wikipedia.org/wiki/SystemVerilog.
[6] Reichardt, J. und Schwarz, B.: VHDL Synthese: Entwurf digitaler Schaltungen und Systeme, 7. Auflage. De Gruyter Studium, München Berlin Boston, 2015.
[7] Xilinx Inc.: Synthesis and Verification Design Guide. Abgerufen 05.11.2020 von Webpages: www.xilinx.com/support/download/.
[8] Palnitkar, S.: Verilog HDL, A Guide to Digital Design and Synthesis, 2. Auflage. Prentice Hall PTR, 2003.
[9] Hertwig, A. und Brück, R.: Entwurf digitaler Systeme. Carl Hanser Verlag, München Wien, 2000.
[10] Stroetmann, K.: Computer Architektur: Modellierung, Entwicklung und Verifikation mit Verilog. De Gruyter, 2007.
[11] GTKWave. Abgerufen 10.11.2020 von https://www.gtk.org/community/.
[12] FPGA4student.com: FPGA-Projects, Verilog Projects. Abgerufen 05.10.2020 von www.fpga4student.com.
[13] Wecker, D.: Prozessorentwurf mit VHDL. De Gruyter Studium, Berlin München Boston, 2018.
[14] Tanenbaum, A. S.: Structured Computer Organisation, 5. Auflage. Prentice Hall, Edinburgh, 2005.
[15] Bleck, A., Goedecke, M., Huss, S. und Waldschmidt, K.: Praktikum des modernen VLSI-Entwurfs. B.G. Teubner, Stuttgart, 1996.
[16] Lagemann, K.: Rechnerstrukturen. Springer Verlag, Berlin Heidelberg, 1987.
[17] Dalrymple, M.: Microprocessor Design Using Verilog HDL. KCK Media Corp. Circuit Cellar, 2017.
[18] Xilinx Inc.: CORE Generator Guide. Abgerufen 02.10.2020 von Webpages: www.xilinx.com/support/download/.
[19] Wecker, D.: Prozessorentwurf, Von der Planung bis zum Prototyp, 2. Auflage. De Gruyter Studium, Berlin München Boston, 2015.

Stichwortverzeichnis

Akku-Einheit 28, 62, 181, 229, 233, 269
Akku-Register 26, 115
ALU-Einheit 55, 61, 153, 184, 189, 229, 247
Ansteuertabelle 32, 183, 233
Ansteuervektor 25, 30, 183, 227
Automat 38, 237
Automatengraph 39, 237
Automatentabelle 38, 187, 241

Basiselemente (BELS) 53
Befehlsformat 17, 178, 221
Befehlsphasen 20
Befehlssatz 18, 115, 180, 224
Befehlsspeicher 183, 205, 310
Bottom-up 4

Control Unit 116, 132
cpu12 114
cpu16 177

Datenbus 25, 227
Datenformat 17, 178, 219
Datenspeicher 117, 147, 207, 310
Datentransfer 183, 227
Demultiplexer 186, 254, 259
D-Flip-Flop 45

Electronic Design Interchange Format (EDIF) 6
Entwurf 1, 3

Field Programmable Gate Array (FPGA) 43
Frequenzteiler 92, 286
Functional Simulation 14
Funktionale Simulation 102, 145, 173

GTKWave 13, 303

Hardware Description Language (HDL) 15
Hardware-Beschreibungssprachen 15
HDL-Editor 79

IP-Core 2
IP-Core-Generator 2, 105, 304
IP-Core-Speicher 107, 305
ISE (Design Suite 14.7) 299
ISIM 102

Komparator 246

Layout-Ebene 4
Look Up Tables (LUTs) 53

Master-Slave 55
Master-Slave-Register 48, 69
Mealy-Automat 76
Mealy-Modell 38, 237
Memory-Editor 106, 305
Mikroprozessor 24
Mikroprozessor-System 17, 43
Mikro-Prozessor-Unit 17
Modellierung 6, 43, 149, 259
Modul 6
MPU12 17
MPU16 219
Multiplexer 49, 244

n-Bit-Register 45

One-Hot-Codierung 87
OPC 18
Opcode 18, 316
Operationswerk 24, 72, 156, 196, 230, 271

Place and Route (PAR) 6
POP-Befehl 36
Program-Counter 64, 245
Protokoll 23
PUSH-Befehl 36

Register Transfer Level 5
Register-Adressierung 191
Registerbefehl 179
Register-Einheit 185, 264
Register-Stack 26, 65
RISC 177, 219
RTL 4

Schieberegister 251
SDF-Datei 6
Simulation 101, 216
Simulator 299
Single-Cycle-Prozessor 113, 161, 202
Standard Delay Format 5
Steuerwerk 24, 38, 79

Strukturbeschreibung 7
Synthese 14
Synthese-Bericht 43
Synthese-Tool 5
SYSBUS 30, 227
System Tasks 13
SystemVerilog 2

Taktfrequenz 48, 55, 157, 283
Testbench 99, 145, 174, 211, 215
Testfile 102, 208
Timing Simulation 14, 103, 174, 297, 302
Top-down 3
Tri-State-Buffer 71

Universal-Register 35, 51, 149
UUT 99

VCD-File 13, 109
Verhaltensbeschreibung 8, 276
Verilog 6
– $display 13
– $dumpfile 13
– $dumpvars 13
– $finish 13
– $readmemb 94
– $readmemh 94
– always 8
– assign 8
– begin 8
– case 11
– default 11
– else 11
– else if 11
– end 8
– endmodule 6
– if 11
– initial 8
– inout 6
– input 6
– module 6
– negedge 9
– output 6
– posedge 9
– reg 9
– wire 7
Verilog HDL 2
VHDL 15

Xilinx 1

Zweier-Komplement 35

www.ingramcontent.com/pod-product-compliance
Lightning Source LLC
Chambersburg PA
CBHW080355030426
42334CB00024B/2882